DIVINO TESORO

RICORDI D'AMORE E D'INCONTRI CON GLI ANTENATI ITALIANI

GRACIELA THOMEN GINEBRA

GREEN ORB WHITE FAWN, LLC

Dedicato a
tutti discendenti di Isidoro e Bianca
e ai loro cari

INDICE

Prefazione   I

Parte 1   3

1. Puerto Plata. 2008   5
2. L'abbandono   11
3. Solo lacrime vengono dall'Italia   22
4. Campanelle   33
5. Virginia   42
6. S.O.S   48
7. I due Isidoro   53
8. Sandra e i suoi nipoti   60
9. Il tramonto   66
10. Sorpresa da Nueva York   74

Parte 2   79

11. L'incidente   80
12. Sogni folli   86
13. Il giorno del Ringraziamento   95
14. Ambasciata italiana   102
15. Destinazione Italia   108
16. Toscana   115
17. Finalmente, San Secondo   124
18. Il castello di San Secondo   131
19. Il matrimonio dei miei antenati   138
20. Il ritorno   144

Parte 3   147

21. La parola più bella   148
22. L'età migliore   153
23. Confronto di note genealogiche   159
24. Aprile   167
25. Sogno   174
26. Il figlio maggiore, Isidro   182
27. Bianca e suo figlio   190
28. Visita in ospedale   197
29. Aspetta!   203
30. L'aldilà non è poi così "là"   213

Parte 4   219

31. L'arrivo di Isidoro a New York   220
32. Destinazione: Puerto Plata   225
33. Riunione di famiglia, 2008   232
34. Nuovi ricordi   239
35. La famiglia   244
36. Il destino di Isidoro   250
37. Andiamo a cercarlo!   261
38. Il cimitero Kensico   266
39. Storia senza finale   273
40. L'addio   280

Appendice   283

PREFAZIONE

SI EREDITANO I SOGNI?

*P*uerto Plata. 1912

Il vento per la partenza arrivò presto. I piccioni rannicchiati nelle fessure delle travi vittoriane vedono assonnati le prime luci dell'alba. Una coppia lascia l'hotel Europa fermandosi sulla soglia. Lei si avvicina, accanto all'uscita. Lui, pazientemente, le prende le mani, si sporge e le sussurra qualcosa all'orecchio. Dice che tornerà presto. Ha preso una valigia piccola come promessa di un breve viaggio. Lei scuote la testa... Si rifiuta di ascoltare. I suo riccioli sono sciolti e la brezza li fa ondeggiare. La sera prima, una premonizione vestita da sogno l'aveva colta di sorpresa.

Così mi immagino l'addio di due dei miei antenati in quell'alba cupa. Isidoro, sussurrandole mille ragioni, e Bianca, posando lo sguardo all'orizzonte e allontanandosi dal suo abbraccio. Le sue lamentele sono inutili. La nave sta per partire.

La mia visione è così vivida, così chiara che mi sembra di essere lì di persona come una bambina di sette anni. Sono un testimone clandestino dell'addio di due dei miei antenati. Sono arrivata correndo; i miei piedi nudi pieni di sabbia. Sento la strada ancora fredda. Li vedo dall'altra parte della strada. La nebbia mi offusca la vista. Temo che un mio movimento dissolva tutto e mi risvegli nell'oblio. Riconosco questo posto preciso come se avessi già visto la scena prima. Non è il mio ricordo, eppure sembra mio.

Si ereditano i ricordi? Se non è così, chi me l'ha raccontato?

Con il mento alzato e senza degnarlo di uno sguardo, Bianca gira intorno a Isidoro, entra e chiude la porta, negandogli un ultimo saluto.

Lui sospira e prende la sua valigia. Alcuni piccioni precipitano nervosamente, mentre altri prendono il volo. Quando alza lo sguardo verso la strada, penso che mi vedrà… Ci incontreremo! Il mio cuore si stringe e trattengo il respiro.

In un batter d'occhio, l'ombra del suo cappello gli copre il viso. Mi giro cercando di far uscire le parole dalla gola: "Aspetta, non andare!".

Di spalle, lo vedo fermarsi e una speranza mi cattura. Se mi ha sentito, capirà che sono qui e non supererà la soglia dell'oblio.

Ma si aggiusta solo il cappello e riprende il suo cammino. La nebbia lo avvolge e ci divide.

Rimango sola in quella strada vuota di Puerto Plata…

PARTE 1

L'ABBANDONO

PUERTO PLATA. 2008

E«... Quanti parenti viaggiano con voi?», chiese l'ufficiale dietro lo sportello dell'aeroporto internazionale di Puerto Plata. L'eco degli altoparlanti si mischiava alla musica dei tamburi e delle persone.

Era alto e magro, con l'uniforme impeccabile, e studiava i nostri passaporti sotto la luce della sua postazione. Io e Mappy eravamo quasi vestite uguali, con jeans e camicia bianca; solo le giacche ripiegate sul braccio ci distinguevano.

Se non fosse per la risata e la complicità, nessuno direbbe che siamo cugine. Discendiamo da Isidoro e Bianca: lei, per sua nonna Mafalda, nata a Bologna; io, per mia nonna Chela, nata a Puerto Plata.

Ci eravamo incontrate ad Atlanta dopo quindici anni! Lei rideva e io piangevo per l'emozione. In cabina, tra risate e aneddoti, avevamo parlato ininterrottamente di storie di famiglia. Lei portava foto ereditate, io i documenti genealogici. L'aereo aveva sorvolato l'oceano troppo in fretta.

L'agente doganale aveva fatto cenno a Mappy di presentare i documenti, ma non volevo separarmi da lei e continuai a tenere il mio braccio attaccato al suo.

La voce dell'ufficiale mi riportò alla realtà: «Quanto dura il vostro soggiorno?».

Iniziai a calcolare mentalmente: "Quante ore in totale? Arrivo, festa di ricevimento, inaugurazione della strada di Doña Bianca, e ritorno sullo stesso volo di domenica...".

«Quarantadue ore», rispose Mappy, battendomi sul tempo con la precisione dei suoi calcoli.

«Qual è il motivo della vostra visita?».

Era una domanda logica per un agente doganale. La risposta standard è "Vacanza o lavoro". Ma in quel momento, ero più che disposta a raccontargli tutta la storia: l'arrivo dei nostri antenati, la solitudine della mia bisnonna Bianca, la chiamata di zio Frank per la riunione di famiglia. Volevo spiegargli la magia che si crea quando ci riuniamo, la sensazione che i nostri nonni, pur essendo morti, continuino a vivere in noi, a ridere delle nostre conversazioni e a benedirci. Per me, la sua domanda significava: "Perché siete qui?". E la mia risposta era: "Per ricevere quella benedizione!".

Ma prima che aprissi bocca, Mappy mi batté di nuovo sul tempo. Semplicemente, rispose: «Per una riunione di famiglia».

L'ufficiale continuò: «Siete di Puerto Plata?».

A questo rispondemmo insieme. «No», disse Mappy. «Sì!», esclamai.

Anche se sono nata a Santo Domingo, sono cresciuta aspettando i momenti in cui potevo andare a Puerto Plata. Lì trascorrevamo il Natale, le vacanze e ogni fine settimana con i parenti. Stare lontano da Puerto Plata significava aspettare di vivere, perché Puerto Plata era la vita stessa.

I ricordi più dolci e più significativi della mia infanzia vengono da lì. C'è un ricordo che mi calma ogni volta che lo rivivo. Mi sto arrampicando su un albero a piedi nudi. È un *cappello da vescovo*, così chiamato perché i suoi rami sono sparsi come un ombrello. Questi sono forti e mi accolgono come le braccia grosse e morbide dei miei nonni. La nostra casa era in alto su una cima circondata dal mare in tre dei suoi angoli. Da qui a un lato, sono 180 gradi di orizzonte con un blu che *sfuma* dietro l'infinita fila di alberi di cocco che si dispiegano. Dall'altro, ricordo la casa dove la musica in terrazza invitava gli adulti ad alzarsi a ballare e *scherzare*.

Ma è il vento che ricordo di più, quel ricordo che prende forza, viene da me e passa accarezzando le foglie dell'albero e la mia mente. Il vento continua verso le centinaia di alberi di cocco della vasta savana e li fa inclinare, spettinando le loro lunghe foglie che producono il suono di un applauso. Applausi alla natura perfetta in questo momento sublime. Mi fanno venire voglia di volare e impigliarmi tra loro, quindi, approfitto di un ronzio dell'aria quando soffia più forte, salto e cado in piedi sollevando la sabbia fine dai miei talloni. Raggrinzendo i piedi per evitare le spine dei *Moriviví*, corro fino a toccare l'erba liscia. Vorrei che il vento mi sollevasse, mi attorcigliasse e mi facesse scivolare tra le foglie lunghe e affilate. Le mie braccia tese lo attendono come ali pronte a volare. E nei miei ricordi sognanti, l'aria mi solleva e divento leggera come la brezza e mi fondo tra le foglie. Questa reminiscenza è di sopravvivenza infinita per me. È un ricordo impresso dentro di me come ogni roccia di questo luogo, ogni granello di sale della spiaggia, ogni luce tra le foglie, ogni brezza che mi solleva. C'è un Puerto Plata dentro di me.

Ancora una volta l'ufficiale interruppe i miei pensieri con le sue domande.

«E... Quanti parenti viaggiano con voi?».

Questa è la domanda che ha innescato il mio viaggio immaginario. Lo guardai con compassione: non poteva sapere che, di tutte le sue domande, questa era la più profonda, quella che deteneva i segreti della nostra stirpe. Tutta la mia famiglia viaggia sempre con me: non solo i miei cari, ma anche i miei antenati. Sono ancora vivi nella mia mente, presenti come lo è Mappy ora. Non lo sapevo prima di iniziare questa avventura travestita da ricerca genealogica.

Mappy mi fece l'occhiolino, pronta a rispondere con una battuta: «Circa novanta».

Con serietà, l'ufficiale guardò dietro di noi, cercando gli altri novanta. Infine, sorrise piacevolmente e senza ulteriori domande, sentii il timbro rumoroso impresso sui nostri passaporti.

«Benvenute a Puerto Plata!», ci disse, alzando la voce. Alludeva al fatto che tutto il nostro essere era appena arrivato, senza sospettare che, eternamente, una parte di noi è sempre stata qui.

C'è qualcosa di mistico a Puerto Plata. Una conservazione innata dei ricordi della terra di altri tempi. Il luogo stesso è un canto di misteriose narrazioni. La sua storia ha una sfumatura poetica. Puerto Plata era stato un insediamento *taino* dove i suoi primi abitanti si sentivano protetti dagli uragani annuali tra montagne e mare. Ma il posto non li ha protetti dal vero pericolo in agguato. Non li avvertì del destino nelle mani di un genovese, Cristoforo Colombo, che si rifugiò nel suo porto per sfuggire a una tempesta. Dalla sua barca, osservò che la montagna era argentata e per questo la chiamò Puerto Plata, visto che in spagnolo *plata* significa argento. Sarà rimasto deluso quando avvicinandosi scoprì che erano le foglie del *yagrumo*? Alberi che annunciano allegramente l'arrivo della pioggia girando le loro foglie sul lato argentato. Sembra che fossero felici!

Ci sono cose che non vediamo con i nostri occhi, ma con quelli dell'anima. E quando ero piccola, immaginavo che gli *yagrumos* avessero occhi invisibili che potevano leggere le nuvole e sentire l'arrivo dell'acqua dal cielo. Gioiosi, alzavano i rami per ricevere la benedizione. Nonostante la bellezza e l'originalità di questa specie, immagino che, nella sua avarizia, l'ammiraglio non rimase contento quando scendendo dalla sua nave si rese conto che ciò che pensava fosse argento, in realtà erano solo foglie di un albero in devozione alla pioggia.

MAPPY e io arrivammo alla riunione di famiglia. Tra gli incanti immaginari degli antenati e i novanta membri della famiglia in vita, ci presentammo nella piazza principale di Puerto Plata, tra la Glorieta e la cattedrale, lo stesso luogo in cui mia nonna e i suoi fratelli si godevano la musica ottant'anni prima.

Oggi c'eravamo noi discendenti, abbracciandoci, parlando e ridendo. La mia memoria mutava la scena, immaginando la mia amata nonna Chela, diciassettenne, in piedi accanto a me, a osservare il presente. «Quando dall'hotel sentivamo le note dei violini, venivamo qui, affrettandoci per non perdere un minuto di gioia», mi sussurrò nella memoria. La sua voce si confondeva al mormorio della brezza. Ero felice, godendomi quel ricordo preso in prestito.

Tra le conversazioni vivaci, vedevo le figure luminose di altri tempi fondersi con i discendenti. Il passato e il presente si fondevano in quell'angolo di corteggiatori con cappelli e signore in abiti pomposi che accettavano l'invito al ballo. I luoghi conservano i ricordi? Le pietre che hanno assistito a tante storie portano tracce?

Vidi scomparire il passato davanti a me e, proprio come i loro discendenti stavano ora camminando insieme verso l'**Hotel Europa**, mia nonna e i suoi fratelli camminavano lungo questa stessa via. Sentii che stavano camminando con noi.

Arrivati davanti alla targa con la foto della nostra bisnonna, circondammo zio Frank, che prese la parola: «Mia nonna, che chiamavano Doña Blanca, era una donna di temperamento e tenacia. Ha reso i suoi figli bravi uomini e donne. L'unione familiare è la chiave del successo e il segreto della felicità. Dobbiamo seguire la sua eredità. È l'amore che ci unisce, che continua in noi di generazione in generazione».

Applaudimmo entusiasti di essere discendenti di questa grande donna. Mi misi in coda per vedere da vicino la foto. Ma quando mi avvicinai all'immagine, iniziai a sentirmi diversa... Come se una tristezza e un presentimento mi stessero attraversando.

Mi tornò in mente la domanda di Mappy in aereo: «Quindi, l'ha abbandonata o no?».

Volevo esserne certa. Volevo spiegare tutta la storia, includendo l'opinione del mio cuore. Ma non potevo rispondere, perché questa non è una pellicola. È la vita. È una storia d'amore o una storia d'abbandono? Mia cugina mi guardava intensamente, pretendendo la verità, un anelito ancestrale.

In piedi di fronte all'immagine color seppia della mia bisnonna, il vento portò un sussurro al mio orecchio. Mi voltai: non c'era nessuno. Con un brivido, tornai a guardare gli occhi della mia antenata e percepii il suo sorriso fiducioso, misteriosamente tranquillo. Quella sera avrei dovuto aprire un documento davanti a tutti e leggere... lasciare parlare il passato, affinché ogni discendente ascoltasse con le orecchie del cuore.

Nonostante questo, prima devo raccontare la verità su ciò che avevo scoperto. Devo riportare in vita Isidoro in questo puzzle di famiglia in modo che tutti percepiscano il suo essere. Quindi inizierò... con la storia dell'abbandono.

L'ABBANDONO

2

*I*l momento più buio della notte è poco prima dei primi raggi dell'alba. La genesi della storia dell'abbandono non fa eccezione. L'abbandono esisteva nella storia familiare come un dolore sepolto tra i fiori dell'oblio. Ricordo il luogo e il momento, ricordo il pugno al petto. Una chiave di metallo che accese il mistero. L'oscurità è tristezza. Per conoscere la verità, devi riportarla alla luce dalla terra dei dolori. Per fare questo, devi essere coraggioso e avere un cuore di pietra e non uno tenero come il mio. Se non ho il coraggio di entrare nell'oscurità e affondare la pala nella terra con un solo movimento per scoprirla, perché mi è venuto in mente di riportarla alla luce?

Dopo la morte di mio padre, la mia Mami vendette la casa. Era la casa della mia infanzia. Come un addio, volevo farle visita prima che la lasciasse. Aveva un ampio patio con molti fiori e alberi da frutto. All'angolo, vicino alla terrazza, c'era un giardino di orchidee colorate. Quelle di tonalità viola pendevano dalle palme, e altre, di un arancio brillante, fiorivano quasi tutto l'anno. Insistetti per andare a dire addio alla casa, ma… accadde tutto così in fretta! Lei cercò di spiegarmi al telefono perché il dolore era così grande. Mi disse che si era trasferita in un posto nuovo senza ricordi tristi. Rimasi in silenzio, con il telefono in mano, mordendomi le labbra, perché stavo per dirle che avevo imparato che era impossibile non impacchettare i dolori. A un certo punto, forse di notte, quando non lo si vede, i dolori escono dai loro nascondigli e strisciano come gel viscoso entrando nelle valigie attraverso le fessure delle scatole già chiuse. Volevo avvertirla e desideravo, chiudendo gli occhi come in una preghiera, essere lì per aiutarla a fare i bagagli. Avrei rimosso con una spada ogni tristezza che voleva insediarsi approfittando di qualche distrazione per entrare nel trasloco. Ma non ci riuscii. Le distanze geografiche me lo impedirono. Vivevo nello stato della Virginia con i miei figli e non era così facile viaggiare quando volevo. Gli impegni di lavoro e quelli familiari richiedevano piani con largo anticipo. Alla fine, andai con i miei figli solo dopo Natale e, quando arrivammo, lei era già nella sua nuova casa.

Mami si era sistemata in un appartamento spazioso e fresco vicino a un parco. I vialetti tra le residenze erano pieni di fiori e, attraverso una delle finestre della stanza, si vedeva un Ylang-Ylang che profumava in lontananza. Quello che mi piaceva di più era che, all'esterno, mia madre aveva appeso un allegro sonaglio a vento che tintinnava ogni volta che la brezza fresca entrava all'improvviso.

Escogitai un piano per farle domande sulla sua infanzia e sulla sua famiglia, in particolare sui suoi nonni. La mia idea era di conservare quei ricordi, scriverli per i posteri. Avevo fatto così con mio padre, due anni prima. Quando a New York sospettai che mancasse qualche giorno al termine della sua presenza su questa terra, gli feci tutte le domande che mi venivano in mente. Le sue risposte, incise nell'inchiostro, le avrei trasmesse ai miei figli affinché non dimenticassero. Sempre se loro avessero voluto, avrebbero potuto leggere e ricordare scene della vita dei loro antenati. Conoscere le loro radici. Le domande andavano dal suo colore preferito, il suo piatto preferito da bambino a chi lo preparava per lui. In questo modo, conobbi uno dei miei bisnonni paterni. Vedendo che mio padre era così contento di rispondere nei dettagli, mi dedicai ancora di più a questo compito. I nostri incontri divennero un fiume di parole in ogni momento, come un'eterna conversazione tra noi. Segretamente, erano una scusa per lui per parlare con me, mentre io cercavo di far in modo di non dimenticarmi mai del suono della sua voce amorevole. Amavo mio padre con tutta me stessa.

E, ora, dovrei chiarire la situazione del mio cuore: quando mio padre è morto, il mio cuore si è spezzato. Sembra logico, previsto, senza troppi giri, ma in realtà non è stato così semplice. Ogni volta che lo vedevo nel letto d'ospedale, mi si stringeva il cuore. A ogni visita, si seccava e si cristallizzava. Il mio cuore finì per essere un pezzo di cristallo rosso simile a un rubino appeso nella cavità sinistra del mio petto; tenero e fragile sul lato dello sterno. Mentre il suo corpo moriva, il pesante martello della tristezza lo colpì e lo fece a pezzi. I vetri caddero ammucchiati lì dentro. Le punte penetranti di quella montagna di vetro rotto laceravano la cavità della mia carne; se mi muovevo troppo, mi trafiggevano e mi ferivano. Anche il respiro profondo muoveva il vetro che tagliava la carne cruda, la irritava e... faceva male.

Il giorno in cui decisi di "intervistarla", mia madre era seduta in salotto a lavorare a maglia sotto il fresco delle pale del ventilatore sul soffitto. I suoi piedi erano raccolti sopra un cuscino. Aveva tagliato i suoi capelli bianchi. I suoi occhi erano ancora tristi. Erano verde oliva che sembravano rinfrescarsi in un fiume caldo di acque verdi quando si posavano sui suoi nipoti. Oggi era concentrata e i ferri e le dita giravano come soldati sotto i suoi ordini.

«Mami, voglio farti qualche domanda...».

Mi sedetti accanto a lei e posai la testa sullo schienale della sedia in attesa che finisse di calcolare qualcosa con il dito. Lentamente, alzò gli occhi concentrandosi su di me.

«Qual è il primo ricordo che hai della tua infanzia con tua nonna Bianca?».

Mi piacque vedere il suo viso girarsi sognante. E cominciò:

«Ogni estate della mia infanzia, i miei genitori mi portavano a casa di mia nonna a Puerto Plata. Fin dalla tenera età, trascorrevo le estati lì con i miei cugini. Prima eravamo io e Billy, dei cugini più grandi... eravamo inseparabili. Chiamavamo mia nonna Babi. Noi nipoti l'avevamo battezzata in questo modo. Ci cucinava piatti deliziosi...».

Improvvisamente, i suoi occhi sognanti caddero su di me arrivando fino al mio quaderno. Curiosa, allungò il collo per vedere la mia calligrafia sul foglio. Io, per calmare la sua curiosità e impedirle di fermarsi, ripetei le parole mentre scrivevo:

«Puerto Plata… con sua nonna Bianca… soprannome: Babi… Estati con lo zio Billy Harper… giocavano in giardino…».

La sua attenzione tornò al suo ferro e pensai che non avrebbe continuato. Così iniziai a inventare:

«Cugini cattivelli… giocando con terra e acqua in giardino… Nonna che si arrabbiò e li cacciò via».

«Lei non era così», protestò, alzando l'indice, «ma è vero che gli atteggiamenti di Billy erano…».

Guardò il soffitto come se ricordasse qualcosa di divertente. Ricordava le estati con suo cugino, che aveva alcune uscite esilaranti. Mi raccontò che quando Billy trovava piccoli ragni o qualche piccolo rospo in casa, per salvargli la vita, li metteva in tasca e li lasciava liberi in giardino, perché, se Babi li avesse trovati, li avrebbe cacciati via! Ma i piccoli ragni e i rospi… mai i nipoti.

Mi piaceva sentirla parlare della sua infanzia. Il suo volto divenne meravigliosamente sognante. Mi raccontò che, ogni pomeriggio, sua nonna amava sedersi su una sedia a dondolo per godersi la brezza di Puerto Plata, guardare la gente passare e gustare un tè. Le piaceva leggere libri, ma le piaceva di più far contenti i suoi nipoti. Come quando volevano salire sulla sedia a dondolo con lei per essere cullati come su un'altalena!

Nella mia mente, evocavo l'immagine come se la stessi vivendo. La immaginavo interrompere la lettura e mettere il libro da parte mentre i suoi nipoti di tre e quattro anni si avvicinavano a lei e, seduti in ginocchio, li dondolava come se stessero per spiccare un volo in tre. Era un giardino pieno di fiori, lì dove ora si trovava il vicolo. Ammetto che questa immagine di nonna felice contrastava con l'immagine di eroina stoica che mi avevano inculcato della mia bisnonna. Ma la accolsi e glielo dissi a Mami:

«Che idea diversa da quella che avevo di quella donna tosta e di grande coraggio!».

Immediatamente, Mami difese sua nonna:

«Negli affari doveva essere molto forte per crescere tutti i suoi figli. Immagina: da sola. Doveva esserlo! E forse era dura con loro, ma non con noi, i suoi nipoti».

Indicò il cielo e capii che non voleva che mi facessi un'impressione sbagliata della nostra antenata. È la lealtà familiare che tutti i suoi nipoti hanno, ossia portarla in alto, Doña Blanca... per sempre!

«E tuo nonno Isidoro?».

La mia domanda era innocente, ma non rispose. Se l'evocazione della memoria di sua nonna era una nuvola rosa, menzionando suo nonno, quella gloriosa nuvola si dissipò presto in un *poof*! Invece di rispondere, mia madre girò il suo ferro aggrovigliandolo e sbrogliandolo come solo lei sapeva fare.

Non rispondendomi, volli inventare qualcosa per approfondire il suo ricordo, ricordando vagamente un aneddoto che mia nonna materna mi aveva detto anni fa. Era qualcosa su Isidoro. Così, glielo raccontai:

«*Mamá Chela* ricordava Isidoro molto affettuosamente. Una volta mi disse che giocava con loro e che era sempre di buon umore...». Mi fermai quando notai che scuoteva la testa, corrugando le sopracciglia. Prima che negasse, mi affrettai a dire: «Questo è quello che mi disse mia nonna...».

«Non può essere così», rispose bruscamente. Il suo tono era cambiato.

La sua veemenza mi confuse e mi sentii alterata senza sapere perché.

«Come? *Mamá Chela* mi ha detto che quando lei e le sue sorelle di quattro o cinque anni si alzavano presto, scendevano le scale e andavano all'ufficio dell'hotel. Lì c'era lui, a lavorare fin dall'alba. Alle piccole piaceva interromperlo... a lui... a Isidoro. Che vuol dire "no"?», chiesi un po' infastidita. «Lo ha detto lei. Me l'ha descritto... Si ricordava che lui, Isidoro, giocava a rincorrerle in giro per l'hotel... Sì!».

La voce di Mami si inasprì come quella di chi pronuncia un verdetto. Fissandomi, mi interruppe:

«Quell'Isidoro non era mio nonno! Non si riferiva a suo padre, ma a suo fratello maggiore, che anche lui si chiamava Isidoro».

15

Improvvisamente, un silenzio nella mia testa. Trattenni il respiro per sentirla meglio. Incrociai i suoi occhi verdi, determinati, e il mio cuore si fermò:

«E ora te lo dico: l'abbandonò! Isidoro si imbarcò e non tornò più. Mio nonno abbandonò mia nonna».

La parola *abbandono* mi pungeva il petto, lo trafiggeva. Fu una crepa! Interna. Come se un oggetto metallico invisibile fosse stato sepolto in me. Restai senza fiato. Sentii i pezzi di vetro del mio cuore spezzato ammucchiati nella sua cavità come se cucissero carne viva. Dovetti fermarmi e toccarmi delicatamente il petto con le dita e, lentamente, presi un po' d'aria. Finché l'eco di un suono non ronzò nelle mie orecchie:

«No... non ci credo», mormorai con una sensazione di svenimento.

Mami alzò lo sguardo e i suoi occhi si ammorbidirono quando mi vide così sconvolta. Per tranquillizzarmi, cercò di minimizzare:

«Ma tanto... non importa. Questo è accaduto molti anni fa».

Agitò la mano come se stesse allontanando brutti ricordi come mosche. Tirò fuori la lana srotolando qualche altro filo dal gomitolo. Ne prese uno, come se lo accarezzasse, e poi lo mise nel ferro.

Ma mi vennero in mente mille domande.

«Dici che si imbarcò. Per andare dove?».

«New York».

«Ma... perché è andato a New York? Per poi proseguire in Italia? Ma... l'ha abbandonata seriamente o è morto e lei si è sentita abbandonata? Quali prove ci sono di questo abbandono? Ha lasciato una lettera d'addio? È morto a New York o in Italia?».

I miei ricordi si unirono a una scena di circa due anni fa a New York, quando mio padre morì in quella città.

"Come sarebbe stato trasportare un cadavere all'inizio del secolo? Cosa succedeva se qualcuno si ammalava su una barca a quell'epoca? Lo gettavano in mare?".

La mia strategia di farla parlare delicatamente era andata persa. Ora, avevo bisogno di risposte.

«Certo che è morto!».

Rimasi quasi offesa dal tono della sua voce perché mi guardava come se stessi sperando di arrivare a New York e trovarlo vivo dopo quasi cento anni dalla sua partenza.

«Dove è stato sepolto?».

«Cadde nel dimenticatoio».

«Non è sepolto accanto a lei a Puerto Plata?».

«Nella mia adolescenza, ogni volta che andavamo a Puerto Plata con mamma e papà, ci fermavamo lungo la strada e andavamo al cimitero per vedere la tomba di Babi. Le portavamo dei fiori. La tomba di Isidoro non è mai stata al suo fianco. Quasi che non si poteva neanche chiedere di lui. Nessuno lo menzionava».

«In conclusione...», dissi e riaprii il mio quaderno e lo indicai ferocemente. «Un giorno, Isidoro si imbarcò e abbandonò Bianca, volente o nolente...».

Alzai lo sguardo per farle vedere che non ci credevo e sfidando anche il dolore del mio petto affilato con tanto movimento di emozioni, continuai:

«E cos'è successo dopo?», insistetti, incollando la penna dura sulla carta.

«Se qualcuno sapeva quando fosse stato sepolto e dove, queste informazioni sono andate perse nella storia della famiglia».

Non è mai stata una di quelle persone che rimangono a lungo a pensare a cose che non possono essere risolte. Aveva ricevuto questa informazione quando era piccola e così rimase: cristallizzata nella sua memoria e nelle parole che dovrebbero riprodurla. Le storie di famiglia non vengono messe in discussione. Si accettano così come si ricevono. Come vengono dette, si assecondano. Non vengono messe in dubbio né contestate. Io non avevo accettato quelle che avevo ricevuto tramite i miei nonni? Perché non potevo mandare giù anche questa? Anche io ero stupita dal trambusto di opinioni che si era creato nel mio petto!

Mi alzai. Avevo bisogno di respirare. Aprii la finestra di più per respirare aria fresca. Per di più, non c'era nemmeno vento. Era come se l'intero appartamento fosse diventato silenzioso e la mancanza di chiarezza della serata si fosse estinta. Nel frattempo, la mia mente non smise di dubitare e rovistare aneddoti che avrebbero potuto confutare quello che avevo appena sentito. "No e no! Questo non è vero", ripetevo a me stessa.

Ma vengo da una famiglia di donne dove non ci sono errori e regnano solo certezze assolute. Quello che diceva mia madre, che probabilmente veniva direttamente da Bianca, doveva essere vero. Più spingevo quella realtà nel mio petto e cercavo un modo per rassegnarmi, più mi faceva male. *"Dev'essere un malinteso. Qualcosa non torna"*, diceva la voce nella mia mente.

Per il resto del pomeriggio e della notte, analizzavo nella mia memoria ogni dettaglio di una storia dimenticata che mia nonna Chela avrebbe potuto raccontarmi. A differenza di mia madre, era un'avida narratrice. Amava raccontare le sue storie e io e le mie sorelle amavamo ascoltarle. A volte, rideva delle sue stesse battute. Perché non mi aveva raccontato questa? Forse a mia nonna non piacevano le storie tristi. Forse l'avevo sentita e non ero pronta a riceverla. Non lo so. Era una storia triste di abbandono.

La perdonai per il suo silenzio. Probabilmente, lei, essendo una delle più piccole della famiglia, non conosceva in dettaglio questo evento. Se, crescendo, mia nonna avesse scoperto la storia dai vicini o dalle sue sorelle maggiori, avrebbe significato sussurrare per non parlarne di fronte alla mamma abbandonata.

Improvvisamente, l'immagine di Bianca, la guerriera che tutti sostenevano, la matriarca dal grande temperamento, suscitò compassione. Era una giovane vedova. Madre sola. Lasciata indietro. In un paese che non era il suo. Quanto fu profondo il suo dolore quando il tempo passava e lui non tornava? Come e quando si rese conto della sua morte se una cosa del genere avvenne in un'altra città? Seppe immediatamente della sua morte o impiegò mesi per scoprirlo?

"L'abbandonò". Sussurri lontani di ombre per la strada.

"No!", rispondevo con energia dentro di me. "Non può essere vero!".

Alla fine, riuscii ad addormentarmi, ma le storie di mia nonna scorrevano come film nella mia testa. Mi resi conto di non aver nemmeno mai visto una foto di lui. Riuscivo facilmente a ricorrere all'immagine di Bianca, perché nelle case delle mie prozie c'era sempre una sua foto. La mettevano sui loro altari ancestrali. Tra candele bianche e foto di santi, c'erano ritratti di persone care e amori mai dimenticati. Nessuna ritraeva Isidoro.

QUELLA NOTTE, sognai mia nonna. Era un ricordo che vissi come se fossi un testimone oculare.

Ero sulla soglia di una porta, all'ingresso principale dell'Hotel Europa. Io davo le spalle alla strada, come se fossi appena arrivata. Rimasi sulla soglia. La gonna del mio vestito ondeggiava davanti alle assi del pavimento. A pochi passi e davanti a me c'era un tavolo alto con un libro aperto. Era il libro degli ospiti. Aveva lunghe righe con nomi scritti in corsivo con una bella calligrafia. Dietro quel piano, c'erano chiodi disposti in file da cui pendevano i lunghi portachiavi in legno dipinti d'oro. Qui erano incisi i numeri delle stanze e fui in grado di vederne alcuni: 4, 17, 19…

Riuscii ad osservare con occhi curiosi ogni spazio. Alla mia destra c'erano un paio di poltrone con alti schienali imbottiti e un tavolo e una cesta sul tappeto corto con riviste e giornali dove gli ospiti potevano sedersi e aspettare che venissero accolti.

In lontananza, si intravedeva la sala da pranzo principale. Aveva sedie e tavoli perfettamente posizionati. Un rumore di matita sulla carta, alla mia sinistra, attirò la mia attenzione. All'interno di una stanza che veniva utilizzata come ufficio, attraverso la porta socchiusa, vidi un giovane seduto. Non riuscivo a vedere il suo volto, ma solo il suo profilo da dietro: era magro e indossava pantaloni scuri, una camicia bianca arrotolata alle maniche e caratteristiche bretelle che uscivano dalla vita. Lo sentii appoggiarsi sopra la spessa scrivania di legno. Con la punta affilata della sua matita scriveva su un libro mastro con linee verdi.

I suoi capelli cadevano sulla fronte in un punto. Improvvisamente, si raddrizzò… come se avesse notato la mia presenza. Mi tirai un po' indietro. Per puro istinto, non volevo che mi vedesse… altrimenti l'incantesimo sarebbe finito. Passò le dita tra i capelli e si chinò di nuovo per rimanere concentrato sul suo compito.

Un *tin* risvegliò la scena. Il piccolo campanellino posto accanto al libro degli ospiti suonò.

Tra risatine e sussurri, piccole voci provenivano dal piano superiore. Tre ragazze scesero le scale rannicchiandosi sull'ultimo gradino. Sembravano coniglietti in cerca di avventura, andando e venendo e fermandosi ad ogni angolo. Indossavano lunghe vesti bianche. In punta di piedi, spazzolavano il pavimento e cercavano di non fare rumore. Si coprivano la bocca dicendo: "Ssshhh, Ssshhh…!" e ridevano come uccellini!

Chela, di quattro anni, era la più birichina. Guardò oltre la soglia e, con il suo sorriso malizioso e gli occhi luminosi, esortò le altre due ad avvicinarsi. Quando videro che il loro fratello maggiore, Isidorito, era concentrato, entrarono cantando una canzone in rima per scherzo:

"Isi-doro, Isi-doro, dove ha nascosto il tesoro, ha il cuore d'oro, rimani al lavoro…".

Si sbellicavano dalle risate. Giocando ad arrabbiarsi, il giovane adolescente spinse la sedia indietro e brontolò per scherzo. Si alzò con le braccia piegate e dalla soglia della porta, fingendo di simulare la voce di un orco, disse:

"Chi osa disturbarmi? Chi osa cantare il mio nome per scherzo?".

Tra urla di orrore e gioia, le piccole si nascosero tra i mobili della sala. Isidorito, fingendo di non vederle, gli passò accanto e continuò a cercarle dappertutto. Le gemelle, nascoste dietro i sedili, si coprirono la bocca, ma ogni sforzo di silenzio finì per essere invano.

"Le troverò!", disse il fratello maggiore, guardando proprio dove non erano.

Il rumore dei passi che scendono dalla scala interruppe il gioco. Era Blanquita, la sorella maggiore. Quando scoprì che era nascondino, le rimproverò, dicendogli di fare silenzio:

"Ssshhhh…! Smettetela di fare rumore, santo cielo! È ancora molto presto e sveglierete gli ospiti".

Rivolse a suo fratello un'occhiata accusatoria mentre la prima che prese per mano fu Ana. La bambina rise mentre Isidorito fece una smorfia dietro di lei. Con sussurri fermi, ordinò loro di non sbattere forte i piedi e uscire dai loro nascondigli. Il fratello maggiore, tornò sulla soglia della sua porta, afferrò la maniglia con grande teatralità e disse:

"Un giorno le troverò e poi... vedrete!".

E affinché non lo dimenticassero, fece una grande finta, che fece ridere ancora di più le ragazze e le fece correre su per le scale, dimenticando il rimprovero della sorella. Sorridendo, il giovane chiuse la porta dell'ufficio evitando così un'eventuale interruzione.

MI SVEGLIAI ALL'ALBA con la canzone scherzosa come un eco sbiadito. Sapevo che lì, in quella sala all'ingresso dell'hotel, c'era stato più di un addio e più di una tristezza. Abbracciai il mio cuscino cercando di organizzare i miei pensieri. "Come si inizia a cercare un bisnonno che un giorno si imbarcò e se ne andò per non tornare mai più?".

"Perché te ne sei andato, Isidoro? Cos'è successo che non sei tornato?", mi dissi riferendomi al padre di tutti loro. "Dove stavi quando i tuoi figli crescevano tra Puerto Plata e *Bologna*? Perché hai lasciato Bianca da sola?".

Mentre ci pensavo, con la testa sul cuscino, ebbi la strana convinzione che, ovunque fosse, stava aspettando di essere trovato.

SOLO LACRIME VENGONO DALL'ITALIA

3

La notte sembrò breve. La luce del sole si diffondeva nella stanza. Mi svegliai con la sensazione di avere un ricordo fluttuante come una nuvola davanti ai miei occhi chiusi. Nella foschia dei sogni, mentre uscivo ed entravo nella realtà, qualcosa attirava la mia coscienza. Accanto al mio letto avvertii un'immagine iridescente, come una traccia di una bambina, con i capelli arricciati e una risatina maliziosa. Infine, quando aprii gli occhi per vedere l'immagine di fronte, sembrò scivolare via nel bel mezzo di una grande risata, come l'acqua sotto la porta chiusa.

Mami era già sveglia e il suo letto era sistemato. Alzai un po' la testa e vidi la coda pelosa del gatto che si avvicinava. Mi alzai sul gomito, chiamandola con il suo nome:

«Dai, Preciosa. Vieni!».

Volevo che venisse per accarezzarla. La sua coda si agitò elegantemente all'altezza del mio cuscino. Abbassai la mano in modo che si spazzolasse immergendo le mie dita nel suo pelo soffice e lanoso. La sua dolce danza passava attraverso queste e in un istante mi sentii felice perché è un piacere dare piacere. Mi diceva *miao* e io le rispondevo allo stesso modo, perché credo di parlare la loro lingua e che mi capiscano. Mentre miagolava e si coccolava con la mia mano, si agitava nella mia mente il ricordo incompleto che mi aveva risvegliato.

Chi mi aveva parlato in sogno?

Distrattamente, quando Preciosa si accomodò vicino a me, muovevo le dita per raggiungerle grattarla dietro le orecchie. Girò il suo musetto peloso verso di me, mi guardò con i suoi bellissimi occhi e, improvvisamente, un'immagine apparve nella mia testa. Un'evocazione sorprendente e inaspettata, ma, soprattutto, divertente, tipica di mia nonna. Sorrisi e mi sentii incoraggiata ad approfondire quel realismo magico che avvolgeva sempre la mia cara *Mamá Chela*. Ora, a distanza di tempo, mi fa ridere pensare che sia stata una coincidenza umoristica: Preciosa, la gatta di mia madre, aveva un occhio blu e uno giallo, proprio come li aveva mia nonna... di colori diversi. E così scattò il ricordo.

UNA VOLTA ERO ANDATA A TROVARE *Mamá Chela* nel suo appartamento Naco, il numero uno al primo piano, primo edificio, prima scala, prima porta. Ero andata a salutarla, perché mi sarei trasferita a studiare in un altro Paese. Le mie sorelle maggiori avevano già vissuto quella esperienza e ora era il mio turno.

Entrando nella sua casa piena di luce, l'avevo trovata sulla sedia a dondolo a guardare telenovele. Immediatamente, si era alzata per spegnere la TV e rivolgere a me l'attenzione. Dopo averla salutata con un bacio, mi aveva chiesto di sedermi davanti a lei. Aveva girato la sedia per rimanere davanti a me e, come sempre, aveva mostrato un sorriso malizioso, proprio come le persone che dicono di sapere molto... e lei sapeva molto! *Mamá Chela* non era una nonna normale, di quelle tranquille. Al contrario, sebbene avesse un carattere forte, trovava sempre qualcosa per cui sorridere nelle sue esperienze, buone o cattive. Era un affascinante vortice di storie trasformate in favole. Non c'era niente di più divertente che ascoltare i racconti del suo tempo. Parlava velocemente e talvolta arricciava le labbra ed emetteva un suono caratteristico (era un'esperta nel fare versi con la bocca).

Quella volta, ero molto concentrata nel raccontare i miei piani quando, in un momento d'impeto, aveva fermato la sua sedia a dondolo inclinandola precariamente in avanti. Se fosse stata un'altra persona, avrei pensato che sarebbe caduta. Ma mia nonna era un'acrobata su quella sedia a dondolo! Si era fermata sulle punte dei piedi e aveva indicato i suoi occhi.

«Ho un occhio blu e l'altro verde. Quasi nessuno se ne accorge, solo io! Lo vedo allo specchio. Guarda!», aveva indicato il sinistro, «Blu!», poi il destro, «Verde!». Aveva alzato il mento e, arricciando la bocca con la sua tipica espressione trionfale, aveva aggiunto: «uh huh!».

In quel momento, avevo notato la differenza. Sembravano anelli colorati della gamma turchese che finivano in una fantastica acquamarina. Le avevo detto che lo notavo e questo l'aveva resa soddisfatta.

Apprezzavo tutte le sue arguzie. Era una ruffiana con i suoi nipoti e amava gli scherzetti. Lontano dallo sguardo di mia madre, ci dava cioccolatini tutto il tempo e avrebbe invitato tutti quelli che andavano a trovarla a prendere un caffè. Ogni bambino che arrivava, se ne andava con 5 monete che prendeva dalla tasca quadrata del suo abito stile vestaglia. Era come se vivesse pronta per regalare. Era brava in cucina come tutte le sue sorelle.

Ma c'era una cosa che la distingueva dalle altre: non parlava italiano.

Non perché non lo capisse, ma perché non si degnava di parlarlo.

Ricordo un incontro con le sue sorelle nel cortile di casa. Tutte sedute in semicerchio sulle sedie, sotto il piccolo albero che, nonostante le sue dimensioni, regalava una piacevole ombra e ci lusingava con i suoi papaveri gialli. Le orchidee, che erano state legate ai loro rami, cadevano nei colori degli arcobaleni galleggianti. Così, sentii come Mafalda e Mayú, le sue sorelle, chiacchieravano in italiano. Mia nonna rispondeva loro in spagnolo. E mentre Yolanda e Blanquita continuavano a inserire sempre più frasi in italiano nella conversazione, mia nonna non perdeva il passo, ma in castigliano.

Avevo approfittato del suo buon umore e di quel ricordo per

farle una domanda diretta, che sapevo fosse di quelle cose che non si potevano chiedere:

«*Mamá Chela*, perché non ti piace l'Italia?».

«Aha!», disse come se avessi osato dire chissà cosa. Il suo sguardo era diventato divertente e misterioso. Aveva messo la sedia a dondolo sulle punte delle gambe per fissarmi e guardare la mia espressione. Penso che volesse spaventarmi, ma il suo sorriso intelligente l'aveva tradita.

«Perché...», aveva alzato le sopracciglia come se volesse scioccarmi ancora di più☐ «solo lacrime vengono dall'Italia»! E senza smettere di guardarmi, aveva indicato gli occhi. «Solo lacrime!».

Ero rimasta estasiata perché... cosa c'è di più italiano del dire *"solo lacrime vengono dall'Italia"*? Invece di dire semplicemente ciò che la rendeva triste o la notizia che la faceva piangere, si era espressa così profondamente, così poeticamente e... così nel suo modo.

Era come se qualcuno in Italia avesse pianto e confezionato le lacrime in una piccola scatola da spedire a Puerto Plata. E all'ingresso di quella casa vittoriana che era essa stessa l'hotel, e nel suo vestito estivo, c'era Chela, la prima a ricevere il postino. "Un pacchetto dall'Italia, che emozione!". Slegò la corda e tirò fuori la confezione. Aprì la scatola silenziosa con grande cura e a primo impatto non capì cosa ci fosse dentro. Era acqua? Il suo sorriso scemò e il dolore le salì alla gola. Avvicinò il suo volto per vedere bene e... erano lacrime!

Dalla soglia dell'hotel, gridò la sua delusione al mondo fregandosene del fatto che tutti lo sapevano: "Lo sapevo! Solo lacrime vengono dall'Italia".

E quella volta lei, di fronte a me, me lo ripeteva: «solo lacrime vengono dall'Italia».

Rimasi affascinata dalla sua storia.

Di fronte al mio stupore, continuò a raccontarmi altro. Mi aveva detto che quando arrivavano lettere dall'Italia, le nascondeva... Perché arrivavano solo cattive notizie che annullavano per settimane e persino mesi tutta la festa e la gioia in casa. Secondo sua madre, ogni volta che arrivava una lettera, si doveva vestire di nero. Ma lei non conosceva nemmeno le persone che inviavano quelle lettere. E sua madre, dopo aver appreso di questa marachella, la minacciava: "Se nascondi di nuovo le lettere che arrivano dall'Italia…".

A quel tempo, Doña Blanca era già sola e aveva i suoi figli separati in due continenti: l'azienda, che era l'hotel situato a Puerto Plata, e la sua casa a Bologna, dove erano rimasti Mafalda e Queco. Se arrivavano lettere dall'Italia, andava bene che arrivassero piene di lacrime!

Chela, con il suo ingegno e il suo stile vivace, non sarebbe stata una figlia facile da crescere. Aveva una bellezza che, insieme all'impulso della giovinezza, attirava l'attenzione degli altri. Così, a una festa accadde qualcosa che sarebbe potuto finire male.

Questa storia parla del contesto e dell'innocenza del tempo, in cui il pericolo era in agguato e nessuno ne conosceva le conseguenze: un festeggiamento al Club di Puerto Plata — presumo nel 1931 o 1932 — a cui partecipò un uomo che, un paio d'anni dopo, sarebbe salito al potere e sarebbe diventato un dittatore. Nella sala da ballo, Rafael Trujillo invitò Chela a ballare. Lui aveva il doppio della sua età ed era sposato. Si diceva che fosse "l'uomo forte" e che sarebbe stato scortese rifiutarsi di ballare con lui. E anche se fosse stato gentile farlo, Chela non aveva paura di nulla e rideva della loro prudenza. A diciotto anni, pensava che tutto fosse divertente.

Per quanto possa sembrare curiosa, questa storia ha due versioni diverse a seconda del parente che la racconta: alcuni miei cugini, dopo che le loro nonne gli hanno raccontato l'aneddoto, dicono che mia nonna ha rifiutato l'invito e non ha ballato con lui visto che farlo avrebbe significato un errore di valutazione e persino di dignità; anche se, pensandoci, si poteva rifiutare una tale figura? L'altra versione, invece, si lega alla stessa trama che ci raccontò lei: a quanto pare, prima di invitarla a ballare, il futuro dittatore avrebbe chiesto delle "ragazze". Erano Mayú, Chela e Ana, le sorelle minori. Gli accompagnatori erano Yolanda e Manuel, che erano già sposati. Immagino che il gestore del club avrà risposto: "Quelle ragazze sono le italiane, figlie di Doña Blanca". Lui voleva conoscerle.

Mia nonna ricordava quanto si era presentato bene, le sue buone maniere, la perfezione del suo vestito. Trujillo era una celebrità all'epoca, prima che si diffondesse il suo terrore, ed era considerato da molti come un eroe, oltre ad essere sostenuto dal grande potere del nord per salire al potere. Quando invitò Chela a ballare, lei accettò. E, mentre i violinisti si preparavano a suonare e altre coppie si alzavano per ballare, si ritrovò ad essere portata per il braccio verso la pista.

La musica non era ancora cominciata, quando l'elettricità andò via. Improvvisamente, i primi toni della musica si fermarono e la grande sala rimase in penombra con la luna come unica fonte di luce. Le sigarette accese degli ospiti, che si erano fermati ad osservarli, sembravano piccole stelle intorno a loro. Rapidamente, le guardie del corpo si avvicinarono: "Non si preoccupi, capo; ci hanno spiegato che c'è un problema con i cavi. Un normale malfunzionamento". Dopo aver sentito l'aggiornamento, si rivolse a Chela che era ancora in pista; né lei, né nessuno osava muoversi.

"Non si preoccupi, Chela, che lei è con me", le disse nel buio.

"Non si preoccupi lei, Don Rafael, che lei è con me", gli rispose lei. La sicurezza della sua giovinezza la rendeva la proprietaria dell'umorismo a Puerto Plata.

A noi discendenti, questo evento ci riempie di ammirazione e ci fa ridere, soprattutto per il modo giocoso e distaccato con cui lo raccontava. A volte, sosteniamo che probabilmente lo disse lei per prima. "Sicuramente è stata lei!" perché quella era la nostra Chela. La grande eroina spiritosa e divertente, innocente e ignorante di ogni pericolo.

Sebbene prima che l'elettricità tornasse, Trujillo e i suoi scagnozzi se ne andarono a tutta velocità, lasciando un manto di polvere sulla strada, decise che non avrebbero mai ballato. Ma la storia non finì qui, bensì continuò il giorno dopo in quella casa vittoriana che era anche un'attività alberghiera, quando la famiglia al completo condivise il pranzo ad un lungo tavolo e, Chela, con tutti i suoi gesti e le sue doti teatrali, raccontò cosa accadde. Come avrà preso questo aneddoto della festa Doña Blanca? Con il suo solito ritegno e gesti precisi, l'ascoltava in silenzio, ma con un grido sordo nella sua anima.

Non credo sia un'iperbole se mi metto nei panni della mia bisnonna e assisto a quella storia: aguzzò le orecchie; sempre preoccupata di mantenere la dignità di tutta la sua famiglia. E, mentre gli altri ridevano con Chela, Doña Blanca concentrò lo sguardo su sua figlia. Osservò il suo aspetto delicato e la sua risata distaccata. Era di fronte a una ragazza adolescente che non aveva paura di niente e di nessuno. Ma alla madre questo sembrava uno scandalo. Chela, durante la sua giovinezza, era stata vista da gran parte della società di Puerto Plata andare sulla pista da ballo con un uomo sposato che aveva il doppio della sua età. Non solo quello. Con un uomo che, nella sua carriera politica, stava andando verso l'apice del potere senza preoccuparsi di lasciare cadaveri sul suo cammino. Questo gesto rendeva sua figlia un bersaglio e rappresentava anche un problema di sicurezza per la famiglia nella sua totalità.

Esagero se penso che questa vicenda abbia portato Doña Blanca a pensare di far sposare Chela? Finché le loro figlie più giovani non avevano un uomo che le rappresentasse, erano vulnerabili. La bellezza e la giovinezza avrebbero potuto attirare l'attenzione degli uomini in generale e… di persone sposate. Deve essere stato un grande sollievo per Doña Blanca quando entrò nella vita di Chela quello che sarebbe stato mio nonno, perché un paio di mesi dopo questo incidente, Joaquín Ginebra entrò nella sua vita.

FORTUNATAMENTE PER ME, conosco la storia di come si sono incontrati.

Elsie Lithgow, la cui figlia si sarebbe poi sposata con il figlio di Chela, mi raccontò come lei e Joaquín si conobbero. Io e zia Elsie chiacchieravamo molto spesso quando studiavo in Virginia e lei viveva a Bethesda con i miei zii, Nelson e Marocha. Grazie a queste chiamate e alle mie domande sulla sua giovinezza, ciò che una volta mi disse di mia nonna è rimasto nella mia memoria: "Quando Chela arrivava, la gioia stessa entrava con lei. Il suo sorriso illuminava ogni angolo del giardino come un raggio di sole".

. . .

LA SCENA ebbe luogo a casa di Elsie. Era un edificio vittoriano con un cortile interno e un sentiero pieno di fiori che conduceva a un pergolato sullo sfondo. Sotto le foglie sospese, c'erano sedie, tavoli e bibite: un piccolo angolo di paradiso. Elsie amava avere ospiti, per questo il suo giardino era un luogo d'incontro costante e di chiacchiere della sera per la famiglia e gli amici. Quel giorno Joaquin era venuto a fare visita e si trovava in quello spazio naturale, bevendo una limonata fredda per rinfrescarsi dal caldo. Con lui e altri presenti, si era formato un circolo e portavano avanti una piacevole conversazione.

Poi arrivò Chela.

Dall'altra parte, all'ingresso del giardino, cominciò ad avvicinarsi. Aveva tagliato la lunga treccia di riccioli scuri che aveva finora brillato sulla sua spalla e aveva una pettinatura moderna. Quel cambiamento la faceva sembrare più donna, più adulta. Il suo naso, lungo e imperfetto, aveva due sentinelle: i suoi occhi colorati, che brillavano sotto le sue ciglia nere. E il bagliore delle guance rosa della giovinezza si adattava perfettamente a quel viso sorridente.

"È arrivata la gioia in persona!", esclamò mia zia Elsie quando la vide.

Così mi disse lei. E il mio cuore è pieno di emozione nel vederla così chiaramente, nella sua piccola statura, camminare dritta come una ballerina che sfila lungo il sentiero dei fiori.

Joaquín fu colpito dalla sua bellezza. Era seduto sul bordo della sedia mentre lei si avvicinava. Da lontano, osservava la contentezza nel suo grande sorriso. Una freccia gli trafisse il cuore.

Quel giorno, il sole splendeva più forte e illuminava il momento come un fuoco divino. La brezza danzava sollevando le foglie in un ballo di piroette che si allontanava prima che passasse lei. Indossava un abito bianco la cui gonna era decorata con delicati fiori; alcuni dipinti e altri ricamati, circondati da morbide foglie verdi in toni chiari. L'aria, in una coreografia ingenua, giocava con i fiori della strada mentre le foglie del suo vestito prendevano vita. Aprendosi e liberandosi splendidamente, il naturale e il chimerico si fondevano in un unico movimento. I petali, animati dalla magia del momento, si voltavano e giravano mentre le foglie cadevano sorvegliando il suo cammino. Al suo passaggio, una primavera si animava: rosa su viola, verde su verde.

"Chi è lei?", chiese Joaquín affascinato.

"È Chela", dievanono gli uccellini, ugualmente stregati.

"È Chela, la figlia di Doña Blanca", disse Elsie, felice.

Sul sentiero di pietre levigate, le sue scarpe da ballo avanzavano e risvegliavano l'albero che, inclinato verso di lei, imitava Joaquín: né può distoglierle i suoi occhi frondosi da lei; né lo vuole. Chela ancora non sospettava che stava avanzando verso il suo futuro. Tra le braccia di quello che sarebbe diventato suo marito.

E QUESTA STORIA sarebbe finita qui come un lieto fine se la vita si fosse congelata in quell'istante come una fiaba. Ma la vita è passata, il tempo è trascorso e il destino ha fatto il suo. È così che oggi so che le lacrime non vengono solo dall'Italia. Lo so, perché non ci sono foto del matrimonio dei miei nonni. O, almeno, non ne ho mai vista una. Non ho potuto contemplarla ai piedi della chiesa vestita di bianco, con fiori che adornano la sua giovinezza e al braccio del suo uomo. Lei stessa le distrusse una per una… senza piangere. Le ruppe con le dita, forti e determinate. I pezzettini che cadevano a terra li calpestava ancora di più, come se fosse necessario confermare il suo gesto e la sua amarezza. E le parti che non poteva fare a pezzi, le ha persino bruciate!

Tuttavia, voglio scrivere degli aneddoti delle loro vite che mi raccontò mia zia per mostrare la loro vita durante una tirannia.

Nel 1941 Joaquin aveva comprato un appezzamento di terreno a Haina, nella Repubblica Dominicana. Era una proprietà piena di alberi di cocco in linea con la costa. Aveva creato un pergolato dove trascorrere la domenica con la sua famiglia e gli amici. Mia madre e suo fratello erano molto giovani e, sebbene Chela fosse incinta per la terza volta, organizzò e servì cibo nella piacevole campagna.

Amava quel posto per la brezza marina che cullava le palme per tutta la sera.

Ma i suoi viaggi domenicali non durarono a lungo. Un giorno, alcuni amici vennero a trovare Joaquín a casa. Il *capo* pensava che la terra fosse bella e si offrì di comprarla.

"La mia proprietà non è in vendita", disse Joaquín sollevando il mento. Non gli piaceva che si immischiassero nelle sue decisioni.

In ogni casa doveva essere appeso al muro un cartello che diceva: "In questa casa, Trujillo è il capo". Ogni volta che Joaquín lo vedeva, la sua giugulare si gonfiava ed era ansioso di mandarlo via furiosamente. Ma Chela, cauta, teneva il cartello in un cassetto e, a seconda di chi bussava alla porta, lo tirava fuori e lo appendeva al muro.

Durante questa visita di *amici* che parlavano della terra af Haina, il cartello era appeso e Chela si era ritirata; era meglio non essere lì vicino quando arrivavano uomini strani, soprattutto se venivano dalla parte del capo. Con calma, consigliarono a Joaquín di vendere la proprietà: "Non c'è motivo di contrariare il capo...".

ALCUNI ANNI DOPO, nell'epoca della rivoluzione, Chela ebbe un'esperienza atroce quando un proiettile entrò nella finestra del teatro Élite. Un proiettile ruppe la finestra fischiettando sopra i barattoli trasparenti e semi-rotondi dove conservavano i dolci da vendere che vennero fatti in mille pezzi. Lei e il suo assistente caddero a terra. E non fu la cosa peggiore! La cosa peggiore per lei è stata aver dovuto tacere su quello che era successo. Rimanere in silenzio: questa era una cosa seria. Rimaneva da raccogliere ciò che era rotto e fingere che non fosse successo nulla. Perché magari si sarebbero accaniti di proposito in seguito alle denunce.

E ancora doveva arrivare la cosa più difficile: il tradimento, il rifiuto, l'abbandono. Le offese delle infedeltà di Joaquín. Dopo averle sopportate tutte, finì per essere lui a chiederle di sciogliere l'unione matrimoniale.

Joaquín divorziò da Chela mettendo un'ultima pietra sulla loro storia per sempre, martellando a fondo la scatola dell'amore rotto, riempiendola di più lacrime, come un crudele assaggio di ciò che sarebbe arrivato dopo.

CAMPANELLE

4

«Cos'è successo qui? Magia?», chiesi a mia madre quando
entrai nella sua stanza. L'ambiente era invaso da un'improvvisa energia di allegria. Quando aprii la porta, la trovai che
rideva seduta davanti al monitor del suo nuovo computer. Rimasi
sbalordita.

Sospettavo già che fosse successo qualcosa di strano a Mami.
Durante il mio soggiorno, il suo umore cambiava. Non volevo che
fosse triste per mio padre per il resto della sua vita. No, non era
questo. Ma non capivo quale fosse il fascino di una macchina di
metallo e plastica. Sembrava che non solo lei, ma tutta la stanza si
fosse rallegrata. Ignara dei miei pensieri sospetti, Mami mi invitò
ad avvicinarmi:

«Vieni a vedere».

Sorrideva come una scolaretta.

Si era regalata un computer per Natale. Lo aveva messo sopra la
scrivania di mogano contro il muro e sotto la finestra con il sonaglio delle campanelle. Avevo tollerato questa nuova intrusione di
notte, nonostante il groviglio di brutti fili che pendevano vicino ai
miei piedi.

Prima che apparisse quel dispositivo, quell'angolo era per me:
uno spazio illuminato con un'aura speciale. Dalle finestre, le foglie

verdi allungavano il gambo diffondendosi e rinfrescavano la chiarezza durante la sera. Quando la brezza che portava un profumo dolce faceva ballare le campanelline con un *tin tin* per ogni sogno o passaggio di angelo, io rimanevo inerme, incantata. Le prime ore del mattino, intravedevo un arcobaleno dal riflesso del metallo sospeso. Nascosta nel mio lettuccio, era un piacere. Questo spazio era l'unica cosa che consideravo mia nella nuova casa di Mami. E non c'era niente di meglio che vedere Preciosa arrivare e rannicchiarsi accanto a me.

Inutile dire che nemmeno alla mia compagna di viaggio piaceva il disordine dei cavi sotto la scrivania. In diverse occasioni aveva cercato di spingerli con la zampa. Tuttavia, erano spessi, duri e rigidi… erano cavi non adatti ai giochi di un gatto.

Ci piaceva giocare e io usavo una pallina di lana che la mamma usava per i lavori a maglia. Tra una mano e l'altra, la tiravo e Preciosa correva a cercarla. Oppure la nascondevo, mentre lei mi girava intorno, accarezzandomi con la coda. Così trascorremmo alcune mattine divertendoci. Io, giocando come una bambina e lei, come una vera gatta.

Mi resi conto che le cose erano *davvero* cambiate quando presi la pallina di lana e la tirai per farla giocare. Come al solito, rotolò sul pavimento e Preciosa andò a prenderla. Solo che quella mattina, avevo preso quella sbagliata! Quando Preciosa scappò, vidi muoversi i ferri nella cesta. Oh, oh! Un maglione che la mamma aveva quasi completato… era ora a metà, sfilacciato. Ogni tiro, lo sfilacciava sempre di più. La inseguii:

«Ehi, Preciosa! Ehi, no! Torna indietro, che lo romperai ancora di più!».

Ma lei pensava che fosse molto divertente. Vedendo che la inseguivo, lo spinse con la zampa più velocemente e corse dall'altra parte della stanza. Preciosa era più grande di me (negli anni dei gatti), ma più agile. Quando finalmente la presi e staccai le sue unghie, pensai che se Mami si fosse resa conto di quello che era successo, saremmo state entrambe nei guai. In fretta, rimisi la pallina in fondo alla cesta e misi l'altra lana colorata sopra in modo che non se ne accorgesse. Feci finta che non fosse successo nulla, sicura che Preciosa non avrebbe fatto la spia e che Mami non se ne sarebbe accorta.

E fu proprio quello che successe.

Non l'ha mai notato!

Il suo tempo come tessitrice era finito. Ora le sue dita non lavoravano più a maglia, ma spingevano i tasti del computer.

QUINDI, tornando al momento in cui le dissi, "Cos'è successo qui?", le campanelle fecero un tintinnò per darmi la loro migliore risposta.

Non notando la melodia, Mami, dalla sua sedia, si voltò solo per un secondo e rispose con il suo nuovo sorriso:

«Mi hanno mandato una barzelletta... Forte!». E si mise a leggere la barzelletta che le avevano mandato.

Esitai perché in fretta pensai che si trattasse di una cosa stupida e mi avvicinai un po' infastidita. Chinai la testa sulla sua spalla mentre sorrideva guardando la mia reazione. La ricompensai con un *uh huh* quando terminò di leggerla, mentre notavo che si aspettava che io ridessi. Un'altra *e-mail* arrivò nella sua casella di posta elettronica, probabilmente era un'altra battuta.

«Chi è quel Milagín?», le chiesi curiosa del mittente del nuovo messaggio.

Splendente con la sua espressione, rispose:

«È di Milagros! Ci inventiamo nomi normalmente in base alle nostre iniziali. Il suo è Milagín, per Milagros Ginevra... e il mio è Sogitho».

«Sogitho?», chiesi di nuovo sapendo che erano le iniziali del suo nome combinato con il cognome di Papi: Socorro Ginevra in Thomen.

Dovetti ammirare la sua creatività: «Wow, Mami!», esclamai sorpresa «Mi piace!».

Non che ci fosse qualcosa di sbagliato nel passare tutto il giorno a leggere battute. Ma erano le mie vacanze e non volevo avere gli occhi sulla luce di uno schermo. Anche se devo ammettere che forse quel suo cambiamento di atteggiamento era positivo. La nuova gioia aumentava ad ogni battuta. Il sorriso la rendeva più giovane. Il computer benedetto l'aveva riempita di battute… e risate!

Decisi anche di apprezzare un altro lato positivo: potevo iniziare subito le mie ricerche sulla destinazione di Isidoro! Forse faceva parte dle mio destino iniziare in quel momento la ricerca. Tuttavia, senza molte informazioni, era come cercare a tentoni nell'orscuità. Non avevo neppure una data, solo la stima di un anno: 1914.

Eppure, una mattina, iniziai a cercare i cimiteri a New York e trovai un elenco della città di New York del 1910. Quindi, per impressionarla, fui io a chiamarla per farla avvicinare al computer:

«Guarda, Mami… Ho trovato un elenco con diversi cimiteri dell'epoca…».

Si chinò sulla mia spalla per vedere il monitor. Le spiegai come avevo fatto la ricerca e come l'avevo trovato. Inoltre, con l'aria di una studiosa, le dissi:

«Nel caso in cui Isidoro fosse morto a New York, ho scritto anche agli uffici sanitari della città…».

Come io con le sue battute, lei mi guardò, un po' a bocca aperta. Mi resi conto che, ancora una volta nelle nostre vite, io e mia madre non ci capivamo. Non capiva il mio interesse per il passato o per il sapere dove si trovasse Isidoro. E io non capivo quello che lei non capiva.

«La verità è che solo tu puoi pensare a queste cose. Sarai ossessionata da questo?».

Tirai indietro la sedia per parlarle più direttamente:

«Mami, non so come tu non sia ossessionata dal sapere dove e di cosa è morto tuo nonno. Non so come tu non abbia chiesto a tua nonna. Tu, la più grande dei cugini, avresti preso zio Billy un giorno e, invece di salvare i rospi nascondendoli in tasca, insieme le avreste chiesto: "Nonna, dov'è nostro nonno?"».

«Avevo sette anni quando è morta mia nonna!», risposte infastidita.

Immediatamente, mi sentii in colpa per averle parlato in quel modo. Mio figlio maggiore aveva solo sette anni quando il suo primo nonno era morto: mio padre. Aveva pianto disperatamente! Ora capivo che quella era l'età che aveva mia madre quando sua nonna morì. Sono sicura che anche lei si era sentita così.

Nonostante ciò, non avevo intenzione di chiudere il discorso così facilmente.

«Voglio saperne di più. Non è abbastanza».

Guardandomi per un momento, pensai che finalmente l'avesse capito mentre si spostava verso un vecchio armadio che era un marchingegno che riempiva il muro. Vedendolo lì, alto e silenzioso, uno non si immagina la sua storia. È un armadio che si può completamente smontare per portarlo in viaggio a bordo di navi. Nei tempi in cui era ancora più veloce e più piacevole andare dalla capitale a Puerto Plata in barca, questo veniva smantellato e smontato. Si metteva sulla barca e si riassemblava senza usare i chiodi. Il design dei cassetti all'interno è magnifico. Una vera opera d'arte.

Aprì le ante e mi indicò:

«Passami quella scatola».

Salii sulla sedia e dovetti allungarmi bene per prenderlo con cura con entrambe le mani e salvarlo dal dimenticatoio. Quando lo tirai, scivolò una foto. Il mio riflesso fu di prenderla in aria, cercando di evitare che la scatola cadesse su di me.

Scesi dalla sedia con l'album premendo sopra la foto. Misi tutto in cima al suo letto dove mi stava aspettando seduta.

«Stava per cadere questa foto...», guardai attentamente la foto e la girai nella mia mano. Sul retro c'era una data, "1918". La passai a Mami mentre mettevo l'album sul letto.

«Oh! Non ricordavo dove avessi quella foto», disse, lasciando intendere che era l'unica non inserita nell'album. Era un ritratto di famiglia con Bianca seduta al centro e vestita di nero. Dietro, un ragazzo sorridente con le sue tre sorelle, tutte vestite di bianco. Tra le tre ragazze in piedi davanti, individuai mia nonna. I i suoi capelli cadevano come cascate di morbidi riccioli.

«Lui è Isidorito... è l'unica foto che ho di lui. Poi, Blanquita, Beatriz, Yolanda... i più piccoli sono Chela, Mayú e Ana».

«E, zio Queco e zia Mafalda, perché non sono lì?».

«Vivevano ancora in Italia. Sono stati gli ultimi a venire a Puerto Plata».

Continuava a guardare l'immagine di sua nonna. Mi avvicinai per vedere la mia, la mia amata Chela.

«La verità è che delle ragazze era quella che aveva l'aspetto più vivace».

Aprì il suo album e cercò altre foto da mostrarmi.

«Ecco Queco e Mafalda. Vivevano ancora a Bologna».

«Zia Mafalda era molto carina! Sì! Ma anche gli uomini in questa famiglia erano molto belli! Come assomiglia zio Queco agli altri ragazzi!», intendevo i suoi figli, Fernando e Frank.

«Isidoro era molto bello… questo era parte del problema».

Mami mi passò l'album e continuai a sfogliare le foto. Mi affascinava guardarli attentamente, pensando al fatto che *questi erano i figli di Bianca e Isidoro*. E quando vidi il gruppo di foto dei cugini di Mami, cioè dei miei zii, era inevitabile per me pensare che *questi sono i nipoti di Bianca e Isidoro*.

«Non ci sono foto di Isidoro», dissi ad alta voce.

Non era una domanda. Conoscevo già la risposta. Alzai lo sguardo e mi resi conto che ero sola sul letto di Mami. L'album aperto davanti a me.

Apparentemente, o meglio, ovviamente, si era alzata e si era posizionata davanti al computer. Era tutta una tattica per farmi alzare dalla sedia.

«Mami!». Risi del suo trucco per lasciarle il posto libero. Mi guardò tenendo il mouse del computer e sollevando trionfante il mento.

Da quel giorno in poi, ogni mattina, si aspettava che mi alzassi e chiudessi il letto che chiamavamo "sandwich" per sedersi davanti al computer a leggere la sua posta.

Di notte, dovevo aspettare che avesse finito prima di poter andare a letto. Se fosse dipeso da lei, le avrebbe lette di nuovo o avrebbe girovagato per internet alla ricerca di altre battute. In diverse occasioni, mi misi accanto a lei come se l'adulta fossi io e la bambina, lei:

«Mami, *plis*… è ora di dormire…».

Allora lei approfittava per leggermele tutte!

Pazientemente, le ascoltavo mentre indicavo l'orologio. Se provavo a sgattaiolare via, mi chiamava.

«Lache, vieni a vedere... senti questa battuta».

Inoltre, voleva vedere la mia reazione. Se non ridevo, le ripeteva come se non le capissi.

Volevo che le mie sorelle mi mostrassero solidarietà. "Sono scappata! Come la batgirl", scherzavo con loro quando glielo raccontavo. Ridevano, ma non si sentivano in colpa e scrollavano le spalle. Presto, cominciarono a riceverle e per loro andava bene. Ridevano alle battute di Mami! L'unica che si lamentava ero io. Non c'era niente da fare!

Un giorno mi convinse dicendomi "questa sì che è bella", ridendo ad alta voce. Quando mi avvicinai per leggerla, rimasi sorpresa dal fatto che, non solo era molto divertente, ma era molto maliziosa, una di quelle che chiamiamo "battute piccanti". La verità è che era molto divertente e non riuscii a trattenere le risate.

«Cosaaaa??? Mami! E chi ti ha mandato questa battuta?», le chiesi inorridita e divertita allo stesso tempo.

Nel leggere il nome del mittente, mi resi conto che colui che l'aveva inviata era lo zio Fernando.

«È zio Fernando Rainieri?», indicai con il dito, stupita e divertita.

Era uno degli zii più divertenti che avevamo dalla parte di mia madre. Alto e bello, aveva i capelli castani lisci e aveva sempre un sorriso molto speciale. Sorrise alzando l'angolo delle labbra da una parte come un mezzo sorriso, e poi dall'altra. Trovava divertimento in ogni conversazione facendo gesti per allungare le frasi che usava.

«Sì, quel Colorao!», mi rispose, chiamandolo con il suo sopran- nome, come lo chiamavano tutti i cugini.

Fernando era figlio di Queco e nipote di Bianca e Isidoro.

«Ma, Mami... devi chiedergli...».

«Chiedergli cosa... Cosa?».

Feci una richiesta formale:

«Mami, posso scrivergli dalla tua e-mail?».

· · ·

* * *

Caro zio Fernando:

Come stai? Sono Graciela, la quarta delle figlie di Socorro. Ti scrivo dall'e-mail di mamma per mandarti un saluto. Sono in visita da lei con i miei figli per festeggiare Capodanno. Buon Anno a te, zia Pilar e ai miei cugini! Ti scrivo perché mamma mi ha parlato dei suoi nonni e sono incuriosita da dove si trovi Isidoro. Sai cosa gli è successo? Inoltre, vorrei saperne di più... quando è nato e i nomi dei suoi genitori. Mi è stato detto molto su tua nonna Babi, ma sono molto curiosa. Mami dice che Isidoro e Bianca si sono sposati in Colombia, perché lì? Come ci sono arrivati dall'Italia? Trovo affascinante questa incognita. Tutto quello che riguarda i nostri antenati è un mistero e amo la genealogia.

Un abbraccio,

Graciela

* * *

NON ERA PASSATA nemmeno mezz'ora che ricevetti la sua risposta. Ero in pigiama ad asciugarmi i capelli e Mami mi chiamò per andare a vedere. Questa era parte della sua risposta:

* * *

CARA GRACIELA:

Sì, so che sei la quarta delle figlie di Socorro. Sono contento che tu stia da tua madre a Capodanno e che sei interessata all'albero genealogico della nostra famiglia. Dicono che la genealogia sia una scienza, ma è anche un'arte. È la scoperta delle nostre radici, le radici che ci uniscono. Ho delle informazioni su mio nonno, ma in questo momento siamo in viaggio e non le ho a portata di mano. Quando torno a casa, le cercherò e le porterò a tua madre.

Quello che posso anticiparti è che la famiglia viene da Castello d'Argile. Lì, i miei nonni avevano una casa dove mio padre è nato e cresciuto. Ha vissuto a Bologna fino a quando andava a scuola. I figli di Bianca sono cresciuti separati tra Bologna e Puerto Plata. Isidorito, essendo il maggiore, lavorò fianco a fianco con sua madre fino alla morte. Poi mia nonna si è occupata di tutto. Una grande donna, che aveva coraggio e determinazione. Esemplare. L'amiamo molto. L'ammiriamo. A questo proposito, chiedi a tua madre.

Per quanto riguarda date e luoghi, te li manderò non appena torno a casa. Cosa ti dice tua madre del fatto che sono scappati? So che si sono conosciuti su una nave. Dicono che sono scappati, non lo so. Può essere. Lei aveva 17 anni ed era molto giovane e Isidoro aveva i suoi anni.

Sono così felice che ti interessi la famiglia. Vai a vedere la nuova pagina di Ellis Island e i nuovi siti web che stanno venendo fuori ora sulla genealogia che potrebbero aiutarti. Con le date che ti manderò puoi fare una ricerca più specifica. Vedi fino a che punto arrivi. Devi vivere la vita come un esperimento. Vediamo cosa succede.

Saluti alla famiglia,
Fernando

VIRGINIA

5

*L*a Virginia è uno stato molto bello. Ville con campi, vigneti e ranch con stalle si estendono su dolci colline di pini verdi. Vivo al nord, a mezz'ora dalla capitale. La strada per casa mia è costeggiata da alberi grandiosi e dietro c'è Great Falls Park. Le nostre finestre si aprono sul boschetto e vediamo famiglie di scoiattoli saltare da un ramo all'altro costantemente.

Quel gennaio, quando arrivai dal mio eterno tropico di Santo Domingo all'inverno della Virginia, gli alberi erano già spogli. Solo i pini, le picche e gli abeti conservavano il loro verde.

Fuori ero la stessa persona, ma dentro qualcosa era cambiato in me.

Dal mistero dell'abbandono al messaggio dello zio Fernando, tutto si era trasformato e il mio desiderio di conoscere i miei antenati, e soprattutto di trovare Isidoro, era aumentato.

Poiché avevo il registro con un elenco di altri cimiteri dell'epoca a New York, decisi di scrivere a tutti: *"Sarebbe così gentile da dirmi se tra le vostre tombe, ce n'è una con il nome di Isidoro Rainieri… morto nel 1914?"*. Ad ogni lettera curiosa aggiungevo una busta affrancata e pre-indirizzata in modo che non perdessero tempo a comprare o preparare lettere e mi inviassero immediatamente le risposte.

Volevo solo la verità. A poco a poco, iniziarono ad arrivare delle risposte che, tuttavia, erano sempre le stesse: "*Non è sepolto qui*".

Aspettare è un'arte. Non sai mai cosa troverai in una ricerca o la notizia che riceverai in risposta a una domanda. Sapevo che la risposta avrebbe cambiato la mia vita nel bene o nel male, secondo la marea di pensieri di Mami l'avrebbe cambiata in peggio. Ma mi faceva male ogni volta che pensavo che Isidoro avesse commesso un errore, se il motivo della sua partenza poteva essere disonorevole.

Mi confortò l'idea che l'Italia si stesse aprendo a me come opzione. Il mio desiderio di avventura, insieme alla sfida della ricerca, erano una fiamma viva che illuminava il mio cuore.

Scoprii anche una verità su me stessa: c'era un'Italia dentro di me che si stava svegliando e stava riscattando l'eredità di donne selvagge e amori forti. Mi chiedevo quali qualità avessi ereditato dalla mia bisnonna Bianca. Ero orgogliosa di lei. Sentivo che, grazie a lei, dentro di me viveva un'eroina. Dal momento che non avevo più mia nonna Chela, decisi che mia madre e mio zio Fernando avrebbero riempito quegli spazi invisibili delle storie che esistevano sui miei antenati.

La culla di questa famiglia era Bologna e dovevo cercare lì. Così inviai e-mail chiedendo di farmi inviare i certificati di nascita di entrambi i bisnonni e le indicazioni di residenza lì. Quando vidi che il tempo passava e nessuno rispondeva, decisi di ritornare alla strada tradizionale e inviare una lettera normale.

Ed è qui che iniziò lo scherzo con Mami con i cinque pesos itineranti! Mi venne in mente di mettere in ogni lettera da inviare in Italia cinque dollari (che avevano l'immagine di Abraham Lincoln) perché così avrei coperto il costo del francobollo internazionale.

Raccontai a Mami il mio piano terminando la frase con un:

«Così Abraham Lincoln sta viaggiando in Italia».

A ciò, lei rispose:

«Per quale motivo metti cinque dollari?».

«Per coprire il costo di trasporto internazionale. Proprio come a ogni cimitero ho messo una busta con un francobollo sopra. Gli ho messo una busta e quei cinque dollari…».

«E se non trovano niente, te li restituiranno?».

Scrollai le spalle e risposi:

«È una strategia. Si renderanno conto di quanto questo sia importante per me e attirerò la loro attenzione. Questo lo differenzierà sicuramente da tutte le altre richieste che ricevono quotidianamente. Farà vedere loro che c'è qualcuno con una richiesta speciale che sta aspettando con impazienza risposte».

Così era facile pensare che quando qualcuno avesse aperto la busta, li avrebbe ispirati ad aiutarmi. Immaginai che un funzionario dell'ufficio civile di Bologna prendeva il suo caffè a mio nome vicino al lavoro. Non l'avrei mai incontrato di persona, ma lo immaginavo un po' *nerd*, con occhiali e capelli scuri e corti, ispirato dalla suspense della domanda: *"Chi era questo Isidoro di cui questa persona (io) è così desiderosa di ricevere informazioni?"*. La mia indagine sarebbe stata un'incognita irresistibile. Avrebbe riflettuto mentre era seduto in quel bar sulla strada all'ombra di un albero. La lettera che chiedeva di un certo Isidoro parlava di Italia, Colombia, Puerto Plata, Stati Uniti e… era accompagnata da Abraham Lincoln. Chi può resistere al magnetismo dell'intrigo? Non lui! Un sorso del suo *macchiato* e… si sarebbe alzato con decisione, entrando in fretta nel suo ufficio e togliendosi la sciarpa, mettendosi poi subito a lavorare.

Ogni volta che arrivava il postino, uscivo correndo. Presto, i miei figli si resero conto che la loro madre correva come una bambina ad aprire la cassetta della posta. Insieme, iniziammo a correre per vedere chi arrivava primo. Alex, che all'epoca aveva sei anni, era quello a cui piaceva di più il gioco.

«È arrivato un pacco dall'Italia!», gridava. E ripeteva con un grande sorriso: «Italia! Italia!».

Solo per questo lasciavo vincere lui.

Tornato in cucina, l'aprii con attenzione per non distruggere il francobollo, perché lo amavo e volevo collezionarlo per i posteri. Tra i documenti, trovai un biglietto di scuse per non aver trovato il mio antenato nei suoi registri.

"E allora perché così tante carte?", pensai mentre controllavo. Continuai a leggere. Mi spiegava che il cognome Rainieri è un cognome originario di Parma. Per dimostrarlo, mi aveva mandato delle fotocopie di pagine di un libro intitolato: *Guida alle origini dei cognomi di Parma* di Roberta Roberti e lì era stata inserita una breve storia. Tra le pagine, aggiunse copie di un altro libro con i nomi di illustri cavalieri di cognome Rainieri. Tutti diplomatici. "

Che altro!", pensai: *"Tutti i politici o persone che lavorano nel governo!"*. Volevo vedere se c'era qualche maestro di lettere, scrittore, oratore o anche artista, per vedere se il sangue avrebbe sostenuto i miei sogni di diventare una scrittrice. Volevo avere un *Da Vinci* o *Michelangelo* tra i miei parenti lontani. Macché!

Per farci due risate, oggi lavoro nel governo e non sono ancora né un artista, né una scrittrice... a meno che non finisca di scrivere questo libro quasi famoso.

Come per farmi ridere, l'ufficiale inserì la banconota di Abraham Lincoln. Cioè, "i famosi cinque dollari viaggiatori"! Quando vidi la banconota intatta, chiamai Mami per dirglielo.

«Così, il simpatico ufficiale di Bologna mi ha inviato una lettera molto lunga dove mi chiede... "come siamo arrivati in *America?*"».

«Cosa gli rispondi?», chiese Mami.

«Gli scriverò tutta la storia! Gli dirò che i miei antenati hanno lasciato l'Italia e si sono persino sposati a Bogotá; che solo io vivo in Virginia. E gli restituirò i cinque dollari per invitarlo a prendere un caffè a nome di Isidoro e Bianca e... dei loro discendenti».

«Questi sono i cinque dollari che viaggiano di più al mondo. Si perderanno!», mi disse Mami al telefono, contenta della mia storia.

Il documento successivo che mi è arrivato dal funzionario italiano riguardava Bianca. Come l'altro, mi restituì i 5 dollari viaggiatori. Sorrisi nel vedere di nuovo l'immagine di Lincoln. Poi lessi attentamente la sua lettera:

ALLEGO UN ESTRATTO del certificato di nascita della sua bisnonna Bianca. È nata a Castello d'Argile che ricade sotto la giurisdizione di Bologna. Se scrive agli uffici del Comune, le possono dare una fotocopia del certificato scritto a mano. Il registro si trova nei nostri uffici. Ma c'è qualcosa di molto interessante nella sua pagina. In quei giorni, qualsiasi evento con una data di contatto si annotava a margine. La informo che a margine di questo registro presso i nostri uffici di Bologna ci sono note registrate di un permesso di viaggio. Questo indica anche che aveva la residenza a Bologna dal momento che da qui ha richiesto il permesso di uscita. Ho aggiunto una copia nel documento allegato...

G<small>IRAI SUBITO</small> la pagina per vedere di cosa parlava. Era la data di un permesso di uscita concesso il "21-2-1893" e diceva che aveva lasciato Bologna con i parenti.

Richiamai subito Mami al telefono. Le spiegai tutto e le chiesi:

«Bianca chiese il permesso di lasciare il paese quando aveva diciassette anni. Qui dice che ha viaggiato *"con i parenti"*. Chi erano i suoi parenti? Suo padre?»

«Non lo so. Ma è riaccaduto in famiglia perché... tu te ne sei andata a diciassette anni...», rispose.

«Esattamente. Andai con mio padre».

«Non so con chi ha lasciato lei l'Italia. A un certo punto mi dissero che Isidoro e Bianca si erano incontrati e anche sposati quando lei aveva appena diciassette anni. Questo era uno dei motivi per cui la sua famiglia non era d'accordo. Ecco perché si dice che sono scappati insieme per sposarsi. Altre storie dicono che si sono conosciuti su una nave. Chi lo sa!».

«Se lei è andata via da Bologna a diciassette anni e si sono incontrati su una nave... È stato il suo primo viaggio? Dopo tutto, quanti viaggi avrebbe fatto a quell'età? Visto che la data del permesso è a febbraio e già a giugno avrebbe compiuto diciotto anni... Il margine in cui lei aveva diciassette anni e avrebbe potuto conoscere lui è solo di quattro mesi».

Improvvisamente, nella mia immaginazione, iniziarono a formarsi scene dell'incontro dei miei antenati. La nave che attraversava l'oceano, le cabine di quei tempi, il parapetto della nave con le sedie dove si sedevano a guardare il tramonto, la sala da pranzo. Me li immaginavo entrambi, lì, in una notte di luna piena. Ognuno con i suoi compagni. O forse, lui viaggiava da solo, già un veterano delle sue traversate.

La scena che sognai era una cena nella sala da pranzo del capitano, tutti elegantemente vestiti e disposti su un lungo tavolo servito con piatti d'argento. Isidoro era seduto accanto a lui e portava avanti una vivace conversazione con alcuni signori. Lo immaginai come lo zio Fernando che si godeva il momento.

La cena non era ancora iniziata perché stavano aspettando gli altri invitati. Improvvisamente, le porte del soggiorno si spalancarono e apparvero sulla soglia le sagome di alcune donne e un signore. Galantemente, Isidoro, insieme a tutti i signori, si alzò e invitò il nuovo gruppo a entrare e sedersi. Tra le giovani donne che erano arrivate, Isidoro notò la ragazza che gli sembrava la più bella. Era Bianca, che, *accompagnata dai parenti,* non aveva alzato il viso per ricambiare il suo sguardo. Non si era nemmeno accorta della sua esistenza.

S.O.S

6

Washington D.C. è una città ben organizzata che fu scelta come sede del governo nel 1790. Alcuni quartieri sono stati progettati ispirandosi a una città europea. I suoi monumenti sono grandiosi e alcuni abbondano all'aperto. Adoravo passeggiare qui la mattina, prima di iniziare a lavorare.

Il parcheggio era proprio accanto al mio edificio sulla 14esima strada a nordest e lì lavorava un signore molto simpatico che si chiamava Salomone ed era marocchino.

«Sei Salomone, come il re saggio… giusto?».

«Sì, esatto. Chiedimi quello che vuoi», disse tenendo la portiera della mia macchina.

«Quando arriverà la neve?».

«Stasera. Spero che la lascino andare a casa presto perché da quando arriva la tempesta intorno alle tre del pomeriggio, durerà tutta la notte. Domani non dovrà venire a lavorare perché la strada sarà gelata», rispose, mostrando una saggezza innata.

«Seguirò il tuo consiglio», dissi, appoggiandomi rispettosamente e prendendo il *ticket* che mi stava dando per tenere la mia macchina

Camminai con i miei stivali marroni che finivano appena sotto le ginocchia e mi riparavano dal freddo come un'armatura alle gambe. Indossavo una gonna corta e un maglione a collo alto. Il cappotto era color cammello con riflessi rosa chiaro che terminavano in una scollatura di pelliccia. Il vento freddo mi accompagnò fino all'entrata. In pochi minuti, ero seduta nel mio ufficio a svolgere i miei compiti.

VOGLIO FERMARMI un attimo e rivolgermi ai miei discendenti e ai lettori più giovani per spiegare un po' la tecnologia di allora, dell'anno 2001, in termini di comunicazione. A quei tempi, le chiamate interurbane non erano gratuite e i telefoni cellulari non erano *intelligenti* e non ci si *messaggiava* come si fa ora. Era strano scrivere per telefono! Si usavano i tasti e ogni lettera si formava spingendo i numeri. Le *chat,* come le conosciamo oggi, si svolgevano con i computer. I telefoni, come quello che avevo in casa, erano collegati attraverso linee interrate e non con satelliti come avviene oggi. Pertanto, erano esclusivi per le famiglie. Una linea telefonica per ogni casa. Tutti gli abitanti di quella casa condividevano lo stesso telefono. Che brutto!

Comunico tutte queste informazioni ai nostri successori pettegoli, che quando leggeranno il libro, si crederanno molto saputelli dicendo: *"E... perché non hanno fatto una cosa del genere?".* È solo per chiarire che comunicare non era così facile come lo è ora! Inoltre, non era consuetudine chiamare così spesso tra lunghe distanze. Una chiamata intercontinentale a settimana od ogni due settimane era quasi un lusso.

QUALCHE MESE dopo il ritorno da Santo Domingo, chiamavo spesso Mami e le chiedevo se avesse già ricevuto le date di nascita di Isidoro, ma lei mi mandava solo le sue barzellette.

Le avevo dato il mio indirizzo e-mail di lavoro solo per le emergenze, ma anche lì mi mandava le stesse barzellette.

Per di più, voleva che le commentassi subito. Se non le rispondevo subito, mi chiamava al telefono per chiedermi se mi fossero piaciute. Io? Raccoglievo nel mio essere i pezzetti della poca pazienza con cui sono nata e le rispondevo:

«Mami, le leggo quando posso, non subito!».

Così, lei rimaneva in silenzio.

E anche io perché non sapevo come continuare la conversazione.

E lei ancora rimaneva in silenzio.

E allora io mi riempivo di sensi di colpa e compassione e mi dispiacevo di aver distrutto il suo entusiasmo. Mi faceva stare male, così le dicevo:

«Sì, sì, l'ho ricevuta... ah ah! È fantastica... sì. Okay. Mandamene altre», e attaccavo il telefono pensando: "ah, mia madre".

QUEL GIORNO, in ufficio, osservavo il traffico oltre le finestre. Normalmente, per il tragitto da casa al lavoro e viceversa impiegavo un'ora e mezza. Quando pioveva, potevano diventare due ore. Quando nevicava, tre!

Improvvisamente, sentii il *pin* di una e-mail che era arrivata nella mia casella e, proprio come sospettavo, era solo una barzelletta! *"Le leggerò stasera", mi dissi.*

Di nuovo, sentii il suonò di ogni nuovo messaggio che arrivava. Il suo nome era il primo: Socorro. Socorro. Socorro.

Poi il telefono squillò. Sullo schermo, lessi: *"Isola caraibica"*. Era Mami! Risposi con un sospiro.

«Hai ricevuto la mia *e-mail*?». Dalla sua voce si percepiva un sorriso malizioso. «Non è bella?».

«Mami», ancora una volta mi sentivo l'adulto e lei l'adolescente. Quando ci eravamo scambiate i ruoli? «Non devi chiamarmi ogni volta che mi mandi una barzelletta. Potrei non leggerle subito, ma lo farò il prima possibile».

Non mi ascoltò! Perché mi chiese di leggere l'ultima che mi aveva mandato. Obbedii, perché... beh, è mia madre! E gliela lessi ad alta voce.

Era una battuta fantastica, risi per mia sventura dicendole al telefono:

«Mami! E questa battuta! Chi te l'ha mandata?».

«Colorao!», disse, e prima che potessi chiudere la bocca con stupore, aggiunse «Apri l'altra che ti ho mandato».

«Mami, ma le informazioni sui miei antenati che ti ho chiesto?».

«Ma sono lì. Sono lì!».

«Dove?», risposi immediatamente.

Cliccai come una matta e iniziai ad aprirle tutte, una per una, fino a trovarla!

* * *

HO PARLATO CON COLORAO E MI HA DETTO CHE ISIDORO È NATO A SAN SECONDO PARMENSE IL 17 LUGLIO 1857.

I MIEI NONNI SI SPOSARONO NELLA CHIESA DI SAN PABLO A BOGOTÁ IL 23 MARZO 1896.

FERNANDO DICE ANCHE SE VAI A VEDERE **FIN DOVE ARRIVI** NELL'ALBERO GENEALOGICO.

VUOLE SAPERE TUTTO E TI MANDA I SUOI SALUTI.

HA DELLE COSE DA CONDIVIDERE CON TE. NON DIMENTICARE DI AVVISARLO QUANDO TORNI.

* * *

RINGRAZIAI MAMI e mi misi a leggere tutto attentamente con un grande sorriso. Finalmente!

Non era passato mezzo minuto, quando il mio capo fece capolino in ufficio. Era una venezuelana alta, elegante e divertente... oltre ad essere ancora oggi una grande amica.

«Bufera di neve. Tutti a casa», diceva porta per porta.

«Guarda». Le indicai lo schermo del mio computer prima che se ne andasse. «È mia madre che scrive».

Sorrise perché sapeva già delle battute di mia madre da quello che le raccontavo e si chinò sulla mia spalla e notò le e-mail provenienti da "Socorro. Socorro. Socorro".

«Ma... chi ti sta chiedendo aiuto?».

«Non è aiuto», le spiegai con una risatina. «È il nome di mia madre... Ti ho raccontato di lei una volta con le sue battute...».

«Molto pittoresca tua madre!», rispose il mio capo sorridente, camminando verso la porta. «Vai a casa prima che la neve ti blocchi».

«Subito!», risposi, alzandomi con un sobbalzo. Mi misi il mio cappotto e, misteriosa, aggiunsi: «Ho cose da indagare!».

MENTRE ATTRAVERSAVO il ponte che collegava il Distretto di Columbia allo stato della Virginia, pensavo al messaggio dello zio Fernando: "Vai e vedi *fin dove arrivi*". Avvertii la fiducia dietro quelle parole, lsua gioviale freschezza e allegra personalità. Inoltre, era un supporto tacito nella ricerca dei nostri antenati. Un incantesimo che proveniva direttamente da Isidoro. "*Vivi la vita come un esperimento. Vediamo fino a che punto si arriva*". Perché no?

I DUE ISIDORO

7

*I*ndovinate dove sono! Sto bussando alla porta laterale dell'edificio di una delle cappelle della Chiesa di Gesù Cristo dei Santi degli Ultimi Giorni.

Cosa mi ha portato qui? Un nome molto speciale.

Dal momento che conobbi il nome di Isidoro, ebbi un'idea molto particolare. L'avevo sentito tra i nomi dei santi e delle strade e, naturalmente, con il leggero suono di un bisnonno non menzionato. Quando avevo iniziato la ricerca di Isidoro, ancora a casa di Mami, in modo irriverente, le dissi quanto sarebbe stato facile trovare il certificato di nascita nella sua città natale, San Secondo Parmense.

«Sarà facile trovare il certificato di nascita di Isidoro!».

«E come?».

«Con un nome così brutto! Chi può pensare di dare quel nome a un bambino innocente? Quando gli ufficiali riceveranno la mia lettera, diranno: "Oh, sì, l'unico Isidoro". Così, andranno diretti al registro esatto e lo troveranno!».

Mia madre non trovò il mio commento per niente divertente. La prese alla leggera. Scandì le parole quando mi disse:

«Cos'hai con il nome di mio nonno?».

Mi bloccai e, guardandola, le risposi con un filo di voce:

«Ma, Mami… davvero, Isidoro è un nome brutto».

Non volevo offenderla, ma era la verità. O quella che mi sembrava la verità.

Infastidita, mi rimproverò:

«Smettila di dire che il nome di mio nonno è brutto!».

Era davvero offesa. E mi piaceva di più la sua reazione perché sembrava che lo stesse difendendo. Per la prima volta difendeva suo nonno, se non altro per il nome. Perché fino ad allora l'avevo fatto solo io!

«Quel nome non si usa più. Deve essere molto vecchio. Sarà per *qualche motivo*?», commentai, alludendo finemente al fatto che il nome era caduto in disuso perché era brutto e *quello* era *il motivo*.

«Il nome di mio nonno non è affatto brutto! Inoltre, Moncho si chiamava così».

Me lo disse così, veloce, alzando il mento nel caso avessi avuto l'audacia di smentirla.

Lo zio Moncho era una celebrità in famiglia e uno dei suoi cugini più amati. Figlio di Yolanda, sorella di mia nonna Chela. Moncho aveva vissuto la prigione e la tortura in una delle dittature più pericolose dell'America Latina. La sua memoria era intoccabile. Il suo nome non l'avrebbe affievolita. Non sapevo che anche lui si chiamasse Isidoro. Anche se era il suo secondo nome.

Mami aggiunse: «Ramón Isidoro».

Dovetti tacere. Riflettei sul nome ancora una volta e… ammetto che non era un nome brutto. Sembrava anche elegante. Ammetto che sapendo che era il nome del mio caro zio Moncho, improvvisamente assunse un grande valore. Valeva la pena indagare. Avrei indagato l'etimologia di quel nome per scoprire le qualità che aveva il suo significato speciale.

Mentre questa ricerca etimologica andava avanti, mi trovavo ora di fronte a un enigma, perché una mattina arrivò la risposta alla mia lettera dove mi informarono che avevano trovato tra i loro registri due bambini di nome "Isidoro".

«Due???», mi rivolsi al foglio come se fosse vivo. «Veramente? Siete sicuri? Due bambini di nome Isidoro?».

La lettera che avevo in mano, scritta a macchina antica,

sembrava prendermi in giro. Ora erano loro a chiedermi di fornire il numero del foglio e del registro per determinare quale fosse.

Con un po' di curiosità, decisi di indagare l'etimologia e il significato di Isidoro. Quando lo trovai, cambiai assolutamente idea. Isidoro ora è uno dei miei nomi preferiti! Inoltre, se avessi saputo in anticipo quanto sia rivelatore, avrei chiamato uno dei miei figli "Isidoro". Sembra che questo nome antichissimo abbia un significato molto profondo e divino. Il suo uso si registra molto prima del primo secolo d.C. Cioè, è più vecchio del cristianesimo! È stato usato, non per mancanza d'immaginazione, ma proprio per il bel significato che ha. Il nome Isidoro rappresenta un "dono della divinità". Ed è quello che questo bisnonno si è rivelato per me, un vero dono! Decisi di chiamare questo libro "Dono della divinità" per onorare quell'antenato il cui mistero ha spinto il tesoro rappresentato da tutte queste avventure. Nel corso del tempo, ho cambiato la parola dono con tesoro e, quindi, ho alla fine intitolato questo libro **Divino Tesoro**.

E COME AVREI TROVATO il numero del foglio? Beh, mi ritrovai davanti all'ingresso di un tempio per indagare nella sala di genealogia o "Centro di storia familiare", come lo chiamavano loro.

Improvvisamente, sentii il cigolio della maniglia della porta che girava. Un uomo con gli occhiali sul naso e un sorriso gioioso aprì. Era di corporatura grande, dai capelli bianchi e indossava un maglione rosso. D'ora in poi lo chiamerò "Babbo Natale".

«Cosa la porta qui?».

Pensai di dover essere trasparente e confessargli tutto: *"Beh, mia madre mi ha detto che Isidoro ha abbandonato Bianca e il mio cuore non ci crede. Voglio sapere il perché delle sue decisioni, scoprire se nascondeva qualcosa... e poi, ora ho una curiosità insaziabile. Non posso fermarmi ora. Voglio sapere tutto di lui...".*

Ma osai solo dire: «Beh, guardi...».

Con una folata, un vento artico mi spinse dentro e lui ne approfittò e chiuse la porta. Ero intrappolata all'interno! Con attenzione mi fece confessare. Babbo Natale e io ci guardammo per un secondo.

«Come ha saputo di noi... del nostro centro di storia familiare?».

Se gli avessi detto la verità, che avevo ricevuto una lettera dall'Italia che mi mandava fin qui, avrebbe pensato che gli stessi raccontando un film.

«Questa chiesa... la *sua* chiesa ha microfilmato tutti i libri dei registri da... dove il mio antenato è inscritto. Beh, grazie!».

Ero davvero grata perché avevano non solo microfilmato il maggior numero possibile di libri dei registri, ma li avevano curati, copiati e conservati per mantenere intatte le loro preziose informazioni.

Avevo chiamato Mami per dirle cosa aveva fatto la congregazione di questa chiesa.

«Che bella intenzione!». Questa nuova scoperta mi aveva risvegliato il lato mistico che ho e continuai a dire a Mami: «Immaginati l'idea di salvare gli antenati. Portarli alla luce di Cristo. Non pensi che sia fantastico poterlo fare? È vero che è una credenza di questa religione, ma la trovo così d'ispirazione».

Lei mi rispose con fermezza:

«Non capisco proprio quello che stai dicendo. E smettila di cercare le cose. Non cambiare la religione di nessuno in famiglia. Né di Isidoro, né di chiunque altro. Né di tua nonna Chela. E tanto meno di *mia* nonna!».

Mami era andata al lato pratico del concetto. Mia nonna e le sue sorelle erano famose per la loro devozione alla Chiesa cattolica. Ma mia nonna, essendo così lei, dava sempre a tutto un tocco più spiritoso.

Ricordo quando *Mamá Chela* viveva con noi, quasi ogni giorno andava alla Chiesa di San Giuda Taddeo. Tornata a casa, si accarezzava le gambe e le ginocchia dicendo: "Queste gambe forti... hai visto quanto sono meravigliose queste gambe?". Questo significava la sua indipendenza e autonomia. Intendeva dire che non aveva bisogno né di una macchina, né di chiedere il permesso a nessuno per andare dove voleva. Nessuno la fermava! Io ammiravo il suo senso di autonomia e indipendenza.

Camminando, incontrava i sacerdoti e i parroci della chiesa. Si offriva volontaria in ogni attività che organizzavano. Entrava e usciva come se fosse la sua seconda casa. Una volta, fece correre dei bambini dietro i gradini della chiesa perché avevano preso i soldi dall'offerta senza permesso e l'avevano portati via. Me la immagino scendere le scale della chiesa e inseguire due ragazzini! La sua gonna lunga al vento e le sue gambe magre. Nonostante camminasse quasi tutti i giorni, correre era un'altra cosa! Uscì correndo dietro i più piccoli e fece un urlo indimenticabile. Quando tornò a mani vuote e lo disse al prete, lui rispose con un sorriso: "Lascia che li prendano, Chela. Non correre dietro a persone maliziose perché cadrai dalle scale e poi ti farai male davvero".

Mi ricordai di questo aneddoto e mi colse un'inquietudine. E se davvero mia nonna, per qualche miracolo, avesse potuto arrabbiarsi con me dall'aldilà e rimproverarmi per quello che stavo facendo? Allora, le dissi parlando tra me e me: *"Non preoccuparti, Mamá Chela, non ti convertirò ad un'altra religione. Te lo prometto. Rimarrai cattolica per sempre. Hai sentito?"*.

DETERMINATA A TROVARE CIÒ CHE CERCAVO, guardai Babbo Natale e dissi:

«Sono venuta a cercare il certificato di nascita di tutti i bambini di nome Isidoro nati nel 1857 a San Secondo».

Il signore annuì e con un cenno mi invitò a seguirlo lungo un corridoio.

«Di dove sono i suoi antenati?». Io iniziai a elencare:

«Alcuni vengono dalla Francia, altri dall'Italia. Altri dall'Africa e altri dalla Spagna... ma non Spagna-Spagna, bensì catalani, della Galizia».

Disegnai una mappa in aria e indicai con il dito i vari luoghi nel mio mappamondo immaginario.

«Oggi vengo per uno. Solo uno! Un italiano. Si chiama Isidoro.

Il suo nome significa regalo della divinità e io dico che significa *divino tesoro*».

Mi fermai in una sala dove c'erano computer e macchine a gettoni. Vidi tutte persone molto più grandi di me con i capelli bianchi. So che ci sono persone di tutte le età che ora fanno ricerche sul proprio albero genealogico, ma nel 2001, almeno in quella sala, mi sembrava di essere l'unica giovane donna interessata a questa tematica.

La dipendente dietro il tavolo, con un ampio sorriso, mi chiese di avvicinarmi. Se lui assomigliava a Babbo Natale, lei assomigliava alla moglie. Mi chiese il mio nome utente e il cognome della ricerca.

«Non ho un… nome utente».

Mi sentivo in imbarazzo e così chiesi scusa.

«Se ne inventi uno».

Era la voce di Babbo Natale dietro di me!

Mi venne in mente di inserire il mio nome in inglese che la gente usa molto e mi piace molto, "Grace", e nel secondo spazio vuoto dove era necessario mettere da quale famiglia provenivo, con un grande sospiro scrissi, "Famiglia spirituale". Così, mi sedetti vicino ad aspettare, senza muovermi, attenta solo a lei.

La signora doveva cercare negli scaffali le schede di microfilm, poi chiamò ogni persona secondo quanto era stato scritto. Quando li chiamava, diceva: "John, della famiglia Becker" e gli dava una scheda. Poi, "James, della famiglia Smith" e gliene dava un'altra. Quando arrivò il mio turno, disse in inglese:

«*Grace, from the Spiritual Family*».

Tutti alzarono gli occhi per vedere di chi si trattasse. E mentre camminavo verso di lei, pensai: "*Quando lo dirò a Mami, riderà un sacco*".

Per giunta, quando me la diede, la signora si chinò verso di me e mi chiese con simpatia:

«Grace, vieni dalla famiglia spirituale?».

«Sì, esatto». Le risposi con un sorriso ancora più grande.

Improvvisamente, mi sentivo sicura e fiduciosa di me stessa, come se avessi ricevuto un messaggio segreto.

Mi sedetti di fronte all'ultimo lettore di microfilm che era disponibile e inserii la mia scheda. Comprendeva uno dei vasti libri di San Secondo. Girai una maniglia di metallo e sullo schermo il rotolo cambiava finché non trovai la parte che diceva "Nascita" e cercai l'anno 1857.

Mi sentivo come se avessi una chiave in mano, la chiave della macchina del tempo. Tra documenti in antiche parole italiane, scritte a mano in bella calligrafia, a volte con correzione e macchie, sfogliai pagina per pagina. Era la prima volta che vedevo questi scritti da vicino e attraverso uno schermo alla ricerca di Isidoro. Pagina uno, due, tre, quattro… Finalmente trovai il primo cognome Rainieri.

Cercai e lessi: "Rainieri Jacome, Rainieri Ana, Rainieri Etiene…". Poi trovai il certificato di nascita di Isidoro. Era il figlio di Stefano. Finalmente, c'era solo un Isidoro! Lo stampai come se fosse la Magna Carta. E quando uscii dalla porta, Babbo Natale era nel corridoio. Senza rendermene conto, sollevai la copia in mano con un piccolo salto, mostrandola come un trofeo divino. Con un sorriso, lui chinò la testa come un reverente addio.

SANDRA E I SUOI NIPOTI

8

*L*a ricerca del certificato di matrimonio di Isidoro e Bianca mi fece vivere un'avventura diversa. Questa volta, l'aiuto che arrivò fu inaspettato, senza andare in nessuna chiesa o biblioteca o luogo remoto… nemmeno su Google. Arrivò direttamente dove stavo: nel mio ufficio.

All'epoca lavoravo come coordinatrice delle pubblicazioni in un ufficio. Avevo già chiesto ai colombiani che lavoravano con me se, in un viaggio a Bogotà, potessero andare a cercare il certificato di matrimonio dei miei antenati. Ma nessuno sembrava in grado di aiutarmi, mi dissero che era molto difficile a causa della guerra appena terminata.

Poi arrivò Sandra che aveva un'impresa di *desktop publishing* e la sua azienda era responsabile della stampa e della pubblicazione delle opere degli economisti.

Un giorno, ci accordammo di vederci un'ora prima di pranzo.

Cinque minuti prima, entrai nel mio ufficio e vidi una giovane donna, della mia età, seduta ad aspettarmi. Mi scusai per essere arrivata con qualche minuto di ritardo e le strinsi la mano per darle il benvenuto. Mi disse di non scusarmi, che non ero in ritardo, ma che era lei ad essere arrivata in anticipo. Osservai con piacere che, dalle sue guance e dal suo naso, si distinguevano le lentiggini giocose ogni volta che sorrideva. Fui felice di notare che questa espressione era frequente. Per un'ora, parlammo dei dettagli della nostra attività e poi decidemmo di pranzare insieme.

Così appresi che era sposata con Bob, un americano che aveva conosciuto a Bogotá molti anni prima. Mi disse che aveva la fortuna di avere ancora lì i suoi genitori e che questi erano in perfetta salute. Inoltre, era la minore e unica donna di otto fratelli e tutti avevano circa otto figli o più.

«Non so nemmeno quanti nipoti ho. Ho perso il conto!», disse scherzando.

«Pensa che, anche se non sono mai stata in Colombia, recentemente ho scoperto che sono legata a quel paese in un modo molto particolare!»

«E come?», mi chiese di spiegarglielo.

Le raccontai la storia che finì con Isidoro e Bianca che si sposarono in una chiesa chiamata San Pablo de Bogotá nel 1896.

«Conosco tutte le chiese del centro e non ho mai sentito parlare della chiesa San Pablo», mi disse un po' preoccupata.

Le dissi che già avevo fatto delle ricerche, chiamando ciascuna delle chiese. Era stato difficile e laborioso perché quasi nessuno aveva risposto al telefono. E se lo avevano fatto, mi avevano detto che non mi sentivano bene. E se mi sentivano, non capivano quello che dicevo. E se capivano quello che dicevo, volevano sapere perché stavo cercando il certificato di matrimonio dei miei bisnonni. Tutte le voci, di qualsiasi età, tono e accento rispondevano alle mie telefonate senza darmi una risposta soddisfacente fino a quando, finalmente, un'anima angelica, gentile e intelligente riuscì a darmi la soluzione:

«Senta, ma... perché non chiama direttamente l'arcidiocesi?», mi chiese con una voce che sembrava una vecchietta arzilla.

«Beh... perché no?», le risposi proprio come mi parlava lei, arzilla e pettegola.

Un altro angelo apparve quando scrissi all'arcidiocesi. Per caso, l'archivista era la mia omonima. La simpatia era stata reciproca quando aveva risposto alla mia chiamata successiva per dirmi che, in effetti, la Chiesa di San Pablo ora si chiamava Chiesa di Veracruz.

Gli occhi di Sandra si illuminarono:

«La Chiesa di Veracruz! Ma certo. So qual è e dov'è».

Mi sorrise sollevata e ridendo con la mia storia della vecchietta arzilla.

In quell'occasione, feci una richiesta formale del documento via e-mail e ricevetti dalla mia omonima, l'archivista, la risposta che diceva: "Qui ho il suo documento, pronto per essere ritirato…". Dovevo andare di persona.

Le raccontai che i miei colleghi colombiani mi avevano detto che la chiesa di Veracruz si trovava vicino a una zona pericolosa. "Se fossi in te, non oserei cercarlo né mandare nessuno finché la situazione in Colombia non si calmerà. Recentemente c'è stata un'esplosione proprio davanti all'arcidiocesi…", mi disse uno di loro. Un altro mi disse che a volte si ritrovavano al mattino con un cadavere in strada. In altre parole, mandare qualcuno a ritirare il documento era come mandargli una condanna a morte.

Sandra rideva già tantissimo e cercava di calmare la mia irrequietezza:

«No, no. Non è così! Bisogna solo stare attenti e non andarci di notte… tutto qui! Bogotá non è così pericolosa da andare in centro e morire. Non preoccuparti, ti aiuto io! Mando uno dei miei nipoti a prendere il documento».

«Cara Sandra…», le risposi preoccupata. «So che siete circa undici fratelli e che ognuno ha tipo undici figli e ti hanno quindi dato un sacco di nipoti…».

Tra una risata e l'altra, Sandra iniziò a brontolare. Io continuai:

«Non voglio mettere in pericolo la vita di nessuno. Che ne dici di inviare la richiesta al sacerdote della chiesa, in una lettera ben sigillata con i soldi del francobollo e un extra per una donazione? Guarda! L'ho fatto per le lettere dall'Italia ed è una buona soluzione. Così non metteremo in pericolo la vita di nessuno».

«Metteresti in pericolo la vita del postino!», rispose divertita con le lentiggini che saltavano allegramente. «Lasciami fare a modo mio! Ci penso io!»

«Ma... l'ultima cosa di cui ho bisogno è avere sulla coscienza il fatto che ho messo in pericolo uno dei tuoi coraggiosi nipoti!». Notai che non aveva paura e che pensava che fosse una battuta.

«Sul serio, e se quel giorno che vanno a prendere il documento esplodesse un'altra bomba?». Rimasi affascinata dal coraggio di Sandra e dei suoi nipoti.

Lei mi rispose:

«I miei nipoti sopravvivranno! Non sai tutto quello che gli ho chiesto e quanto siano bravi e accomodanti».

Scherzando, le chiesi:

«I tuoi nipoti fanno parte di una squadra stile FBI? Sicuramente sono esperti nel catturare vecchi documenti! Ecco perché sei così sicura che sopravvivranno a questa missione!».

Sandra scoppiò a ridere:

«Se ne fanno parte, non me l'hanno detto. Magari è un segreto», rispose continuando a scherzare.

Mentre ci godevamo ogni boccone delizioso, mi spiegava le strade che circondavano l'arcidiocesi e la piazza di fronte. Tutta la sua descrizione alimentò la mia ammirazione per il coraggio dei suoi nipoti e me li immaginavo in questa missione segreta:

PRIME SCENE:

I nipoti di Sandra, vestiti con l'uniforme dell'FBI con casco e giubbotto antiproiettile, scelgono una notte senza luna per la loro missione nel centro di Bogotá. Avevano un walkie-talkie:

«Quattro, venti, tango, lepre... Pronti!».

In una camionetta nera piena di dispositivi di comunicazione, cavi e schermi, ci sono due nipoti seduti ad ascoltare tutto con le cuffie. Uno di loro risponde:

«Roger. Falco. Tango. Aquila. Terra. Tre-quattro».

Ad uno degli angoli, un altro nipote sta per entrare in azione. Una goccia di sudore gli scende sulla fronte; l'asciuga con il guanto e solleva il walkie-talkie per dare un possibile ultimo messaggio:

«Se per caso muoio in questa missione, sappiate che nulla è vano... che

tutto ha un motivo per esistere... che le cose accadono perché accadono... che non tutto il male viene per nuocere».

Gli altri nipoti che lo ascoltano dalla camionetta, si guardano, sopraffatti dal loro coraggio. Uno di loro non si può contenere, rompe la regola e dice:

«Fratello, fai attenzione!».

E per la strada, il giovane nascosto nell'oscurità della notte, con le spalle al muro, chiude gli occhi per un secondo e fa un respiro profondo. Quando li riapre, è deciso. Inizia a correre!

SCENA SUCCESSIVA:

Corre con tutte le sue forze e passa davanti a un'auto blindata da cui iniziano a sparargli. Dà diversi pugni in stile ninja, arriva davanti al cancello della chiesa e gli dà un calcio aprendolo improvvisamente e spezzandolo in due, nel bel mezzo di un grande fracasso di proiettili, scricchiolio di metallo e il suono delle bombe. Da una porta laterale appare il sacerdote con una tonaca che va dietro il tabernacolo. Dopo avergli dato la benedizione, gli consegna il documento. Gli indica l'uscita segreta. Guardano fuori percependo le riprese e le luci delle esplosioni. Il nipote esce come un gatto nero che corre ad alta velocità tra le vecchie pietre umide della strada. Svanisce vittorioso nell'oscurità, avendo compiuto la sua missione…

IMPROVVISAMENTE, la risata di Sandra interruppe la mia fantasia:

«Credo già di conoscerti, Graciela. Sei una persona creativa nella tua tenacia… nessuno qui morirà, figuriamoci uno dei miei nipoti!». I suoi occhi brillavano di buon umore. La guardai dubbiosa e notò la mia esitazione□ «Non è così! Nessuno sarà in pericolo nel cercare il tuo vecchio documento. Promesso!».

Qualcosa di divertente accadde in me. Mentre mi rassegnavo ad accettare la promessa di Sandra, ricordai che quella stessa mattina avevo chiesto al cielo di trovare qualcuno che potesse andare a prendere il documento nella chiesa in Colombia. Ero proprio di fronte a quel "qualcuno"! È possibile che un angelo sia passato per il corridoio dell'ufficio e mi abbia ascoltato?

Così in fretta?

Guardai il soffitto del bistrot francese dipinto con affreschi. I piccoli angeli, disegnati tra nuvole di colore azzurro, sorridevano. Li guardavo contenta pensando al rapporto tra loro che abitano il cielo e le preghiere compiute. In qualche modo magicamente, ero nel posto giusto, al momento giusto... e davanti alla persona giusta. Ero contenta che, con tutte le vicissitudini di quell'indagine, si potesse iniziare a vedere la vita con una lente surreale. Avvertii come un *déjà vu* di riconoscimento; come se fosse un sogno realizzato. Sentivo che i miei antenati stavano complottando per farmi contenta.

Poi pensai che tutto questo sembrasse un film. Avevo visto qualcosa di simile e non ricordavo che film fosse. Sentivo che questa ricerca veniva indirizzata da forze incomprensibili che non sapevo nemmeno esistessero prima.

Per la prima volta, ero certa che tutto sarebbe andato come doveva, a suo tempo... che avrei trovato la destinazione di Isidoro e molto altro. Probabilmente, mi aspettavo molte sorprese e regali. Era qualcosa di più grande di me. Avevo il presentimento che fosse un piano straordinario.

Forse la vita è un piano straordinario.

Ancora oggi, io e Sandra siamo grandi amiche e ogni volta che la vedo le chiedo come stanno le sue centinaia di nipoti e se hanno affrontato un'altra folle missione a causa di qualche discendente appassionata dei suoi antenati.

IL TRAMONTO

9

Grazie a Sandra e ai suoi nipoti, le informazioni sul matrimonio di Bianca e Isidoro arrivarono alla mia porta. Non riesco ad esprimere la gioia di avere tra le mani, tra le dita, la carta pregiata del matrimonio di due dei miei antenati. Leggevo emozionata i loro nomi scritti a macchina sulla copia del certificato. Pensai che, forse, degli angioletti scolpiti nella pietra e posti in ogni angolo della chiesa fossero i testimoni del sacramento di due dei miei più cari antenati. Immaginai di ringraziare il parroco: "Grazie… grazie… grazie…".

Prima, avevo immaginato che Bianca fosse arrivata a Bogotà all'inizio del 1893, all'età di diciassette anni. Il documento indicava che il loro matrimonio era avvenuto nel marzo 1896, prossima ai ventuno anni, non si era sposata così giovane. Mi provocò una strana soddisfazione scoprire "la verità della verità".

Con quell'ultimo documento, avevo già raccolto il certificato di nascita di Isidoro, quello di Bianca e il loro certificato di matrimonio. C'era ancora l'incognita dell'abbandono e se questo fosse stato fatto di proposito. Ora mi mancava il certificato di morte. Era essenziale chiarire questo punto per procedere con la ricerca.

Nella Biblioteca della città di Fairfax in Virginia, trovai una mappa di New York del 1910. Questa città è divisa in cinque quartieri, ossia Manhattan, Brooklyn, Queens, il Bronx e Staten Island. Per ottenere il certificato di morte corretto, dovevo informarmi presso il quartiere in cui era morto il mio bisnonno Isidoro. Non sapevo quale fosse, così, istintivamente, scelsi Manhattan. Dovevo anche fornirgli la data corretta o approssimativa. Non ero sicura dell'anno. Fino a quando, durante una chiamata, Mami mi spiegò:

«Ieri mi sono ricordata una cosa e subito ho chiamato Ana Felicita Maltes, mia cugina che vive a Porto Rico. Sua madre è Ana, la figlia postuma, ossia è nata dopo la morte di Isidoro».

"Ancora una volta, Soccorro in aiuto!", pensai.

«Dimmi la data, per favore!», sollecitai Mami.

«La zia Ana è nata il 7 gennaio 1913».

«Quindi parliamo di due mesi prima… come mio cugino Josemaría, il figlio postumo di zio Moncho».

Mami non ci pensò nemmeno un secondo:

«Esatto, come tuo cugino José…».

«Sospettavo che, in questa famiglia, si fossero ripetute alcune storie. Quindi? Un mese, tre mesi prima?», mormorai mentre il mio cervello si capovolgeva facendo un rapido calcolo sulla possibile data di morte di Isidoro.

«Lei dice che sua madre Ana è nata circa sei o sette mesi prima che morisse suo padre», rispose.

«Sei mesi prima vuol dire luglio 1912! Cioè che Isidoro è morto nel 1912».

Inviai immediatamente una lettera al Dipartimento della Salute con la data corretta: "Per favore, potreste cercare nei vostri registri la morte tra luglio o agosto 1912 nel distretto di Manhattan?".

Spedii la busta con grandi speranze.

QUELLA NOTTE FU la notte in cui sognai l'addio che ho descritto all'inizio di questa storia. Un sogno lucido e così esoterico tra il dolce e l'amaro…Una delle mie prozie mi aveva prestato quel sogno? Una delle sue sorelle l'aveva raccontato a mia nonna Chela e io l'avevo ereditato da lei? Così come si eredita il DNA, si ereditano i sogni? Così come si ereditano i gesti, si ereditano anche le gioie e le amarezze? Si ereditano i ricordi?

E così, li rivedo in piedi sulla soglia dell'albergo, Bianca e Isidoro l'uno di fronte all'altra. Lui cerca di prenderle le mani, ma lei si gira senza guardarlo. Isidoro porta la sua piccola valigia come promessa di un breve viaggio. Si aggiusta il cappello e si incammina verso il porto. La sua sagoma mi passa accanto e si allontana nella nebbia… Sparisce… E io resto sola, in piedi sul marciapiede.

Come faccio a sapere esattamente in quale strada di Puerto Plata si trovava quando se n'è andato? Salì sulla nave e non lo videro più, venendo meno alla sua promessa di tornare.

E se l'avesse davvero promesso? Sarebbe una promessa infranta come la farfalla azzurra del mio giardino che svolazzava tra i fiori rossi: le farfalle rappresentano le promesse dell'anima. Apprezzai la visita di quella farfalla per un paio di giorni per via del colore indaco del centro delle sue ali e del bordo nero che sembrava broccato. Rendeva migliore la mia colazione. L'aspettai di nuovo mentre scrivevo questo. Quando alzai la penna, la cercai con gli occhi. L'aspettai per un minuto. Ma non la vidi. Decisi di alzarmi, uscire in balcone e cercarla tra i fiori. Ma quando aprii la porta, la trovai inerte ai miei piedi. Un'ala spezzata. Simbolo di una promessa non mantenuta. Quante altre promesse dovevano passare per trovare il motivo per cui tutto è iniziato? "Promessa infranta", si mormora in famiglia. Non mantenuta, ma involontariamente. Tuttavia, comunque non mantenuta.

Perché mi importava sapere chi se ne era andato e chi non era tornato? Nei miei sogni li vedevo e desideravo sapere perché li vedevo nei miei sogni. Li vedevo ballare, li vedevo ridere con la gioia di essersi incontrati su una nave. La fantasia di sposarsi tra angeli scolpiti. La fortuna di trovare un porto felice dove sistemare la famiglia. La soddisfazione di lavorare insieme, spalla a spalla, marito e moglie, costruire una famiglia e un'impresa, fidarsi l'uno dell'altra… appoggiandosi in un nuovo paese.

Se qualcuno li aveva visti salutarsi, per qualche grazia divina, io avevo ereditato quel suo ricordo. Sento che, così come si ereditano i geni dei nostri antenati con cui si definiscono i tratti fisici, le inclinazioni alle malattie, anche altre cose si acquisiscono geneticamente. Sono testimone che i gesti si ereditano dai nonni ai nipoti. Lo affermo perché mio figlio Víctor ha ereditato da mio padre molti atteggiamenti, anche se non ha avuto modo di conoscerlo perché è nato a quasi un anno di distanza dalla data della sua morte. Tuttavia, quando univa le mani e si sdraiava sul letto per guardare la televisione, sembrava mio padre. Metteva un ginocchio sopra l'altro e le braccia unite, dietro la testa. Oppure univa le dita esattamente all'altezza del petto... proprio come mio padre.

E i gusti? Certamente! Perché si dovrebbe ereditare una cosa e non l'altra? Si eredita di più di ciò che pensiamo... Anche i sogni? Sì! I sogni, i desideri, i ricordi e... le memorie delle famiglie! Anche se tagliati a pezzetti come petali rosa sparsi ai miei piedi sull'erba verde, sotto il bocciolo fiorito in Virginia. Penso che i ricordi ancestrali siano così... come i petali rosa di questo albero genealogico che ha perso le foglie. Sono come ricordi che cadono a terra. Se non li raccolgo, il vento li porta nell'oblio.

"ERA UN PADRE ASSENTE", confermò Yolanda tra gli annali invisibili delle sue storie familiari. "Sempre in viaggio. Siamo già abituati a vederlo partire".

"Ma... dove sta andando? Perché", chiedo in sogno a quella ragazza, figlia di Isidoro e Bianca, che sta guardando la scena con me lì a Puerto Plata. Poi la scena finisce e si dissolve.

Mi sveglio.

IL GIORNO dopo decido di iniziare a scrivere ciò che racconta la storia della famiglia:

"Bianca e Isidoro si erano conosciuti a bordo di una nave. La scena si svolge intorno al marzo 1893, tre mesi prima che lei compisse diciotto anni a giugno".

Mi concentro e cerco di scrivere la storia con l'aiuto dei ricordi di famiglia, alcuni dimenticati nel vento e altri, ritrovati con il cuore.

Ho fatto le mie ricerche e so quanto tempo impiega una nave ad attraversare l'oceano. La sua traversata dal porto in Italia alla Colombia avrebbe impiegato circa un mese e una settimana, tempo sufficiente per iniziare un idillio d'amore a bordo della nave. Lo so e lo posso dedurre ed è fino a quel punto che conosciamo la storia. Le altre cose che non conosciamo, me le dirà il mio cuore.

Ad esempio, non sappiamo il nome della nave su cui si sono incontrati. Non sappiamo chi ha guardato per primo chi sul parapetto. Non sappiamo se fu Isidoro per primo a distinguerla tra le dame vestite di corsetti e cappelli piumati. Né a chi dei due piaceva di più godersi l'ora sacra e lilla del tramonto. Immagino che entrambi amavano ammirare il cielo e il mare nell'ora del crepuscolo. Dopotutto, quella delizia deve, ovviamente, essere un patrimonio di famiglia.

La immagino nella sua giovinezza, con indosso guanti bianchi e uno scialle che le copre le spalle. Le sue mani sono sulla ringhiera e il suo sguardo è rivolto a ovest.

Lui la vide ammirare lo scintillio dell'orizzonte, appoggiata al parapetto della nave. Forse assorbita dai colori luminosi che si trasformavano in una profonda tonalità arancione. La sua prima traversata ed era già innamorata… del mare.

Voglio conoscere i dettagli. Aspetta, erano guanti di seta o di broccato? Il cappello le nascondeva il viso? Quante cose non sapremo!

Non sappiamo se è avanzato lentamente per non spaventarla. Forse, di nascosto, mettendo le mani vicino alle sue… Forse, lei lo ha guardato di sfuggita e si è accorta che il colore sublime si rifletteva sul suo volto, mentre lui si chinava delicatamente per sussurrare come se fosse tra sé e sé:

"Spettacolare… non è vero?".

Non sappiamo se lei inclinò la testa per vederlo. E, naturalmente, non sappiamo se lui sorrideva con gli occhi pieni di malizia, sottintendendo "spettacolare" come un aggettivo rivolto a lei.

Forse Bianca arrossì e, davanti a questo, Isidoro, per rispetto, volse lo sguardo verso il mare, unendo il fascino di tanta bellezza all'orizzonte ricco di colori. Chissà se stavano in silenzio o, sebbene nervosi, avevano iniziato una conversazione?

E se lo hanno fatto, di cosa hanno parlato per la prima volta? Presumibilmente, di quello che è ovvio! I raggi del sole nelle onde e il riflesso della sua luce... Cos'altro?

Penso che non ci fosse nessun argomento a cui non potesse avvicinarsi o un linguaggio che lo trattenesse.

Ma... Cos'avranno detto? Le solite cose! Dove stavano andando; da dove venivano. Forse si sono persino chiesti quali fossero i loro sogni, del posto in cui si sarebbero incontrati o cosa avrebbero trovato dall'altra parte dell'oceano! Cosa ne sarebbe stato di loro? Dove li avrebbe portati il destino?

Isidoro voleva conoscerla, sentire il timbro della sua voce. Loquace come solo lui sapeva essere. E mentre lei continuava a tacere, ricordò un aneddoto di un viaggio. Le raccontò che, in quell'occasione, il tramonto era così spettacolare che tutti erano usciti per vederlo e la nave si era inclinata così pericolosamente da una parte che il capitano aveva dovuto chiedere a metà dell'equipaggio di andare dall'altra parte per virare la nave in una direzione trasversale e quindi evitare ogni rischio.

«Di solito mi alzo presto per vedere l'alba. Non c'è quasi nessuno! Solo coloro che puliscono e che spazzolano il pavimento... io e loro. Mi affretto a vedere la luna più illuminata che mai lasciare il posto al sole. E con i primi bagliori dell'alba, improvvisamente il mare si calma e attento, sembra che si inchini al sole».

Non sapremo se lei alzò gli occhi su di lui con una curiosità: "Chi è quest'uomo che mi parla così?".

Senza paura, sostenne il suo sguardo per un momento.

Lei lo riconobbe perché pochi giorni prima o una settimana prima l'aveva visto. Fu a quella cena nella sala del capitano quando Bianca entrò con i suoi parenti e i signori si alzarono galantemente per salutarli. In quell'istante si accorse della sua presenza. Soprattutto perché lui era loquace e teneva il capitano e gli altri uomini assorti con i suoi aneddoti. Aveva un carisma e un'allegria invidia-

bili e amava contagiare tutti con il suo stato d'animo sempre positivo. Forse Bianca, evitando di guardarlo direttamente, aveva
drizzato l'orecchio per sentire la sua voce roca mentre conversava
con un altro signore.

«Ogni viaggiatore in qualsiasi lingua ha lo stesso desiderio.
Desiderano mangiare bene e dormire comodamente e serena-
mente. Dobbiamo offrire ciò che abbiamo come un dono.
Dobbiamo donare generosamente ciò che i viaggiatori desiderano,
così lontano dalle proprie case e dopo i lunghi viaggi, un luogo
sicuro dove ricaricarsi. Per quanto possibile, dobbiamo offrire loro
la prima accoglienza in un paese straniero, il riposo in un letto
comodo come una nuvola di angeli dove possono sentire che sono
arrivati a casa... Meglio che a casa loro! Che sono arrivati in cielo!
E scegliere tutto quello che servirà e che sia di ottima qualità... una
cena calda, una colazione migliore, tutto particolarmente pulito e
con un'ottima presentazione... Anche questo aiuta il gusto!».

Bianca, sconvolta dalla sua disinvoltura nel parlare, lo ammirò.
Di questo, non ho alcun dubbio! Ma... l'amò dal primo momento in
cui lo vide? Non lo sapremo! Oso sospettare di no. Perché se fosse
stato così, avrebbe aspettato meno tempo per sposarsi. Se lo avesse
conosciuto da adolescente, non avrebbe aspettato quasi tre anni per
farlo. Tuttavia, questo non sfata il mito che la sua famiglia non
fosse d'accordo con questa unione perché lei aveva solo diciassette
anni e lui trentaquattro. Non c'è da stupirsi che sia rimasta lì nella
memoria della famiglia.

Quanto a lui, quel tramonto glorioso era l'occasione per vederla
più da vicino e chiederle come si chiamava. Perché lui sì, l'ammirava. La sua presenza giovanile e così seria e dritta. Conquistando il
luogo al quale apparteneva... nascondendo la sua timidezza con
prudenza. E, sebbene lei avesse notato la sua personalità estroversa
con il dono di sapere quando ascoltare con attenzione e quando
condividere il racconto di un viaggio, lo vide disposto a tacere,
anche lui assorto in quel tramonto e ad una certa distanza da lei per
rispetto.

«C'è un punto in cui il tramonto e l'alba sono simili». Tanto che
si può dimenticare, per un infinitesimo secondo, se il sole sorge o

tramonta. Quindi ogni secondo sembra una sorpresa. Come la vita stessa, una bella e piacevole sorpresa».

Per ora, dentro di me, le domande sono ferme e dolci come l'acqua. Perché in questo momento li ho tutti e due, Isidoro e Bianca… insieme, nell'eterno, con le mani sulla ringhiera quasi vicine e i mignoli che si sfiorano sotto il lilla e l'oro del tramonto.

SORPRESA DA NUEVA YORK

10

Qualche settimana dopo, ricevetti una lettera con una possibile risposta. Era una giornata per lo più soleggiata. Nel caso la cassetta della posta fosse stata vuota, almeno sarei andata a fare una passeggiata. Eppure, quando l'aprii, tutto si trasformò in un vortice!

Sullo sfondo, notai la busta bianca. Allungai la mano per prenderla... lo sapevo!

Il mio cuore iniziò a battere come un tamburo. Le mie dita si irrigidirono. Il mittente era degli uffici sanitari di New York. Tenere quella busta tra le mani mi trasmise una sensazione di gioia e dolore. La ricerca era finita! E poi i dubbi invasero la mia mente. E se non fosse lui? E se fosse lui? Perché c'era sempre il dubbio sulla questione dei due Isidoro.

"Isidoro, se sei tu, se sei stato tutto questo tempo a New York... ho cercato disperatamente di trovarti...".

Lessi la lettera. Sospirai. Non volevo credere a quello che diceva.

Quella stessa mattina, chiamai Mami. Le dissi tutto quello che dicevano le pagine con le informazioni. Lessi la lettera dall'inizio alla fine, scrutando ogni parola. Ma c'erano problemi con la data!

Le informazioni non erano del tutto in concordanza... *Sarà lui?* Pensavo di sì, ma dovevo confermarlo esaminando i documenti.

Quando terminai di parlare, tenni il telefono in mano e feci un lungo sospiro. Quella chiamata fu emozionante e il mio orecchio rimase incollato al telefono, cercando di sentire quello che provava mia madre. Ci fu un minuto di silenzio in cui aspettai la sua comprensione. Perché, in fondo, Isidoro è il mio bisnonno, ma era *suo* nonno. La persona che avrebbe presumibilmente abbandonato la sua amata nonna Bianca. La sua "Babi". La stessa che l'aveva accolta tra le sue amorevoli braccia ogni estate della sua prima infanzia.

Con il suo silenzio, sapevo che i suoi occhi, come i miei, erano diventati lucidi.

«Lo dirò a Fernando», disse, infine, schiarendosi la gola. «Ora devo dirti una cosa».

La sentii schiarirsi di nuovo la gola e questo non mi piacque. Mia madre non esitava mai. Misi con cura la lettera nella busta mentre l'ascoltavo. Cominciò a parlare e il mio mondo iniziò a cambiare colore. La notizia che mi dava, non me l'aspettavo. Mi si strinse il cuore. Le sue parole comprendevano termini medici come mammografia, biopsia, prognosi...

«Ho bisogno che tu vada a Miami. Devo ripetere le analisi lì. Ho individuato alcuni medici in un ospedale e in una piccola casa nelle vicinanze». Terminò il suo discorso e il silenzio ci avvolse di nuovo.

Sentivo come se il mio cuore fosse sulla punta di una spada. Si destreggiava per non scivolare e cadere. La mia mente annunciò al mio cuore: *soffrire ancora.* E lui rispose: *farò il possibile per sopravvivere.*

Misi in pausa la ricerca genealogica per prendermi cura di Mami. E alla fine dell'estate, o più tardi, sarei andata a New York. Avrei verificato se questo Isidoro fosse davvero il mio. Era deciso che l'avrei trovato o avrei continuato a cercare.

Poi il destino si manifestò in un modo insolito. L'11 settembre 2001, proprio a New York, si verificò una tragedia inspiegabile. Degli aerei commerciali si schiantarono contro le Torri Gemelle, facendole crollare e uccidendo migliaia di persone. Un altro aereo attaccò il Pentagono. Questa tragedia avvenne a circa 30 chilometri da casa mia in Virginia. E, come se non bastasse, un quarto velivolo diretto alla Casa Bianca cadde fatalmente in Pennsylvania.

Ricordo un'amica di lavoro che diceva di aver visto qualcosa di strano per strada. Mentre guidava lungo la I-395 nel traffico mattutino, aveva visto un aereo che le sembrava volare molto basso. Sorpresa, si era chinata sul volante pensando: *questo aereo vola così basso?*

Con la vista, aveva seguito l'aereo finché questo non era scomparso dietro gli edifici vicino all'autostrada. Poiché l'aeroporto nazionale Ronald Reagan si trova vicino a quella strada, aveva pensato che potesse essere normale. Pochi minuti dopo, aveva notato del fumo. Anche vedendolo con i suoi occhi, le era sembrato improbabile che un aereo si fosse schiantato contro un edificio e che, di tutti quegli edifici, questo era proprio il Pentagono. Tanto meno che sarebbe stata una lontana testimone di un evento così tragico e iconico. Questa vile situazione non rientrava nella nostra psiche mondiale. Dopo quel giorno, ci saremmo svegliati in un nuovo mondo.

Ma quella mattina, prima che le connessioni telefoniche si congestionassero, mi chiamò la persona che in quel momento si stava prendendo cura del mio bambino di 18 mesi Víctor. Si chiamava Pavel e stava con lui per qualche ora a casa mia. Era il padre di una mia amica. Era stato insegnante di matematica in una scuola importante in Perù. Adesso era in pensione. Anche la mia amica aveva un bambino che era più grande di Víctor di qualche mese. L'accordo era che Pavel sarebbe venuto a prendere il mio piccolo la mattina e poi lo avrebbe portato a casa sua in modo che i nostri bambini potessero stare insieme. Prendeva i miei figli più grandi a scuola e li aiutava a fare i compiti a casa. Il patto funzionava perfettamente. Da quando era a casa nostra, i miei figli prendevano buoni voti, il piccolo andava a casa della mia amica e lei si prendeva cura di lui con l'altro bambino e io non dovevo preoccuparmi di nulla. Tornavo a casa mia e tutto era in ordine.

«È meglio che venga a casa», mi disse Pavel. «Ho la sensazione che questo peggiorerà. L'aspetterò con Víctor qui».

Uscii a prendere i miei figli più grandi, André e Alex, alla scuola elementare. La sicurezza era molto severa e all'ingresso bisognava dire i nomi dei bambini e mostrare un documento attraverso una telecamera. All'epoca, eravamo sette madri che aspettavano fuori dai cancelli di metallo. Due di loro dissero che i loro mariti lavoravano al Pentagono. Io non sapevo cosa dire, ma nessuno aggiunse altro. All'ingresso, ognuna chiedeva di prendere il proprio figlio attraverso un interlocutore. Uno dopo l'altro, i bambini iniziarono a uscire. Mentre ci allontanavamo, mi voltai per vedere il vialetto di mattoni rossi e vidi altre mamme venire a prendere i loro piccoli. I miei figli non sapevano, né capivano nulla. Non c'era molto da dire perché non si sapeva ancora molto. Le notizie non erano molto chiare.

A casa, accesi la televisione e vidi le immagini di New York in una situazione assurda e irreale. Era un orrore. Le immagini dell'aereo che si schiantava ci terrorizzavano. Sullo schermo, vedemmo gli edifici cadere e il loro fumo bianco, come una pioggia di gesso e cenere, che copriva tutta Manhattan. Ogni immagine ci scosse l'anima. La nostra famiglia e il nostro quartiere erano sotto shock.

Devo ammettere che, con il passare dei giorni e delle settimane, non pensai molto ai miei antenati. Continuare la ricerca genealogica era diventato impossibile in quel momento. Un collega mi disse che Manhattan puzzava ancora di fumo e che l'ambiente aveva un odore solforico. Si stimava che, per almeno un anno, non ci sarebbe stato niente da fare in quella città. La nostra nazione si stava muovendo verso la guerra. Il fulcro della vita cambiò, andando verso una nuova direzione. La verifica di dove si trovasse Isidoro passò in secondo piano. Rivolsi la mia attenzione ai miei figli e alla mia famiglia che erano quelli che avevano bisogno di me... almeno, questi erano i miei piani.

Ma la ruota del destino aveva preso uno slancio e avrebbe travolto i miei piani con un amore ancestrale. Beh, c'era un amore che se n'era andato e voleva tornare. E non c'era nessuno a fermarlo. Lo spazio tra me e i miei antenati si era già ridotto. E anche se li mettevo da parte, sentivo che loro stessi mi avrebbero raggiunta. In qualche modo sconosciuto, mi giunsero le loro vite, i loro desideri, la loro intera storia.

Presto qualcuno sarebbe venuto a conoscermi portando le sue storie leggendarie e chiedendo che fossero scoperte e conosciute. C'era una forza più grande che aveva il controllo e questo avrebbe fatto in modo che le sorprese della mia vita non tardassero ad arrivare.

PARTE 2

VIAGGIO MAGICO IN ITALIA

L'INCIDENTE

11

All'inizio del 2002, ebbi un incidente d'auto sulla I-66 mentre tornavo dal lavoro. Ero uscita dall'ufficio molto tardi e la pioggia aveva rallentato abbastanza il traffico, così quando finii di attraversare la città ed entrai in Virginia, erano le otto di sera. Il mio incidente avvenne dopo il Roosevelt Bridge, in un tratto con una curva che si trova poco prima di entrare in autostrada. L'asfalto era bagnato e freddo e in piena curva, quasi all'imbocco del tunnel, la mia macchina perse l'aderenza e girò come una trottola. Non si ribaltò, né si scontrò con altre auto, ma lo fece contro i muri su entrambi i lati della strada.

Nonostante ciò, accadde qualcosa di incredibile. Mentre giravo, tutto sembrava innalzarsi. Il tempo divenne eterno. Non so descriverlo in un altro modo: la mia macchina, il mio corpo e tutti gli oggetti intorno... erano sospesi in aria. Per un secondo, il mio portafoglio, le mie penne e le mie piccole carte, incluso il mio corpo, sembravano avere lo stesso peso e fluttuare nel mezzo di un tornado.

In quel momento, tutti quei fogli colorati con le annotazioni stradali si agitavano insieme a me, sospesi all'interno del veicolo. Così come gli pneumatici erano in aria, senza toccare la strada, i miei capelli erano sparsi come i rami di un albero. Le mie mani,

80

tenevano stretto il volante. Era come se stessimo volando nell'oceano cosmico. Quel secondo al lato oscuro del nulla è rimasto nella mia memoria come una fluttuazione del tempo lineare. Un movimento immobile di un orologio. Un silenzioso secondo dell'infinito.

E poi, cadde tutto.

Gli pneumatici slittarono sull'asfalto bagnato con uno stridore di diversi decibel. L'impatto sulla parete di fronte... un altro sul lato... il metallo che scricchiolava, girando, urtando la parete opposta della strada. Io, semplicemente, guardavo lo spettacolo, come se non fossi coinvolta né ne facessi parte.

Alla fine, l'auto si fermò, sbattendo contro il muro e provocando un fracasso. L'unica cosa che c'era tra il muro e la mia spalla era la porta che si era appiattita e accartocciata come se fosse cartone. Pensai: "Sono caduta di testa!". E il pensiero successivo fu "ho rotto il muro". L'ultimo colpo fu così violento che non mi venne in mente che potessi essere io quella che si stava rompendo e non il muro.

Il silenzio fu improvviso. Mi pervase una sensazione che non so descrivere. Mi ricordai che dovevo respirare. Lo feci. Guardai il calore del vapore contro le timide gocce di pioggia sul parabrezza. Le mie ginocchia avevano ricevuto innumerevoli colpi, come se fossero ginocchia di pezza che una mano gigantesca aveva picchiato. Il giorno successivo sembravano due palloni da basket, ma in quel preciso momento non sentivo niente.

Eppure, ero più vigile che mai. La mia mente sembrava quella di un topografo. Mi esaminai dalla testa ai piedi alla ricerca di qualcosa di rotto. Mi pervase un sentimento di compassione, ma anche un confortante distacco. La cintura di sicurezza mi stringeva: era l'unica cosa che il mio cervello trovava di storto mentre percorreva il mio corpo martoriato.

Vidi le gambe di un poliziotto avvicinarsi lentamente, come se avesse già visto quella scena. Esaminò per un secondo il tetto accartocciato; poi si sporse verso il finestrino dal lato passeggero e abbassò la testa per guardarmi. La sua espressione mi fece pensare che fossi intrappolata e sepolta in una lattina di metallo.

«Va tutto bene, signora?».

Percepii la sua preoccupazione.

«S... sì», esitai.

Mossi le dita dei piedi negli stivali come se avessi già indovinato la domanda successiva.

«Riesce a muovere le dita dei piedi?».

«Sì», annuii con sollievo.

«Chiamiamo un'ambulanza».

Arrivò l'ambulanza con le sue luci rosse e blu che si riflettevano sull'asfalto bagnato. In meno del previsto, mi ritrovai su una barella dentro l'ambulanza, verso l'ospedale. Comunque, mi sentivo bene. Ero illesa e viva e non era successo niente di grave.

Un pensiero mi passò per la testa; anzi, più di uno, fino a formare una catena che si sarebbe allineata per sfilare davanti alla mia immaginazione.

Mi spiego meglio.

Avevo letto da qualche parte che le persone in stato di *shock*, anche quando sono state in punto di morte, riferiscono di vedere le loro vite passare davanti ai loro occhi. Queste persone dicono che è come un inventario di tutte le loro buone e cattive azioni. Il *bene* appare sotto forma di allucinazioni d'amore e di emozione; il *male* viene ricordato con rimpianto e dolore. Non so se è così. Non so se c'è una tale visione interiore quando ci si trova in una situazione del genere o peggio. Quello che so è quello che ho vissuto.

E, sì, vidi un susseguirsi di immagini. Le vidi. E, sì, erano come un film noto che si faceva strada sullo schermo della mia mente. Ma non erano immagini del passato. Niente affatto. Erano immagini del futuro. Un futuro non vissuto. I miei sogni irrealizzati. Una vita non vissuta.

Vestiti con i loro abiti più colorati, questi sogni sfilavano come burattini. Persone, documenti, stelline, pagine scritte, risate, balli, viaggi, valigie, antenati. Tutto questo era stato rimandato. Lo avevo considerato meno importante delle mie responsabilità quotidiane. Eppure, era quello che la mia anima voleva... Questi sogni che mi ero negata erano i desideri del mio cuore. Avevo scelto i miei doveri, il mio lavoro, fare la *"cosa giusta"* al posto dei miei sogni. Questi li avevo condannati ad aspettare. Li avevo giudicati *minori* e li avevo mandati come punizione all'angolo delle cose sciocche.

Ed è quello che vidi nella visione sulla strada per l'ospedale! Non in modo bizzarro, non per grazia divina. Non con musica celestiale né con dolore profondo. No. Era solo un inventario dei miei sogni che aspettavano pazientemente che li portassi fuori dalla loro caverna, dalla soffitta dell'incoscienza, e li realizzassi. E, tra questi, c'erano le avventure mancate con i miei antenati!

Quindi, iniziai a fare un inventario. Mentre l'ambulanza camminava sull'asfalto bagnato, alzavo ogni dito come per contare. Mi occupavo dei miei sogni più cari. Non giudicai nulla come buono o cattivo, pratico o no, possibile o impossibile. Semplicemente, ascoltai, osservai, lasciai passare davanti ai miei occhi immaginari le loro sfilate di carri e presi appunti mentali.

Quando le porte dell'ingresso del pronto soccorso si spalancarono con un boato, neanche mi distrassi. Contavo e ricontavo ogni singolo sogno con le dita. A volte li mettevo in ordine e li ripetevo: arrivavo all'ultimo e temevo che il primo mi sfuggisse.

Il personale medico mi mise su un letto di metallo, in una stanza improvvisata con luci lampeggianti. I medici si sussurravano domande e speculavano sulla mia condizione. Ma non mi interessava niente di tutto ciò. Dovevo già occuparmi abbastanza dei miei pensieri. Non ero disposta a lasciare che qualcosa mi distraesse.

Era un elenco delicato, quasi timido; almeno all'inizio. Ma era un elenco decisamente felice. Arrivava con il peso della saggezza interiore che mi diceva di rallentare e concentrare il mio tempo su ciò che ero venuta a fare in questa vita. I miei antenati avevano viaggiato e vissuto, avevano figli e avevano avviato un'attività… Avevano riso, pianto, ballato, baciato e abbracciato, e avevano intrapreso tanti sogni come quelli di viaggiare e costruire un hotel… C'era così tanto ancora da sapere su di loro, così tanto da scoprire. E nei miei sogni, erano lì: affascinanti incognite che mi aspettavano per scoprire l'Italia che era in me. L'Italia che veniva da loro come un dono divino.

"Voglio visitare l'Italia… tutte le parti d'Italia. Trovare allegria in tutti i luoghi da cui provenivano i miei antenati".

Anche il ronzio delle macchine mi aiutò a concentrarmi, ad attrarre e a far cadere i miei sogni nell'etere nella mia mente. Li prendevo per i pezzi e li mettevo al loro posto. Ne legai alcuni in una mappa immaginaria. Altri non mi arrivavano in modo chiaro. Piuttosto, sembravano piccoli pesci colorati che dovevano essere salvati dalle profondità del mare dell'oblio. Dovevo ristabilire i legami con un'anima che mi chiedeva una vita non ancora vissuta prima che fosse troppo tardi.

"Oggi comincio a camminare verso di loro. Voglio camminare sulle pietre che hanno calpestato e percorrere i sentieri che hanno percorso. Tornare ai loro punti di partenza e camminare lungo la strada con loro".

Implicava viaggiare nella terra natale di Isidoro e Binaca.

"Scoprirò la forza che ho ereditato da te. La donna che sono grazie a te".

Se dentro di me c'era qualcosa di formidabile come lei, dovevo trovarla in me e mostrarmela praticando quella forza avvolta dall'amore.

Un paio di infermiere mi portarono nella stanza assegnata. Continuai con la mia lista che sembrava più una sfilza di immagini e parole che mi arrivavano lentamente, come una pioggia leggera all'alba. Ogni goccia, un desiderio. Ogni desiderio, una benedizione. Fu una pioggia di benedizioni.

"Sono i sogni dei miei antenati che si avverano. Li rappresenterò nella mia vita, ogni giorno. Vivono attraverso me. Vedono attraverso i miei occhi e il mio cuore".

I medici avevano cercato di trovare qualcosa di brutto o rotto in me, entrando nel mio corpo con tutte le macchine che trovavano a loro disposizione, ma senza successo. Alle due del mattino mi fecero uscire. Insistetti per andare a casa e riposare nel mio letto. Avevo tenuto tra le piume dei miei cuscini sogni più segreti che io stessa non osavo confessare per paura che non si avverassero. Ma, fino a quel giorno! Avrei dato ad ogni desiderio un posto speciale. Li avrei trattati con onore e rispetto. Ah, e la gratitudine! Avrei vissuto nella gratitudine che i miei antenati mi avevano dato e una vita e storie ineguagliabili.

André, il mio figlio maggiore, venne a cercarmi. Quando mi vide seduta sul letto, già vestita, mi disse: «Mamma, sembri così fragile seduta lì che ho paura ad abbracciarti. Sento che se lo faccio, potrei farti del male». Si avvicinò e mi baciò con una piacevole delicatezza sulla fronte.

Alterata da uno strano senso di estasi, non riuscivo a formulare parole. Riuscii a malapena a dire: «Sono più viva che mai».

Il mio corpo poteva soffrire, ma niente poteva spezzare la mia anima. Perché io non sono solo questo corpo fisico. Sono di più, molto di più. Ed eccomi lì, in piedi davanti al resto della mia vita. Il destino mi chiamava con voce chiara e trasparente e, con il percorso più chiaro, riuscivo a vedere i miei sogni in lontananza e ad aprire le braccia per ricevere i doni divini dei miei antenati.

SOGNI FOLLI

12

"*M*i mancavi ancora prima che ti conoscessi", mormorò in un sogno lo spirito dei miei antenati. Mi svegliai sotto la pioggia primaverile che batteva sui vetri della finestra, come per avvertirmi che anche lei lo sapeva. Il tintinnio dell'acqua e il ronzio del vento mi invitavano a continuare a sognare. Con la testa sul cuscino, le parole fluttuavano in una sorta di realtà autonoma e formavano frasi: "Prima di nascere, già ti conoscevo e ti aspettavo".

Aprii gli occhi abbracciando il cuscino e godendomi la vista del sonaglio colorato che avevo comprato e che era simile a quello di mia madre. Ricordai il sogno e formai il sussurro delle parole. Erano in inglese? *I missed you before I met you*", dicevano. Ah, no! Non era né inglese né spagnolo. Era il linguaggio dei sogni.

Vestita per andare al lavoro, ero seduta con i miei piccoli al tavolo della colazione; tra le mani, un gustoso e fumante caffè con latte. Alex, di sei anni, chiacchierava felicemente, mentre Víctor, il mio bambino di due anni, mangiava i suoi cereali, prendendoli con le dita. Le parole fluttuanti mi fecero pensare se questi fossero i sogni dei miei antenati, se fossero sogni presi in prestito da loro. Allora, a chi mancava chi? "Sono nata dopo di loro, quindi non può essere che dicano che gli manco, e... come?". Prima di uscire, guardai le scatole con i documenti della ricerca genealogica che erano sul tavolo del soggiorno. "Chi di voi mi parla nei sogni?".

A quel tempo, con un lavoro così impegnativo e una famiglia giovane, pensavo che ci sarebbero voluti anni per realizzare il sogno di andare in Italia. Inoltre, vivevamo alla giornata e non avevamo risorse extra per programmare un viaggio di lusso. Così, decisi di portare l'Italia a casa mia. Tra cibo e genealogia, mi sarei accontentata finché non fosse arrivata l'occasione. Con questo nuovo approccio, tornai a dedicarmi costantemente alla ricerca genealogica. La linea di Isidoro mi aveva portato al nome di suo padre: Stefano.

«Questa volta tocca a te, Stefano, padre di Isidoro», dissi sistemando le mie carte.

Andai nella stanza di genealogia della chiesa dei mormoni alla ricerca del suo certificato di nascita. L'avevo fatto con Isidoro e aveva portato dei risultati. Ma questa volta non riuscii a trovare il suo nome. Sembrava che la mia fortuna stesse segretamente cambiando.

Tra il lavoro nel Distretto di Columbia e il vivere in Virginia, guidavo ogni giorno nel traffico e quando tornavo a casa ero esausta. Solo i sabati potevo dedicarmici. Inviai una lettera all'Arcidiocesi di Parma. Aspettai... e aspettai... e niente.

Un giorno, mentre ero seduta dietro la scrivania del mio ufficio, squillò il telefono. Era un vecchio collega di lavoro. Mi disse che aveva fondato la sua società di tecnologia. Né più né meno di una *dot-com*. Mi congratulai con lui e quasi mi interruppe: c'era dell'altro! Aveva vinto un contratto con una grande azienda e ora stava formando una squadra per adempiere ai suoi obblighi. "Vorrei che tu facessi parte della mia squadra dei sogni", mi disse. Includeva lavoro creativo per me, brevi spostamenti e orari flessibili.

Accettai subito! Dissi addio alla guida di quasi tre ore al giorno e così il tempo passò a mio favore.

Il primo giorno del mio nuovo lavoro, mi diressi verso l'edificio di mattoni rossi a Fairfax dove si trovava il mio ufficio. La *lobby* era grande e moderna con giocattoli elettronici ovunque, simile agli uffici di Google e Microsoft. Un cane robot di metallo argentato venne ad accogliermi. Abbaiava e agitava la coda e pensai che fosse la registrazione di un cucciolo di pechinese che abbaiava. Molto simpatico e spiritoso.

Una ragazza con un abito da ufficio dal taglio incantevole si avvicinò e mi porse un biglietto del mio amico, il proprietario, che diceva: "Come avrai notato, gli uffici sono in costruzione. Scusami per le scatole e la polvere. Segui il corridoio e scegli quello che vuoi". Gentilmente, la giovane donna mi indicò tra quale degli uffici avrei potuto scegliere e ne scelsi uno il più lontano possibile dal rumore. Sebbene non avesse finestre, aveva tanto spazio. Le pareti appena dipinte erano tele bianche… pronte per la mia immaginazione!

Progettai il mio posto come preferivo. Lo battezzai e misi un cartello con scritto "Italia". Terra dei miei antenati. La dolce vita inizia qui. Da una parte, appesi una mappa dell'Italia. Segnai in rosso San Secondo Parmense, paese natale di Isidoro. Segnai a Bologna il Castello d'Argile, paese natale di Bianca. Da un calendario fotografico di questo paese, ritagliai le immagini dei suoi paesaggi e le incollai al muro. Queste sarebbero state le mie finestre!

Così, ogni volta che mi sarei seduta alla scrivania, avrei potuto alzare lo sguardo e ammirare le rovine etrusche, gli affreschi dipinti, i campi di girasoli e i pini alti e magri, tipici di quel territorio che amavo. Fui ispirata e in una delle foto firmai come se fossi il mio antenato: "Per la mia pronipote Graciela, dal suo bisnonno Isidoro".

"Mi regalerai l'Italia, Isidoro?", chiesi con affetto, parlando al vento, ascoltando l'eco della mia stessa voce e con un sorriso nel cuore. Non avevo una sua foto, ma della sua preziosa Italia sì.

C'è un'Italia dentro di me! Era quella dei miei antenati. E tutti i loro sogni vivevano in me. Immaginai il giorno in cui avrei potuto visitare la chiesa dove alcuni di loro si erano sposati per accendere una candela per l'unione della famiglia. Avrei sussurrato i loro nomi alle pietre e avrei detto loro: "Sono tornati con me".

Lungo il tragitto ero felice di ascoltare audiolibri come *Sotto il Sole della Toscana*, di Frances Mayes, e *Un Anno in Provenza*, di Peter Mayle. Ogni giorno dicevo: "Andrò in Italia!" e viaggiavo con la narrazione. E quando le foglie rosa dei ciliegi addolcivano il vento e i petali danzavano sulla strada ondulata a senso unico, io mi trasportavo nella mia Italia.

A casa, decisi di coltivare i miei legami attraverso la cucina. Chiamai Mami e le dissi che volevo migliorare le mie arti culinarie e lei promise di aiutarmi. "C'è un istinto culinario. Ce la farai. Vedrai". Lei era un'ottima cuoca, come tutte le donne della famiglia. Ma accettava anche che sua madre e le zie fossero sempre migliori di lei. "Ognuna aveva la sua specialità". E io volevo sapere quale sarebbe stata la mia.

La nuova routine in casa divenne più leggera e piacevole. La gastronomia ancestrale era un'alchimia esoterica che rendeva felici i nostri cuori. Con ogni cosa, fatta in casa o no, facevo un incantesimo che ci deliziava. La pizza, per esempio, non era semplice. Ogni venerdì che arrivava la focaccia, aggiungevo un po' di origano in più e anche un filo d'olio d'oliva. I miei bambini adoravano questo condimento. "C'è un'Italia anche in voi", gli dissi, e questo portò André e Víctor a chiedermi del cibo imitando l'accento italiano, che ci faceva ridere molto.

All'inizio dell'estate, io e quello che al tempo era mio marito eravamo a una festa di un amico che riceveva un premio. Sia lui che la sua compagna erano molto divertenti e ci raccontò che aveva chiesto a sua moglie se avesse sognato il suo successo. Senza esitare, lei aveva risposto scherzosamente: "Mi dispiace, caro, ma non ci sei nei miei sogni selvaggi, proprio perché sono questo: selvaggi". Ridemmo tutti.

Così, all'epoca iniziammo a giocare anche io e quello che era mio marito, dicendoci l'un l'altro: "Tesoro, i miei sogni corrispondono ai tuoi? Dimmelo da ora! E... cosa stai sognando? Sono nei tuoi sogni più selvaggi?".

I miei erano chiari: volevo andare in Italia a conoscere la terra dei miei antenati. Ma... qual era il sogno più folle suo? Sorpresa! L'Italia non era inclusa in nessuno di questi. Né tra i più selvaggi, né tra i più ordinari. Lo scoprii un giorno, dopo aver parlato ancora una volta di sogni.

«Voglio dire, Isidoro non è nei tuoi sogni? Cioè, l'Italia non è nei tuoi sogni?», chiesi scherzosamente, fingendomi stupita.

«No... non proprio», concluse dopo aver fatto finta di pensarci molto.

«Ma è una cosa importante per me!», risposi, ridendo, ma anche un po' delusa. Chi non ha voglia di viaggiare e andare in Italia?

Tra l'altro, avevo chiesto a mia sorella Gina come avesse convinto suo marito a ballare e lei mi aveva risposto: "Semplice, gli ho detto che per me era importante". Ma, a quanto sembrava, con me non era così semplice.

«Timbuktu è nei miei sogni più selvaggi», disse sorridendo.

«Oh, no! Dobbiamo avere lo stesso! Altrimenti, non si avverano!».

«Come sarebbe?».

«Non ti ricordi che la Bibbia dice che se due si uniscono in preghiera, quello che chiedono gli sarà dato?».

«Sì, ma si riferisce alle preghiere, non ai sogni», protestò.

«Non è la stessa cosa?».

Improvvisamente, avere almeno la stessa meta stava diventando un imperativo: l'Italia. Gli spiegai con pazienza:

«Se due o più persone sono d'accordo su qualcosa e pregano per essa, gli viene concessa. Allo stesso modo, se due persone decidono di desiderare lo stesso sogno, lo raggiungono».

Lui ironizzò:

«Posso sognare la pasta, il limoncello... Certamente. Ma Isidoro... nei miei sogni? Nah! Per niente!».

«E come arriveremo in Italia se non condividiamo lo stesso sogno, se non sogni anche tu l'Italia?», insistetti.

«Lasciami pensare... Quando penso all'Italia, penso a quell'arte. All'arte di formare mosaici. In più, immagino i mosaici di Ravenna, quelli di Lucca... Da giovane sognavo di fare un corso lì».

«Beh, uniamo i nostri sogni e li realizzeremo!».

Questo scatenò la mia immaginazione. Passai tutta l'estate a cercare istituti d'arte che tenessero corsi di mosaico. Quando ricevetti risposte, ero inorridita da quanto fossero costosi! Inoltre, avevano un programma di lezioni specifico e impegnativo. La combinazione degli antenati con l'arte del mosaico non sembrava andare bene, ma poi pensai: "Non è lo stesso?". Usai una tattica nuova. Cercai un insegnante freelance che svolgesse *workshop* o un artista che volesse insegnare. Immaginai un'anima libera che insegnasse solo per un paio di giorni. Un'anima gemella che volesse giocare all'arte con noi.

Mentre questo faceva il suo corso, continuai a fare ricerche sul cibo italiano da includere nelle nostre vite, in particolare della zona di Parma e Bologna. Scoprii che a Parma si coltivavano le zucche. Quando arrivò la stagione, ne comprai alcune per sperimentare. Quell'autunno raccolsi la polpa e preparai una zuppa; in un'altra occasione aggiunsi dei tocchetti al sugo dei fusilli. Tostai i semi per mangiarli con pane e olio d'oliva. Sul guscio della zucca, disegnai dei simpatici volti e al centro misi delle candele profumate.

Raccontavo a Mami di tutte queste peripezie. Volevo che mi desse delle ricette di famiglia, ma rimasi stupita da quello che mi disse:

«In realtà, mia nonna cucinava senza ricette, ma ti mando un ricettario che ho io».

Poiché l'Italia è un Paese esteso con un clima diversificato, la cucina dipende da ciò che viene coltivato nelle regioni. Scoprii che, sebbene le città di Isidoro e Bianca fossero relativamente vicine l'una all'altra, la cucina era diversa in base agli ingredienti locali. Mami mi fece l'esempio di una delle mie cugine Harper, Patricia, che apportava delle variazioni alle ricette italiane ed erano squisite.

«Fa gli gnocchi con patata dolce e banana gialla, che uniti al ragù di carne... sono una delizia!». Questa creatività gastronomica mi sembrò come il permesso di sperimentare secondo gli ingredienti che trovavo in Virginia.

Arrivò ottobre e io continuavo a cercare il mio antenato Stefano e un'insegnante di mosaico. Ricevetti un'e-mail da un'artista freelance disposta a offrirmi i suoi servizi. "Sono un'insegnante di mosaico e posso ricevervi nel mio studio. Quando pensate di venire?".

Ricordo che era notte e la mia casa era addobbata e preparata per Halloween. Mio marito stava guardando una partita di calcio in soggiorno, io invece ero seduta al mio computer.

Il messaggio di Grazia mi fece provare uno strano presentimento. Forse perché i nostri nomi sono simili: io, Graciela María e lei, Grazia Maria. O forse perché i nostri cognomi sono simili e formano le stesse iniziali. Stranamente… c'erano altre coincidenze! Avevamo la stessa età, sposate con stranieri e originarie di un'isola. Io della Repubblica Dominicana e lei della Sicilia. Inoltre, i nostri primi figli erano nati a ottobre. Il suo si chiamava Andreas e mio figlio, André. Lessi tutto questo con attenzione, cercando di calmare il mio istinto che urlava dentro di me: "Eccola!".

La domanda che mi fece mise tutto in prospettiva: "Quando arrivate?". Dovetti fare una pausa. Nella mia precedente ricerca, erano gli insegnanti che imponevano date, orari, programma e pagamento anticipato. Nessuno l'aveva reso così semplice… come se dipendesse solo da noi. Era lei che si sarebbe adeguata alle nostre date, al nostro tempo e ai nostri desideri. Quando aprii le foto della sua arte che aveva inviato allegate, vidi che non aveva nulla da invidiare a quanto gli altri insegnanti ci avevano inviato in precedenza. E, come se non bastasse, si offrì di aiutarci a trovare un alloggio.

Risposi che volevo visitare la terra dei miei antenati a Parma e non era la Toscana. La sua risposta a questa preoccupazione fu che dalla Toscana a Parma ci volevano solo tre ore di macchina! Rese tutto così semplice che mi diedi la possibilità di chiudere gli occhi e contemplare l'unica domanda che mi poneva: "Quando pensate di venire?".

Chiusi di nuovo gli occhi e inspirai lentamente, chiedendomi dentro di me: "Novembre? Impossibile! Troppo presto… Dicembre? Cosa? Non se ne parla. Con il Natale e i miei bambini è già tutto occupato. Gennaio? Non mi sembra opportuno!".

Era come se il mio battito cardiaco avesse la sua opinione. Come se potessi trovare una risposta dentro di me. E quella che veniva a galla era una logica chiara: tra la fine di febbraio e l'inizio di marzo sarebbe stato il momento migliore. Ma esitai: "Sarà la data giusta?". E mi calmai pensando che avrei avuto abbastanza tempo per vedere come si sarebbero sviluppate le cose.

Dal mio posto, vidi il padre dei miei figli di profilo, tifare con entusiasmo per un possibile gol della sua squadra. A voce alta, gli rivolsi la domanda retorica affinché mi ascoltasse sopra il rumore della televisione:

«Se andiamo in Italia, ti dispiace se andiamo d'inverno?».

«No, per niente».

Così, risposi a Grazia: «Visiteremo l'Italia tra la fine di febbraio e l'inizio di marzo». Era stranamente certo per me. Come una premonizione.

Alla sua offerta di aiutarci a trovare un posto, rispose che ne conosceva diversi tra cui scegliere. Uno di questi era una casa gialla, vicino a casa sua. Grazia abitava a mezz'ora dal paese, in una casa dal colore del sole situata alle pendici di alcune colline toscane, vicino ad alcune rovine etrusche. Lì, il costo sarebbe stato minimo. Me lo scrisse in modo così semplice, senza complicazioni, che il mio cuore iniziò a battere felicemente. E mi immaginai di vivere in una casetta di montagna. Ma quando lessi la seconda offerta, ero ancora più emozionata: "Avete la possibilità di soggiornare in un'autentica torre toscana. Alcuni miei amici affittano un appartamento lì. Gli chiedo uno sconto e vediamo…". Così, immaginai di vivere nella torre di un castello da dove vedevo tutta la cittadina ai miei piedi.

«Magnifico!», esclamai, già vestita da damigella nella mia immaginazione.

Ora, dovevo farle la domanda principale: "Qual è il prezzo del corso?".

Sopportai il possibile crollo mentale con il costo. La risposta arrivò quasi subito e mi lasciò a bocca aperta. Era assolutamente fattibile! Saltai dalla sedia e iniziai a ballare e cantare:

«Andiamo in Italia! Andiamo in Italiaaa!».

Allo stesso tempo, sentii il telecronista annunciare un gol vincente e lui si alzò urlando come solo i telecronisti latini fanno: «Gooool!». E ripeteva: «Gooool!».

Quella notte ci tenemmo per mano e ballammo. Ci pestavamo i piedi e ci rincorrevamo l'un l'altro con il nostro baccano! Io cantavo:

«Andiamo in Italia! Andiamo in Italiaaa».

Mentre lui gridava:

«Goooool!».

IL GIORNO DEL
RINGRAZIAMENTO

13

«he ne dite se per il *Thanksgiving* cuciniamo l'anatra invece del tacchino?».

Questo perché avevo letto che, durante la stagione della caccia a Parma, si preparava un piatto di anatra selvatica con rosmarino e altre erbe.

«No, signora», rispose mio marito ridendo, «manteniamo il tacchino».

Negli anni passati, il giorno del Ringraziamento aveva tocchi dominicani: manioca, banane gialle fritte e persino riso e fagioli. Si era rivelato essere molto apprezzato dalla famiglia. Ma quest'anno meritava dei preparativi molto più grandi. Volevo mettere in tavola qualcosa di italiano, ma non la pasta, bensì gli antipasti dell'Emilia Romagna. Perché quella è la regione che comprende sia i paesi di Isidoro che Bianca.

Inoltre, approfittando dell'occasione, decorai la casa. Appensi in sala da pranzo alcuni dipinti ad olio che rappresentavano le campagne italiane con le loro sfumature ocra e arancio abbinate ai tetti rossi. La mia cucina, già dipinta di un giallo pulcino, stava molto bene con quel verde limone e ocra bruciato autunnale della tovaglia.

Con grande entusiasmo e amore, cucinai il tacchino nel succo d'arancia come faccio di solito, con l'aggiunta di zenzero che lo rese agrodolce. Negli anni, ho imparato il trucco di mettere il sale dentro al tacchino insieme a condimenti come rosmarino, timo e tante teste d'aglio. Dopo che il tacchino è cotto, preparo un condimento con quell'aglio spremendo ogni spicchio e schiacciandolo insieme alle erbe fresche. Il tutto si trasforma in una salsa tipo burro… buonissima!

Per l'insalata, tagliai i fichi secchi nel miele piccante, gorgonzola, noci e misi il tutto sopra alcune foglie di spinaci teneri. La marinatura era di aceto balsamico con fragola. Per non tralasciare il *jamón*, lo servii come prosciutto con pezzetti di melone aromatizzati alla menta. Ovviamente, non mancava la patata dolce con *marshmellow*! Perché… perché no? Per dolce c'erano pere sciroppate al forno. Avevo letto che a Parma si fanno così, con un gelato alla vaniglia per farlo *à la mode* che era delizioso. C'era anche la tipica torta *apple pie*.

Fui felice di essermi impegnata così tanto per questa festa perché fu l'ultima volta che la passammo tutti insieme. I miei figli e noi adulti ci deliziammo tutto il weekend con gli avanzi, festeggiando con i canti natalizi.

Purtroppo, dopo tanta felicità, le tragedie non tardarono a bussare alla nostra porta. Ogni settimana, sembrava esserci una tristezza nuova. La "vita reale" stava vincendo.

Il primo dolore più grande fu la morte di Pavel, la persona che si prendeva cura dei miei tre figli, quella che li portava a scuola la mattina e li riprendeva il pomeriggio. Ogni giorno, usciva a fare una passeggiata con Víctor, il più piccolo dei miei figli di due anni. Per caso, quel lunedì non lo fecero perché non si era svegliato quando lo era andato a cercare. Indubbiamente, questo fatto impedì miracolosamente un'altra tragedia. Ossia che accadesse mentre il mio bambino era in macchina con lui. Quello fu uno dei giorni più strani e tristi della mia vita. Da un momento all'altro, avevamo perso una persona molto cara che si prendeva cura dei bambini con tanto amore. Questa situazione ci ricordò quanto sia delicata e fragile la vita. Non si può spiegare qui il dolore che provammo; è una perdita indelebile che ancora oggi ci portiamo dentro.

Dopo questo evento, a dicembre, mio suocero ci disse che gli era stato diagnosticato un cancro ai polmoni. Questa notizia ci sconvolse, ma la sua decisione andava oltre: voleva che la malattia seguisse il suo corso normale. Chiese solo medicine per evitare il dolore e sentirsi bene. Ammirai il suo coraggio e la sua forza d'animo.

Un po' meno traumatico, ma destabilizzante fu un cambiamento nella mia posizione lavorativa a fine dicembre. L'azienda del mio amico per la quale lavoravo venne acquisita da un'altra. Senza pianificarlo, il mio status cambiò da direttrice a consulente. Questo portò il vantaggio di poter lavorare da casa e con orari flessibili e lo svantaggio dell'incertezza. Il mio contratto sarebbe rimasto in vigore per un anno, ma non sapevo cosa sarebbe successo dopo. Come principale figura di sostegno economico della famiglia, la possibilità di perdere il posto di lavoro mi rendeva inquieta. La flessibilità mi avrebbe dato più tempo per viaggiare, sì, ma senza un lavoro sicuro, avrei avuto difficoltà a usare i miei risparmi per i viaggi, concentrandoli invece esclusivamente per mantenere la famiglia e rinunciando così ai miei sogni.

Il 31 dicembre, mentre stavo parlando al telefono con Mami e lei stava cercando di placare la mia anima, mi disse: "Comunque, non aggiungermi alla tua lista di preoccupazioni. Per ora va tutto bene per me e la mia salute. La malattia sta regredendo e non penso che morirò per ora".

Dato che lei era così forte, mi fidai. Tuttavia, non ero così sicura di mio suocero. Avevo messo da parte i miei piani di andare in Italia perché mi sembravo addirittura egoista.

Come avevo fatto fino a quel momento, riversai le mie energie in cucina. Qui trovai una sorta di conforto. Per Capodanno, cucinai la polenta con la salvia. In realtà, nella mia casa a Santo Domingo, la polenta veniva fritta a quadratini, ma questa volta non lo feci, la misi in forno. Questa ricetta era una specialità di mia nonna Chela. La faceva buonissima! Morbida e leggera... come un frullato! Mami mi aveva indicato i passaggi al telefono. Il risultato fu una miscela morbida e cremosa con passata di pomodoro. Per guarnire, misi sopra la salvia in più, perché mi piace vedere il verde tra il rosso.

Quel primo giorno del nuovo anno, mentre pulivamo la cucina, mio marito ed io commentammo:

«Uff! È un bene che non abbiamo comprato i biglietti, li avremmo persi!».

«Sì, siamo stati fortunati in questo», rispose lui. «Hai già detto a Grazia che non andremo in Italia?».

«No, non ancora. Ho voluto sentire l'Italia vicina con la speranza di un viaggio. Per questo motivo ho tardato a dirglielo perché pensavo che, così facendo, fosse come chiudere e addirittura mettere un lucchetto a quei sogni. Glielo dirò la prima settimana di gennaio».

Dentro, qualcosa mi diceva di aspettare... Aspettare?... Cosa? Non lo so!

QUALCOSA MI SVEGLIÒ la seconda mattina di quel nuovo anno. Per ragioni inspiegabili, mi sveglia più presto che mai. Aprii gli occhi e guardai il nuovo sonaglio appeso alla mia finestra. Era fatto di vetro colorato sospeso da un pezzo di legno. L'avevo comprato per imitare il suono che sentivo quando mi svegliavo nella stanza di Mami. Ma non era lo stesso suono! Il suo era come se avesse delle campanelle che producevano un gioioso tintinnio, mentre il mio era quasi un *trilin-trilin* strano. Mi svegliai sentendo quello di Mami o almeno così pensai. Saltai giù dal letto. Ora ero in piedi da un lato per... per fare cosa? Come uno zombie, scesi al piano di sotto in cerca di caffè. Invece di andare in cucina, continuai a camminare ed entrai in quello che chiamavamo "il piccolo ufficio" per prendere il mio computer. Come indirizzata, mi sedetti sulla mia sedia e aprii con calma la mia casella di posta elettronica. Magari Mami mi aveva mandato una delle sue battute. Non che ne avessi bisogno, ma... forse sì. Se non ce ne fossero state di nuove, ne avrei riletta una per ridere. I cellulari all'epoca non avevano ancora la tecnologia per controllare le e-mail; si poteva fare solo tramite un computer.

Quando aprii la casella, vidi qualcosa che attirò la mia attenzione. Una e-mail che non mi aspettavo! Lessi e rilessi. Mi sedetti
bene e rilessi. Mi tolse il respiro. Quasi per convincermi, lo ripetei
ad alta voce:

«Voli speciali per l'Italia… La compagnia aerea con una nuova
rotta per Roma propone la tariffa di 199 dollari a persona».

Ero rimasta senza fiato. Il mio cervello continuava a girare
cercando di capire.

"Graciela, respira", mi ordinai.

Il mio cuore prese a calci i miei polmoni e questi si riempirono
di ossigeno. Feci i clic necessari. Scelsi le date e riuscii a leggere la
parola: flessibile.

Era necessario che mio marito scendesse a vedere! Non c'era
tempo da perdere!

Così, con il braccio sinistro incrociato sul destro, presi il telefono di casa e lo chiamai al cellulare. La scrivania del computer era
esattamente sotto la nostra camera. Mi fece ridere sentire il suo
cellulare squillare attraverso il soffitto. Me lo immaginavo nel
nostro letto, che lo prendeva un po' confuso. Non appena sentii il
suo *"uh?"* non sprecai neanche una frazione di secondo. Feci uscire
le parole come proiettili sparati:

«Biglietti. Italia. 200 dollari».

«Cosa?».

La sua voce all'altro capo del telefono sembrava provenire
dall'oltretomba. Non lo avevo mai chiamato da casa quando era in
casa.

«Biglietti! Italia! 200 dollari!», ripetei e lo esortai a capire immediatamente. Anche se sapevo che lui non capiva minimamente.

«Ma, dove sei?».

«In casa, di sotto, davanti al computer!».

Con le braccia incrociate, non volendo lasciare il mouse o il
telefono, gli dissi di scendere, ma lui non reagì. Così, gli raccontai
che qualche mese fa mi ero inserita in una *mailing list* attraverso
la quale la compagnia aerea avvisava quando scontavano i
biglietti. Avevo ricevuto altre notifiche in passato, ma i prezzi
non erano mai inferiori ai 700 dollari sebbene fossero scontati.

Tuttavia, quel giorno il prezzo era molto più basso. Quasi regalato!

«Un viaggio da qui a Roma, te lo immagini?».

No, non lo immaginava. Mi disse che forse era una truffa. Su questo, aveva ragione a dubitare! Solo che io ero concentrata sul fare l'operazione. Dovevo fare l'ultimo clic e lui doveva essere d'accordo.

«Hai ragione. Se dopo aver scelto questo, si scoprono poi spese strane, allora clicco dove dice annulla e basta...».

Pensai che fosse un regalo e che sarebbe stato persino irresponsabile non comprarli. Il mio intuito mi chiedeva di fidarmi. Pensai a Isidoro e Bianca.

«Se succede qualcosa di brutto e non possiamo partire, rimane un bellissimo progetto. Sono disposta a comprarli a quel prezzo miracoloso e perderli se questo è il destino. È come una metafora. Sarebbe come andare avanti verso i nostri sogni. Il primo passo verso... il sogno selvaggio!».

Sapevo che questa sembrava un'indulgenza tra tante tragedie. Ma per il mio stato d'animo in quel momento era come un salvagente. Una speranza. E se allo spirito dei nostri antenati piacesse solo rallegrarci! Mi sembrava un piano già scritto. Dovevo solo seguirlo.

Alla fine, le parole "sogno selvaggio" riuscirono a motivarlo e a riempirlo di entusiasmo. Corse giù per le scale.

«Che date ci sono?», chiese.

Era in piedi dietro di me. Parlavamo entrambi al telefono nella stessa stanza e fu divertente.

«Incredibile! Le uniche date disponibili sono quasi le stesse che ho dato a Grazia l'altra volta».

Quando ebbi in mano il biglietto aereo stampato... non riuscii a crederci! Lessi tutte le lettere con le dichiarazioni di non responsabilità. Sembrava valido. Due biglietti aerei... normali, comuni e ordinari. Innocentemente, guardai in alto dove era appesa la mappa dell'Italia. "Verrò a trovarti, Italia. Ti vengo a trovare, San Secondo. Arrivo subito".

Ovviamente, i problemi continuarono nei giorni seguenti. Ma io mi sentivo grata perché avevo ricevuto il primo regalo... dei miei antenati?

AMBASCIATA ITALIANA

14

Se c'era la possibilità di andare in Italia, dovevo preparare alcune cose in anticipo. Innanzitutto, il mio passaporto doveva avere un visto d'ingresso. Avevo fissato un appuntamento all'ambasciata, ma le strade erano ghiacciate. Tuttavia, salii in macchina e intrapresi il viaggio di oltre un'ora fino a Washington, DC.

Così, mi ritrovai a guidare sulla I-66 East. Il ronzio del motore del mio minivan rompeva il gelido silenzio dell'alba. Lo *shish* delle ruote mentre si muovevano lungo la strada mi teneva concentrata.

In una conversazione con Mami la sera prima, ricevetti il suo messaggio con un tocco filosofico, in stile *carpe diem*: "Ci saranno sempre momenti difficili. Non ci sarà mai un momento migliore per fare le cose".

Attraversai il Key Bridge per entrare in città. Arrivai subito all'angolo dell'ambasciata. Ma quando vidi la salita all'angolo dell'ambasciata, il mio cuore si scoraggiò un po'. La strada era ghiacciata.

L'unico parcheggio che trovai era in cima alla salita. La porta d'ingresso dell'ambasciata era di ferro ed era molto in basso. Avrei dovuto percorrere l'intero marciapiede ghiacciato.

Spensi il veicolo e calcolai come uscire nel modo meno pericoloso. La gomma dei miei stivali non riusciva ad aderire alla superficie. Sembravano pattini sul ghiaccio. Mi aggrappai al ramo di un albero, questo fece piovere brina sul mio viso. Così, abbracciando il portafoglio con dentro il mio prezioso passaporto, lasciai l'albero e, quasi pattinando, raggiunsi il muro più vicino. Da lì, mi lanciai un po' di più e corsi adagio finché non riuscii ad afferrare il tronco di un altro albero. Camminavo a *zig zag*.

"Ok. Un albero in meno. Ne mancano ancora venti", pensai. Non erano venti, ma comunque tanti! Mi spinsi di nuovo e continuai così. Sembrava una danza. Se avessi continuato così, sarei scoppiata in una risata isterica.

Ormai più vicina all'ingresso, strisciai fin lì, calcolando il momento in cui, con un azzardo, sarei arrivata alle sbarre della porta. Per prima cosa, ebbi la sensazione che la porta si avvicinasse. E che poi, si allontanasse sempre più. L'avevo superata senza riuscire ad afferrarla! Mi fermai nella parte più bassa del marciapiede. Ora dovevo salire!

Forse il freddo aveva bruciato la mia logica. Ovviamente gli antenati non possono aiutarmi... o sì? Magari ci aiutano se qualcuno glielo chiede?

"Smettila di sognare, Graciela, e comincia a sopravvivere", mi dicevo.

Quando finalmente raggiunsi la porta d'ingresso, mi aggrappai alle sue sbarre come se fosse un salvagente. "Grazie, porticina!".

Guardai dentro, ma al posto di guardia non c'era nessuno! O forse c'era, ma il vetro era scuro e dall'esterno non si vedeva bene e neanche la luce scarsa di quel giorno aiutava. In quel momento, mi resi conto che non avevo nemmeno controllato se le ambasciate erano aperte. Ma come facevo a saperlo? Non avevamo telefoni come quelli di adesso che ti dicono tutto.

Con le sbarre tra le mani e la mia testa quasi tra queste, gridai: «Ciao! È chiusa?», gridai.

Panico nel mio cuore! Mi ricordai la parola "chiusa" in italiano: «Chiusa? Chiusa?», chiesi.

Avrei voluto avere una vista a raggi X per vedere chiaramente se c'erano persone o meno. Speranze o no. Quando cominciai a disperare, apparve qualcuno. Era una guardia che prese vita e provocò un *clac* come un suono metallico. La porta si aprì. La spinsi ed entrai.

«*It is very cold!*», esclamò in inglese come se fossimo nel bel mezzo di una tempesta.

«Mi sono spaventata! Pensavo che l'ambasciata fosse chiusa», risposi in spagnolo.

Non sapevo nemmeno più che lingua parlare; il mio cervello era congelato. E ridevamo entrambi senza capirci.

Quando entrai, sentii parlare italiano ovunque. "È musica per le mie orecchie congelate", pensai felice. Vestiti da ufficiali, le persone camminavano avanti e indietro, facendo rotolare la macchina di sicurezza a raggi X dove avrei dovuto mettere il mio portafoglio. Lo feci subito.

Superai la sicurezza. Poi mi indicarono un ascensore con numeri italiani! (Sto scherzando! Erano numeri normali) e arrivai in paradiso, voglio dire al secondo piano, dove c'era la sala d'attesa.

Dall'altra parte, c'era un'anticamera. Era piccola e, in contrasto con gli uffici moderni che avevo visto, questa sembrava essere di un'altra epoca, più antica. Aveva un tavolo da tè centrale su un tappeto bordeaux e una sedia verde che quasi voltava le spalle allo spazio aperto dell'ingresso. Non potei fare a meno di vedere un uomo con i capelli neri e i baffi seduto lì.

Lo osservavo curiosa mentre si sistemava sulla sedia, prendeva un giornale e cominciava a leggere. Volevo avvicinarmi per vedere se c'erano più persone disposte in quel modo. Sembrava la sala d'attesa di una stazione ferroviaria o qualcosa di simile! Ebbi l'impressione di guardare un film come *Orient Express* di Agatha Christie.

Il suo profilo catturò la mia attenzione e ammirai i suoi vestiti. Notai le sue scarpe brillanti come se le avesse appena lucidate... proprio come ai vecchi tempi, quando c'erano i lustrascarpe agli ingressi dei palazzi e delle stazioni. Il suo lungo braccio si mosse girando la pagina del giornale, scuotendolo per mantenerlo dritto. Ora il giornale gli copriva parte del viso. Poi, notai che indossava un cappello da bowling nero.

Quando abbassò il giornale per controllare l'antico orologio da tasca alla catenella, notai le sue guance rotonde e rosee. Mi sembrò una scena adorabile. "Questo è quello che vedrò in Italia? Se avessi una macchina fotografica, gli farei una foto in questo momento!".

Con un sospiro, mi voltai verso la sala d'attesa. Mi aspettavano timbri italiani e un visto da sogno e non volevo lasciarmeli scappare.

C'erano solo un paio di persone in fila davanti a me. Forse, con la bufera di neve, la pioggia e il ghiaccio, molti avevano disdetto l'appuntamento. Quando fu il mio turno, in piedi davanti alla finestra, presi il mio passaporto e tutti i documenti relativi alla mia domanda per completare il processo, compresa la carta stampata con i biglietti come prova che li avevo già acquistati. Li diedi all'agente.

«Parla italiano?».

«No. Mi dispiace», mi scusai.

«Pensavo fosse italiana», mormorò senza sorridere, guardando i documenti. Pensavo mi stesse accusando di non aver ancora imparato l'italiano. Anche io mi accusavo da sola.

Dopo aver controllato il mio passaporto, mi guardò di nuovo e molto seriamente mi chiese in inglese:

«Perché va in Italia?».

Volevo raccontargli tutta la storia dei miei antenati in italiano, ma non ci riuscivo. Nella mia mente ripetevo: "Per i miei antenati, Isidoro e Bianca". Ma rimasi in silenzio.

Notai che l'impiegata stava guardando con molta attenzione la pagina dove c'erano i biglietti. Improvvisamente, esclamò con voce allarmata:

«Seicento dollari per un biglietto aereo!».

Rimasi scioccata! Non capivo cosa stesse dicendo: "Per un biglietto aereo". Io ne avevo comprati due! Per un attimo, il panico mi offuscò la mente perché pensavo di averne comprato uno solo per errore. Ma avevo controllato mille volte! Forse, dopotutto, ero stata ingannata. Qualcosa non andava. L'agente mi guardò e notò il mio pallore, aggiunse:

«È un prezzo molto buono. Molto bene! Brava!», applaudì con il foglio in mano e sorrideva mentre si congratulava con me.

«Non sono seicento dollari per uno ma... per due! Vorrei esserne certa, per favore!». Allungai la mano per indicare con il dito; stavo tremando: «Sì... c'è scritto». Glielo indicai con sollievo. «Centonovantanove dollari a biglietto, uno per mio marito e uno per me e poi ci sono le tasse e così via...».

Poi, fu lei che balzò in piedi eccitata e lo mostrò alla sua collega:

«*Guarda! Guarda!* Un biglietto aereo di duecento dollari per Roma!».

Le mostrò il foglio e l'altra impiegata lo prese con una mano e lo lesse attentamente.

Ero molto spaventata perché, per un momento, pensai che lo avrebbero confiscato o qualcosa del genere. La parola "guarda" in spagnolo significa: mettilo in un cassetto o conservalo.

«No, non lo metta via, per favore!», la supplicai: «Mi ridia il mio biglietto, per favore! Non lo metta via!».

Con calma e sorridente mi spiegò che "guarda" in italiano significa "vedere" e non "mettere via". Ora sorridevo divertita.

«E come l'ha ottenuto?», chiese la compagna che ora era accanto a lei, guardandomi allo stesso modo.

I quattro occhi di queste due bellissime donne mi guardavano dall'altra parte dello sportello e aspettavano che io dessi loro la formula segreta come se ci fosse una pozione o un incantesimo. Con calma spiegai che avevo inserito la mia e-mail su un elenco di compagnie aeree per ricevere offerte di biglietti. Un giorno mi avevano mandato una notifica e...

«Che bello! Bravissima!».

Con gioia, l'ufficiale che mi stava assistendo timbrò tutti i documenti e quando me li restituì, si sporse più lontano dalla finestra e in un sussurro, mi disse lentamente in inglese affinché io capissi bene:

«*Someone up there*». E indicò il cielo con l'indice: «*Must really love you*».

Tradotto in italiano significa: "Qualcuno lassù deve amarla molto".

Improvvisamente il mio cuore ebbe un sobbalzo:

«*Moi?* Voglio dire, io? A me?».

Era come se mi avesse detto la formula dell'amore.

«È un dono! È come trovare un tesoro!», aggiunse la sua compagna, che si accorse che ero stordita e immobile come se non capissi.

Ripeté indicando in alto:

«Qualcuno in paradiso deve amarla molto».

Con gli occhi umidi per l'emozione, annuii e feci piroette di gioia nella mia mente.

Salutai le mie nuove amiche, che all'unisono mi dissero "arrivederci" e quando uscii dalla stanza, aspettando l'ascensore, ricordai subito l'uomo vestito nello stile di un'altra epoca. Allungai il collo cercando la sedia nell'angolo dove era seduto. Se lo avessi visto, gli avrei parlato. Se fosse stato un attore cinematografico, avrei voluto chiedergli un autografo. Gli avrei raccontato tutta la storia di Bianca e Isidoro. Sicuramente gli sarebbe piaciuto conoscerla. Ma se ne era andato. Non c'era nemmeno la sedia.

Quando uscii e guardai la salita ghiacciata che mi aspettava, pensavo di avere già tutto pronto. Se fossi morta cercando di raggiungere il mio minivan, lo avrei fatto con infinita felicità. Forse domani sarei stata sulla prima pagina dei giornali: "Donna muore di felicità mentre fa piroette sul ghiaccio ed esce dall'ambasciata italiana".

E così, ricordando Tarzan, mi incamminai verso la salita. Di ramo in ramo… di albero in albero… aggrappandomi al muro, ai tronchi… Qualunque cosa fosse! Viva, illesa e con il passaporto timbrato con il visto italiano, arrivai alla macchina.

E, naturalmente, sfoggiando il mio sorriso italiano sotto un amorevole cielo italiano! Un cielo che mi ricordava che devono esserci molte persone lassù che mi supportano. E, sebbene, il cammino per la felicità sia pieno di ostacoli, vale sempre la pena scalare la montagna per raggiungerla.

DESTINAZIONE ITALIA

15

« S ì», confermai la triste realtà a mio marito. «Siamo a Roma e… senza Ferrari!».

Glielo dissi scherzando, mentre eravamo all'aeroporto internazionale Leonardo da Vinci di Roma. Cercavamo l'auto che avevo noleggiato online.

Eravamo super felici e proprio lì al *gate* avevamo trovato un bar. Così, l'Italia ci accolse con questo delizioso aroma di caffè! Leggemmo l'ampio menu come se fosse poesia. Tra il caffè lungo e quello corto… quale? Mio marito ordinò un doppio espresso con panna. Io, invece, tra caffè macchiato e latte macchiato, scelsi il secondo, ma quando lo finii, chiesi anche il primo. Con questa combinazione, mi elevai in un'estasi di beatitudine che solo il caffè italiano può darti. Perché… siamo in Italia!

Dopo quella sosta sublime, andammo al parcheggio dell'aeroporto per ritirare l'auto a noleggio. Come sospettavo, l'auto che avevo scelto non era quella che lui sognava. Non era una Ferrari! Lui cercava e cercava incredulo.

Io scherzavo come consolazione alla sua rassegnazione: "I miei antenati italiani sono stati grandi! Biglietti quasi gratis per Roma… Un posto più che perfetto in Toscana dove soggiornare, a sole tre ore da San Secondo Parmense, il paese natale di Isidoro. Una proprietaria di casa stupenda che ci sta aspettando. Cos'altro possiamo desiderare? Un'auto di lusso? Mi dispiace. La prossima volta chiedi ai tuoi cosa vuoi".

Lui confrontò il numero sul contratto di noleggio con il numero sul parcheggio che indicava una minuscola Fiat viola. Confesso che avevo prenotato l'auto più economica. Non mi ero nemmeno resa conto di che marca o anno fosse. Proprio così! Mi assicurai solo che avesse quattro ruote.

«Non posso crederci!», ripeteva mentre passava davanti a ogni macchina italiana sognata.

Io camminavo tranquillamente dietro di lui. La nostra unica valigia era accanto a me.

Mi resi conto che il suo piano folle non era quello di studiare arte in Italia. Lo sapevo già, ma di guidare una Ferrari! Se lo avesse confessato prima, chissà cosa avrebbero fatto gli antenati per accontentarlo. Io, invece, ero soddisfatta. Ero in Italia! Il resto era tra lui e i suoi antenati.

La Fiat viola ci aspettava pronta, innocente e felice. Quando aprimmo il bagagliaio, la valigia non entrava.

«Vedi? Non entra!», disse, pronto a precipitarsi a cambiarla.

Sono una persona molto pratica e non volevo perdere un minuto a litigare all'ufficio di noleggio, quindi mi venne in mente l'idea migliore.

«Mettiamola sul sedile posteriore», suggerii.

Con un piccolo sforzo e una spinta, mettemmo la valigia lì. Ci andava benissimo, così, lo guardai con un'espressione di successo. E lui? Stupefatto! Per calmarlo, gli dissi:

«Che fortuna che ne abbiamo portata solo una! Ti immagini se ne avessimo portate due?».

Lo avevo convinto a condividere il bagaglio. Approfittai del suo viso sconcertato per metterlo tra le mie mani e dargli un fragoroso bacio di consolazione. Smack!

«Il mio uomo avventuroso», apprezzai il suo non-ancora-buon umore.

Mentre mi sistemavo sul sedile del passeggero con la portiera ancora aperta, qualcosa per terra attirò la mia attenzione: sotto la punta del mio stivale, c'era un cartoncino rettangolare stile carto-lina, con i colori rosso e oro. Sembrava un buono o un biglietto. Sopra l'immagine, si leggeva "Carnevale di Venezia". Mi sporsi per raccoglierlo. Glielo passai mentre mi allacciavo la cintura. Lui cominciò a leggerlo:

«Carnevale di Venezia!».

Poi me lo passò perché potessi continuare a leggere in modo che accendesse la macchina. *"Come and enjoy free drink at the hotel"*.

«Penso che abbiamo appena ricevuto un invito. Guarda! Non mi ricordavo nemmeno che era periodo di carnevale»

«Io sì!», mi sorrise, guidando la sua macchina con il cambio (come piacciono a lui) e seguendo le frecce per uscire dal parcheggio.

«A quante ore è Venezia da qui? O meglio, dalla Toscana?», gli chiesi.

Poi mi disse come se fosse un segreto:

«Arriviamo alla nostra prima destinazione e da lì vediamo. Ok?».

In quel momento, come se si fosse ricordato della faccenda del nostro alloggio, aggiunse:

«Ricordami di nuovo dove alloggeremo».

Gli ripetei che Grazia, l'insegnante di arte del mosaico, ci aveva offerto delle opzioni.

«In una torre, ma ti rileggo il messaggio: "La prima è una casa gialla in stile *cottage* con due camere da letto. È nelle splendide montagne della Toscana. La seconda opzione, se non ti spaventano i fantasmi, è nella cantina dell'unica torre alta della cittadina. È una uguale a quelle famose di San Gimignano. All'interno, l'hanno ristrutturata e hanno realizzato una serie di appartamenti. Uno per ogni piano".

Così, chiesi a lui:

«Cosa ne pensi? Preferisci una bella casetta? Una in cui dormono i vigneti, la lunga pineta si erge su entrambi i lati della strada e l'erba invernale è il bagliore dell'ocra gialla. O... In un castello con i fantasmi?»

«In un vero castello... giusto?».

«Beh, è la torre della cittadina, ma non lo capiremo finché non la vedremo. Può essere minuscola. Non lo so. Lo sapremo quando arriveremo. Ah! E potrebbero esserci dei fantasmi, ma quello…».

«Lo sapremo quando ci arriveremo», concluse lui.

Ero convinta che per lui l'idea di alloggiare in un castello sarebbe stata più divertente, così come l'idea di una Ferrari. Il massimo per lui, sarebbe stato arrivare al castello in Ferrari! Ma io non ho quei sogni. Confido che ciò che mi succede sia il meglio per me. Inoltre, sono sempre tra le nuvole e la vita tra le nuvole è migliore.

«E a quale piano staremo nella torre?».

«In cantina».

«Dove si tiene il vino», disse, annuendo interessato. «La cantina non è ciò che si trova più in basso in un castello? Senza finestre?».

«Grazia dice che la cantina non è quella che si trova più in basso. È al primo piano, ma la torre è così alta che si vedono le colline con i loro pendii pieni di pini. La cella starebbe sotto di noi. Ma non ci ha offerto nessuna cella, bensì la cantina. Sembra ottimista».

«Mi sembra una buona idea», concordò.

«Ti darebbe fastidio se trovassimo dei fantasmi?».

«Se esistessero, prima mio padre e ora Isidoro ci sarebbero apparsi… anni fa!».

"E se esistessero in Italia?", pensai felice.

Senza ulteriori chiacchiere, scegliemmo la torre.

Seduta al posto del passeggero, aprii il mio enorme libro di mappe. Non era una singola mappa; era un intero manuale che, una volta aperto, mi copriva le ginocchia. Cercai e trovai l'autostrada in direzione nord che ci avrebbe portato a Colle di Val d'Elsa. Con il dito, segnai l'autostrada. Man mano che procedevamo, il mio dito si spostava sul bordo della pagina per passare a quella successiva.

Perché facevamo così e non usavamo un GPS? Un po' di storia sociale per i miei figli e discendenti: non era stato inventato! In più, orrore degli orrori, non avevamo nemmeno un cellulare che potevamo usare in Europa! Voi bambini penserete che abbiamo vissuto in un'epoca pericolosa e che siete miracolosamente vivi, beh... è stato così!

Nel mentre, avevo messo il biglietto del carnevale di Venezia nella parte anteriore dell'auto e scivolava da sinistra a destra a seconda delle curve.

TRE ORE e mezza dopo arrivammo alla cittadina, che era murata con belle rocce alte e dorate. Parcheggiamo davanti alla piazza da dove si vedeva un'imponente e altissima torre. Sospettavamo che fosse quella in cui avremmo alloggiato.

«Dici davvero?».

«Beh, è l'unica che vediamo».

Grazia aveva menzionato il bar dall'altra parte della piazza. Quando entrammo, vedemmo una donna dai capelli neri corti con grandi occhi scuri. Indossava una sciarpa di seta verde sopra un meraviglioso maglione colorato della stessa tonalità. Stava conversando animatamente con il barista, ma quando ci vide entrare disse il mio nome in italiano:

«Graziella». Sembrava che lo cantasse.

«Grazia», risposi nello stesso modo perché già avevo preso l'accento.

Ci abbracciammo come due vecchie amiche.

«Ciao, com'è andato il viaggio? È stato facile arrivare?».

Da qui in poi, Grazia aveva un piano e noi la seguimmo. La prima cosa da fare era farci ambientare nella nostra cella... voglio dire, cantina! Cioè, il nostro appartamento nell'unica e imponente torre che esisteva davanti a noi. Nella città murata era consentito solo e in una certa misura parcheggiare le auto dei residenti. Il resto era area pedonale. Notando la grande valigia sul sedile posteriore, Grazia non provò nemmeno a salire in macchina.

«Fa niente! Dietro il muro troverete il parcheggio. Vi aspetto dall'altra parte, all'ingresso. Nel frattempo, passerò per la città».

Indicò con il dito una rampa di pietra che era diagonale e che non avevo visto.

«Non avevo nemmeno notato quella rampa!».

«È un segreto dei cittadini. Vi aspetto all'ingresso!».

E come se fosse tutto ovvio e sufficiente, scomparve.

Presto, ci ritrovammo all'ingresso della città recintata. Notammo che Grazia parlava scherzosamente con un uomo vestito da portiere.

«Benvenuti!», ripeteva.

Camminammo in salita, trascinando la nostra unica valigia. Ammirando i sampietrini, i colori delle finestre e le lanterne incassate, raggiungemmo la parte più alta del paese. Da qualsiasi punto e quasi come in un sogno, potevamo vedere la torre in lontananza. Emozionati, commentavamo e sottolineavamo:

«Guarda! È lì che staremo!».

«La vedi? È lì che staremo».

Grazia indicò con il dito i luoghi che presto avremmo conosciuto.

«Il mio studio è in quella strada... è quella porta verde smeraldo. Lì c'è il ristorante di Estefanía. È quella porta dipinta d'indaco dove pranzeremo tutti i giorni che possiamo. Al mattino il caffè è... il migliore d'Italia! È questo qui è uno dei ristoranti più famosi. È molto costoso, ma molto buono! Si deve prenotare con mesi di anticipo, anche se c'è un trucco che vi svelerò...».

Grazia si fermò davanti alla porta della nostra torre. Diede a mio marito un enorme oggetto di metallo vecchio.

«Ecco la chiave».

Era una di quelle di bronzo, vecchia e la cui ruggine la dipingeva a colori.

«Ah, e questa è una chiave!», esclamò lui.

Grazia sorrise spiegandogli:

«Beh... Non è mai stata persa!», riferendosi alle sue dimensioni.

La porta di legno sembrava quella di una nave pirata per via delle vene e dell'età che mostrava. Ci dava l'impressione che da un momento all'altro sarebbe crollata. Tuttavia, una volta aperta, era così grossa che ci consolammo pensando che, se in un millennio non si era mia sgretolata, non sarebbe successo nemmeno quel giorno. Ed era improbabile che i cardini in acciaio inossidabile a cui era aggrappata avrebbero ceduto e si sarebbero allentati.

Speravo che, entrando, saremmo stati accolti da alcune scale sinistre e oscure e che avremmo dovuto prendere una torcia dal muro per scendere e scendere fino a raggiungere la cantina. Ma non fu così! Rimasi sorpresa quando vidi un appartamento totalmente moderno e spazioso. L'unica cosa originale era l'antico pavimento di mattoni che sprofondava al centro. Quando aprii le finestre, la luce dorata della sera riempì e dipinse le pareti di vita e colore. I paesaggi facevano da cornice a un panorama simile a quello che avevo appeso alle mie pareti come progetto per il mio primo pezzo d'Italia. I miei occhi si illuminarono mentre ricordavo quelle speranze trasformate in realtà.

«Vi aspetto in studio domani», disse Grazia salutandoci.

Non appena ci lasciò soli, iniziai a giocare dall'altra parte della stanza. Il pavimento era fantastico e attraversandolo sembrava di scendere a valle.

«Adesso mi vedi... Adesso, non più. *Now you see me, now you don't*!».

Camminavo da un capo all'altro esagerando la pendenza.

Portammo la valigia in camera da letto, dove c'era un antico letto in ferro enorme. C'era anche un robusto armadio, di legno pregiato, indecifrabile. Per un attimo, sospettai che tutti i fantasmi in cui non credevo si nascondessero lì. Così, coraggiosamente, aprii le ante molto lentamente e lo trovai vuoto. Non trovai nessun fantasma!

Prima di andare a fare una passeggiata, mi affacciai a una delle finestre per sospirare e godermi lo spettacolo naturale del sorgere della luna che sembrava più grande del normale. Al piano di sotto, si accesero le luci del paese e notammo il bar dove avevamo visto Grazia per la prima volta. Pensai: "la Fiat viola è perdonata!".

TOSCANA

16

Quella mattina presto tutta la città era in fila per il miglior caffè d'Italia. Il freddo stava diminuendo, ma non batteva il calore umano. La conversazione andava di bocca in bocca per tutta la fila, stavamo parlando con tutti! Mi resi conto che la colazione era una scusa per le persone per iniziare la vita con allegria. Tutto ciò che dicevamo veniva ripetuto dalla fila di abitanti del villaggio. Apparentemente, essendo inverno, non c'erano molti turisti. Essendo gli unici, senza dubbio, eravamo la novità. Tutti erano curiosi di sapere cosa facevamo lì.

«Dice che sta cercando i suoi antenati». Si dicevano l'un l'altro.

«Dice che si chiamano Isidoro e Bianca». Continuavano in fila.

L'attesa divenne più piacevole con questo gioco di parole sotto il cielo, limpido e celeste. Parte dell'interrogatorio era scoprire se avessimo trovato i fantasmi nella torre. Così carini che pensavano di potermi spaventare! Quello che non si aspettavano è che io ero la nipote di Chela e risposi loro saggiamente quanto lei, facendomi sembrare interessante:

«Un po' delusa dalla torre, a dire il vero. Perché non è apparso alcun fantasma. Io che ero pronta, penna in mano, a raccogliere le loro storie. Ma… niente! Non so perché non hanno coraggio, forse i miei antenati li hanno spaventati? Perché vogliono che le loro storie abbiano la precedenza».

Tra gli amici di Grazia, quello di nome Loreno, che era un famoso artista con lo studio accanto al suo, sembrava intimorito da noi. Non conosceva l'inglese e quella era la lingua con cui gli avevo parlato. Il suo interesse mi sembrava adorabile, così, quando mi riferivo ai miei antenati, ripetevo alcune frasi in italiano. Sembrava divertito, mentre mi ascoltava. Era vestito alla maniera di Grazia. Avvolto in una sciarpa molto colorata che contrastava con il suo cappotto grigio. Ben presto, avevamo tra le mani i pasticcini, ripieni di cioccolatini e fragole. Poi qualcuno mi passò un *croissant* ripieno di cioccolato alla nocciola. E già sarei potuta morire!

Cioè, no! Voglio dire, ritiro quello che ho detto. Ancora no! Dovevo ancora trovare i miei antenati.

«Ma… come mai non è italiana se i suoi antenati lo sono?», chiese Loreno.

«Vive in Virginia, negli Stati Uniti», disse Grazia.

«Ma… come è arrivata in Virginia?», insistette lui.

Fui felice di notare che era già stato attirato dalla storia dei miei antenati.

«No, la famiglia è arrivata prima a Puerto Plata», spiegò Grazia.

«E prima a Bogotà», aggiunsi io per essere più precisa.

«Ma come mai, dall'Italia a Puerto Plata, da Bogotà alla Virginia?».

«Tu non capisci, Loreno. Quella di Isidoro e Bianca è stata una fuga d'amore».

Poi, i presenti si commossero per il fatto che fossero scappati su una barca e fossero arrivati in Colombia

«Lei era di Bologna e lui di San Secondo, ma il mio Isidoro era irresistibile e *bam*! Se la portò via! Gli italiani saranno così fighi? Credo proprio di sì», chiesi al vento.

«Oh, sembrano Romeo e Giulietta!», disse la signora americana in piedi dietro di me, che mi ascoltò e riferì tutto agli altri che volevano sapere. Che paesino curioso!

Nei giorni successivi a questa prima settimana, la cittadina toscana ci sembrava parte di una favola. Al mattino, le pietre irradiavano un rosa albicocca e alla sera un colore ocra come se il sole stesso si riflettesse su ogni parete. Le colline che vedevamo da quasi tutte le strade erano ricoperte di pini e fiancheggiate da erba gialla. Sembravano un dipinto espressionista che cambiava colore come luce e ombra cambiavano tra sole e nuvole.

La bottega di Grazia era di fronte alla piazza. Ci mettemmo subito al lavoro con la sua arte e iniziammo imparando a tagliare alcuni vetri veneziani in una forma ovale. Su un tronco che fungeva da tavola, li posizionammo, poi con un'ascia speciale, piccola ma finissima e letale, tagliammo in quadrati questo vetro e le pietre colorate che ci sarebbero serviti per i nostri lavori. Lavoravamo ascoltando musica italiana e, di tanto in tanto, ammiravamo la gente che passava e il paesaggio toscano che si vedeva oltre la finestra.

Per noi era diventata una routine andare alle lezioni di Grazia la mattina e seguire poi con le nostre visite ai paesi vicini. Una volta, visitammo San Gimignano per ammirare alcune torri anche più alte delle nostre. Nei pochi giorni che passammo in Italia, divorammo le prelibatezze dei ristoranti che ci consigliarono. Vale la pena citarne qui uno in cui mangiammo degli agnolotti ripieni di gorgonzola piccante, delicatamente bagnati in una salsa bianca con pezzetti di pere verdi e qualche noce e noce moscata che ci lasciò... stupiti dal sapore! Ovviamente cercai la ricetta e... ce l'ho!

Ma il ristorante di Stefania occupa il primo posto della classifica. Le persone si mettevano in fila a pranzo. Stefania cucinava quello che voleva. Il ristorante non aveva un'insegna e indicava la sua apertura quando lei posava su una sedia un cestino pieno di girasoli. Accoglieva solo un certo numero di persone che credo fossero quelle di quel giorno e non di più. Quando apriva la porta, sceglieva lei stessa chi far entrare. Lo faceva allungando la mano e, siccome non voleva turisti, venivano scelti per lo più gli abitanti del paese. Ci si sentiva come invitati perché, grazie a Dio, ci sceglieva sempre.

Stefania portava i suoi capelli neri lisci in una coda di cavallo e indossava jeans con un grembiule bianco sopra un maglione. Nonostante l'aspetto così delicato, mi dava l'impressione che le sue mani fossero forti come quelle di un uomo. Non era bassa di statura; quando parlava, sembrava che litigasse con le persone perché la sua voce era energica. Aveva carattere e questo mi fece rivedere Bianca in lei. Della sua cucina, gustammo la migliore pasta ripiena di spinaci con ricotta o verdure all'aceto balsamico con fagiolini o fave.

Ma non sempre assaggiavo senza chiedere! La prima volta, mi servirono un piatto un po' sconosciuto. Beh, voglio confessare che fino a quel momento non sapevo cosa fosse la ribollita.

«Cos'è?», chiesi a Grazia di nascosto quando vidi un impasto informe sul mio piatto.

«È una zuppa con tutto ciò che è avanzato dalla settimana».

«Ma non sembra zuppa», borbottai.

Quando lo provai, non potei fare a meno di borbottare: «Quanto è buono!». Era davvero molto gustoso. Anche il vino era meraviglioso! Lo servì senza chiedere se lo volevamo o no.

«Lo fa mio padre», ci spiegò mentre girava la bottiglia senza etichetta nei nostri bicchieri. «È vino giovane. Ciò significa che non ha fermentato molto».

«È come un succo», disse Grazia.

«Non è succo!», protestò Stefania.

«Beh, mi piace», dissi per calmare gli animi. «Non ha molto alcol; questo mi piace. È delizioso e aromatico. Non riesco a smettere di berlo».

Non potevo credere che fosse vino artigianale. Chissà se Bianca o Isidoro sapevano fare una cosa del genere. Sicuramente sì!

AD UNO DEI PRANZI, Stefania si sedette con noi, facendosi spazio per sedersi accanto a me. Ero felice, spalla a spalla con questa grande donna che mi serviva come modello per Bianca. Colsi l'occasione per dirle che si chiamava come uno dei miei antenati. Quello che mi aspettavo di trovare a San Secondo quando saremmo partiti da lì venerdì.

Stefania non ne fu colpita e mi guardò con i suoi grandi occhi scuri. La cosa successiva che disse sembrava una sfida, ma la presi come uno scherzo.

«Il nome è una cosa, ma spero che ti abbia insegnato come trovare funghi nel bosco da mangiare. A me portano i migliori... beh, ho la mia gente!».

«È vero! Sono ottimi! Le tagliatelle al sugo di funghi porcini erano paradisiache... Anche se l'abilità nel cibo dei miei antenati viene da Bologna. Del resto, mia nonna diceva che le migliori cuoche venivano da lì». Quando la vidi ridere, osai dire: «Per come si fa la pasta».

Immediatamente, questo scatenò un approfondimento su come preparare l'impasto per la pasta. Chiamò il suo assistente e gli chiese di portare della farina. Siccome il ragazzo non capiva, la prima volta gliene portò molto poca, così si alzò per prenderla lei stessa. Tornò con farina, uova e acqua. Si sedette di fronte a me per insegnarmi.

«A Bologna si fa con le uova e al sud con l'acqua. Ma la farina è diversa», spiegò.

Gettò la farina sulla tavola dove avevamo appena mangiato e con l'acqua cominciò a impastare velocemente. Mi mise poi davanti la farina affinché facessi lo stesso. Proprio come mi chiese, gettai davanti a me la farina, imitandola e rompendo sopra un uovo. Prima con le mani e poi, aiutata da una forchetta, diventai la pronipote di Bianca e impastai. Certo! Il mio fu un disastro e il suo, ben formato. Con molto umorismo, unì i due impasti, incorporando il mio disastro nel suo lavoro e come se nulla fosse, disse:

«È accettabile che si possa fare in entrambi i modi! Ma che quello dia un vantaggio alle donne di Bologna, ne dubito!».

Non avevo intenzione di discutere nel caso in cui ciò avesse influenzato il permesso per farci entrare la prossima volta. Quello che non potei evitare fu di dire loro che Isidoro e Bianca avevano un ristorante nell'albergo di Puerto Plata e che la loro era considerata la migliore cucina dell'epoca. Spiegai loro che mia nonna, la figlia di questa coppia, era brava nel preparare una specialità che erano gli gnocchi. Mentre parlavo, mi venne in mente un suo ricordo di quando mi insegnava a farli. Fu come un ricordo istantaneo. Avrò avuto sei o sette anni, il piano della cucina era alto per me e lei sembrava imponente. Una bambina accanto a una grande donna. Nipote e nonna. Un ricordo affascinante che rivelava il talento della mia Chela. E la cosa migliore è che non era in prestito, ma totalmente mio. Un balsamo di gioia tra l'ignoto e la tristezza di altre esperienze raccontate.

"Le donne di Bologna… sono le migliori cuoche d'Italia", mi aveva detto quella volta mia nonna. Aveva messo la farina sull'impasto e stava facendo del suo meglio per insegnarmi a impastare. Parlava delle donne di Bologna con grande vigore, mentre con energia e precisione grattugiava patate, rompeva un uovo e scaldava l'acqua. Ero in punta di piedi a guardare le sue mani intelligenti e le dita forti e sottili che si muovevano abilmente sull'impasto. Mi diceva: "In albergo, ognuno di noi aveva una specialità. Mayú faceva gli spaghetti e le tagliatelle a mano come mia madre. Io adoravo fare gli gnocchi".

Nel mentre, la mia cara Chela allungava l'impasto con movimenti rotatori. Poi lo tagliava in piccoli pezzi che sembravano dei cuscinetti in miniatura. Con una forchetta in mano, che sembrava una bacchetta magica, li girava in modo acrobatico, facendoli cadere già trasformati in minuscole conchiglie di mare. Con la stessa precisione, disegnava una trama a strisce che infilava su questi con una curva a spirale. Io la osservavo a bocca aperta. Tutti i "cuscinetti" erano a forma di conchiglia, così paffuti al centro e affusolati alle punte. Ero colpita! Mia nonna era una maga scultrice di pasta di farina in miniatura. Mi passò la forchetta e rimasi stordita. Voleva che lo facessi io? Era come se mi avesse consegnato la sua bacchetta magica. Come avrei potuto imitare la sua magia? Le conchiglie a spirale che aveva creato erano in perfetta linea, appoggiate sul piano come esempi da seguire. Ma le mie dita goffe non le facevano uguali. Volevo piuttosto afferrare le conchiglie a spirale che aveva fatto e avvicinarle all'orecchio per ascoltare le onde del mare. Sembravano così reali che a quell'età pensai: "Oh! È così che Dio fa la natura, ed è così che si fanno le conchiglie di mare… Come mia nonna… con la forchetta!".

"Fallo tu ora. Provaci. Sì che puoi! Puoi!", mia nonna mi incoraggiava. Lentamente e senza speranza, presi la forchetta con le mie goffe dita da bambina. Provai, ma riuscii solo a schiacciare i pezzetti. "Sono belli, come cuscinetti. Meglio lasciarli così", le dissi, cercando di nascondere la mia incompetenza e convincerla che, se fosse dipeso da me, li avrei lasciati così com'erano. Mi rispose che lei aveva imparato da sua sorella Beatriz quando aveva la mia età. Povera Chela con una nipote come me!

OGGI GLI GNOCCHI si fanno a macchina. Dubito che qualcuno sappia farli a mano come ai tempi del ristorante dell'Hotel Europa! Per fortuna sono testimone di come una volta, nella mia famiglia, vidi artisti, maghe, scultrici in miniatura che sapevano girare un pezzo di pasta di farina e farlo volare... *bang*! E lasciarlo cadere in minuscole conchiglie.

QUANDO TORNAMMO NELLA PIAZZA, con la pancia piena e il cuore felice, Grazia mi disse:

«È la prima volta che vedo Stefania parlare con qualcuno come ha fatto oggi. Penso che le sia piaciuto che tu abbia provato a condividere il modo in cui tua nonna preparava gli gnocchi in italiano».

«È perché è una donna forte, come quelle della mia famiglia!».

Ma la verità era che ero io quella che era rimasta affascinata perché avevo dimenticato un ricordo di mia nonna di quando mi insegnava a farli e ora lo avrei conservato per sempre nel mio cuore. «Un giorno la scriverò». Poi ci pensai meglio e dissi: «Le cose che mi ha dato l'Italia! Forse è il paese dei ricordi».

LA SERA io e mio marito decidemmo di uscire a fare una passeggiata. Entrammo in un locale che aveva un'insegna *Open* di colore neon in contrasto con le vecchie finestre del locale. La barista era una ragazza con lunghi riccioli neri come i suoi occhi, che erano enormi e bellissimi.

«Qui non serviamo cibo. Solo bevande. Tornate dopo cena. Questo bar sarà pieno e avrò una sorpresa per voi. Vi aspetto!».

L'ascoltammo e le promettemmo che saremmo tornati. Nel frattempo, decidemmo di tentare la fortuna con il ristorante che Grazia aveva definito "il migliore della Toscana". Ci disse di dire che non avevamo una prenotazione perché non eravamo di lì e che potevano servirci qualunque cosa avessero a disposizione o qualunque cosa lo chef volesse che provassimo.

Velocemente, ci fecero accomodare a un tavolino contro il muro fuori dalla cucina. Lì, al caldo, aspettavamo con gioia la sorpresa dello chef. Mangiammo come gli dèi! Citerò solo un piatto che ci servirono che ci fece sembrare di assaporare la gloria. Erano polpettoni di lenticchie. Sembrava che, dopo averli preparati, li mettessero a friggere. Non riesco a trovare le parole per descrivere quanto fossero deliziosi, e da allora ho cercato una ricetta simile. Ne ho trovate diverse sugli hamburger di lenticchie, ma non credo che il segreto fosse così semplice. Penso piuttosto che sia stato un regalo degli angeli.

Dopo aver cenato sotto le stelle, tornammo al bar della ragazza della Sardegna. Natali ci mise davanti due bicchierini, che riempì con un liquore rosa. Ci trattarono fin da subito come vecchi amici e noi ci meravigliammo della nostra fortuna. Eravamo nel bel mezzo della Toscana, a febbraio, in pieno inverno, in un bar costruito su un'alta roccia con una bella coppia che ci faceva ridere e ci serviva un drink delizioso senza nemmeno chiederci se lo volevamo.

«È grappa», ci disse lei. «È una bevanda tipica dell'isola da cui provengo. È la bevanda ufficiale dei velieri nel Mediterraneo. Per tutta l'estate chi naviga in questo tipo di barche la beve come l'acqua».

Le chiedemmo di raccontarci della Sardegna.

«Noi sardi non ci sentiamo completamente italiani; abbiamo la nostra cultura, la nostra lingua, il nostro cibo. La nostra storia è ardua ed estranea a tutto questo».

E alzò il braccio per indicarci intorno a sé, mentre, con l'altro, inclinava la bottiglia per servirci altra grappa. Era meravigliosa! Ci mostrò la bottiglia mille volte, ma… che succede? Se non scrivo nel mio quaderno della ricerca, dimentico tutto e in quel momento non l'avevo a portata di mano!

«Ahimè! Perché i miei antenati non vengono anche dalla Sardegna?», mi lamentai, prendendo altra grappa per consolarmi.

E come è strana la vita che, anni luce dopo, quando feci il mio studio di genetica per motivi di genealogia, la Sardegna uscì tra la geografia dei miei antenati e mi ricordai di questa bellissima ragazza con gli occhi neri a mandorla.

Vi dirò che se qualche lettore ha dei dubbi sul fatto che io abbia citato o meno Isidoro in questa chiacchierata... ve li tolgo subito! Perché, con stupore di pochi, raccontai tuuuuutta la storia della famiglia e la mia ricerca genealogica a chi voleva ascoltarla!

«Povera piccola Bianca! Ma... che donna!», disse la ragazza riferendosi alla mia bisnonna.

Fui contenta che capivano come era la mia bisnonna.

«E... quando pensate di andare a San Secondo?», chiese la ragazza, affascinata.

«Domani. Sono ansiosa di mettere le mani su quel documento mancante. In questo modo conoscerò il nome dei suoi genitori e mi darà la linea guida per seguire la linea del mio albero genealogico. Ci sarà una festa a San Secondo!».

FINALMENTE, SAN SECONDO

17

Al mattino, incontrammo i nostri amici del villaggio, compagni di colazione. Con grande entusiasmo, annunciammo che saremmo partiti per San Secondo Parmense, alla ricerca dei miei antenati. Quando notai che Grazia era molto entusiasta di quel mio viaggio, le chiesi se lei si sentiva così pensando ai suoi antenati.

«Non mi era mai venuto in mente di poter trovare storie così piacevoli. Nella mia famiglia, ne dubito!»

«Di sicuro hai antenati divertenti. Il punto è che non li conosci bene. Se fai del tuo meglio per andarli a cercare, vedrai come ti vengono incontro!».

Glielo dissi scherzando, ma dicevo sul serio. Rise e poi mi ricordai quello che Natali aveva detto quella sera sulla Sardegna. Volevo sapere se Grazia provava lo stesso per la Sicilia.

«Ieri sera Natali mi ha detto che la Sardegna è molto antica e particolare e lei si sente un po' diversa per quello. È così che vi sentite voi siciliani?»

«Bah!», rispose agitando la mano. «Da tempo immemorabile siamo stati greci, africani, romani, fenici. La Sicilia è passata di comando in comando. Non vedi che siamo nel mezzo del Mediterraneo? Queste cose sono come il vento. Arriva un vento, porta un turco, un altro porta un tunisino. Alla fine, è come un vestito. L'essenza è la stessa, cambia solo l'abbigliamento. Dopotutto, siamo come vorremmo essere»

«Vedi? Mi hai risposto da poeta! Sicuramente c'è un poeta tra i tuoi antenati. Se cerchi, troverai storie affascinanti anche tu».

Entusiasta, mi prese per le spalle e mi diede una benedizione molto personale:

«Spero che tu possa trovare tutto ciò che desideri dai tuoi antenati. Spero che quando li troverai, ti riempiranno di benedizioni. Inoltre, so che sono lì, ad aspettarti. Ti riceveranno con sorprese e felicità». E mentre ci allontanavamo, sembrava aver fatto un grande sospiro, perché mentre salutava con la mano, ci gridava: «I tuoi antenati ti stanno aspettando, Graciela! Ti aspettano lì».

Le sue parole mi emozionarono, perché era ciò che sentivo io: i miei antenati viaggiavano con me, desiderosi di tornare nel luogo da cui erano partiti.

Due ore dopo, la nostra Fiat correva felice lungo l'autostrada, curiosa come noi di cercare il pezzo di terra dove erano nati i miei antenati. Ad ogni tappa, mio marito ammirava le veloci macchine da corsa rossa di design italiano che ci sfrecciavano davanti. Scherzando gli dissi che questo faceva fare brutta figura alla nostra Fiat che soprannominai "Brutto Anatroccolo". Per distrarlo, iniziai a leggergli le annotazioni dei miei antenati sotto forma di curiosità.

«Come si chiamavano la madre e il padre di Isidoro?».

Stava cercando di allontanarsi dai due enormi bus turistici che lo avevano circondato e cambiare corsia. Ma ogni volta che metteva le frecce, una veloce macchina italiana lo faceva saltare di nuovo dentro e mangiare polvere.

«Accidenti!».

«No! Stefano! E il suo secondo nome, Antonio. Era sposato con Maria Benedetta Carrara».

«Dov'è l'uscita? Ho già fame».

«Manca ancora un'oretta».

L'allegra musica italiana ci accompagnò per tutto il tragitto. Una volta raggiunta l'uscita indicata, uscimmo dall'autostrada e ci addentrammo nelle belle strade curve e di quartiere. Dalla Toscana, eravamo passati a Parma, vedendo da lontano dei sentieri di montagna che la cartina diceva che portavano a Bologna. Ma non saremmo passati di là all'andata, bensì al ritorno. Quindi dissi solo: "Addio Bologna. I discendenti di Bianca ti salutano. Lascia che ti dica che a Puerto Plata la chiamavano doña Blanca e lei, una tua figlia, è diventata una leggenda".

Dall'altra parte, in lontananza, si vedevano gli Appennini di un grigio bluastro che faceva da sfondo al verde dei pini del terreno pianeggiante. Fui così distratta dal paesaggio che quando guardai il mio libro delle mappe mi resi conto che non riconoscevo nessuna strada. Il dito che seguiva il sentiero era su un'altra strada. Praticamente, ci eravamo persi. Arrivare a San Secondo Parmense stava diventando un'epopea. La colazione era più che digerita e il mio stomaco brontolava desiderando cibo.

«Per favore, portami dove c'è del cibo», implorò mio marito.

Preoccupata che la fame trasformasse gli uomini in cavernicoli e per il mio stesso stomaco che ancora ruggiva, abbassai lo sguardo, cercando di trovare il nostro destino tra le linee della mappa. Lo sapevo. Ci eravamo persi e presto avremmo dovuto prendere una decisione. La mia arma segreta era quella di fermarmi per strada e chiedere a chiunque quale fosse la strada per San Secondo. Il problema è che non vedevamo nessuno finché la nostra fortuna non cambiò e avvistammo un uomo che camminava lungo la strada davanti a noi. Aveva stivali neri alti come quelli di un pescatore di fiume.

Ci fermammo a chiedergli dove potevamo mangiare e dov'era San Secondo. Quest'uomo recitò un italiano che mi sembrò poesia. Le mie orecchie erano incantate, ascoltando la lingua dei miei antenati. Passai dall'incanto all'allarme quando, tra il suo accento da tenore e i gesti delle sue mani da ballerina, non capii assolutamente niente!

«Cosa dice?», mi chiese mio marito quando notò il mio sorriso preoccupato.

«Dice che questa è la strada per San Secondo...», esitai.

«Sì, sì». Il signore mi supportò con le sue folte sopracciglia e il suo accento canoro: «San Secondo... certo».

Gli sorrisi e tornai a guardare il mio compagno.

«Ma dice anche che questa è la strada per Venezia. E che a Venezia... c'è un ristorante».

«Sì, sì», il signore mi sostenne di nuovo: «...certo».

«Siamo vicini a Venezia?», chiese lui confuso, e da solo si rispose: «No, non siamo vicini a Venezia».

«Sì, sì», concordò con veemenza il signore, indicando con la mano la strada davanti a noi. Ci esortava a continuare: «vicino, vicino».

«Dice che qui vicino c'è San Secondo e da quella parte si va anche a Venezia. Vicino significa che è "accanto"».

«È più vicino, vicino», ripeteva il gentiluomo, muovendo le folte sopracciglia grigie. Continuava a farci gesti per farci continuare, per andare avanti, e la verità è che volevo già alzare il finestrino perché il freddo mi penetrava nelle ossa.

«Beh, ringrazialo e andiamo avanti», mi disse mio marito.

Così feci e il gentile signore continuò a dirci attraverso lo specchietto retrovisore: "Avanti, avanti".

Andammo avanti per l'unica opzione che c'era ed era la stessa strada dalla quale eravamo venuti.

«Come mai gli hai chiesto di Venezia?».

«Non gli ho chiesto di Venezia. È stato lui a nominarla. Gli ho chiesto solo di un ristorante e di San Secondo». Alzai le mani innocentemente.

«Certo che a Venezia ci sono ristoranti, ma... come mai l'ha nominata? Avrà visto il biglietto con scritto Venezia?», chiese confuso, indicando l'invito al Carnevale di Venezia che era ancora sul cruscotto dell'auto.

Improvvisamente, e con nostra sorpresa, notammo un ristorante di fronte a noi. La strada terminava davanti a un ristorante il cui nome era appunto... Il Ristorante Venezia. Il Signore aveva ragione: Venezia era vicino, vicino.

Velocemente, saltammo fuori dalla macchina, salimmo i due gradini d'ingresso e aprimmo la porta:

«Tutte le strade portano a... Venezia», ripeteva mio marito mentre spingevamo la porta per entrare.

Le risate si fermarono quando entrammo nel posto e ci rendemmo conto che era vuoto. I tavoli erao senza tovaglia e le sedie erano rovesciate. Non c'era nessuno! Ci guardammo disperatamente.

«Vai in cucina e chiedi del cibo», mi disse l'affamato.

«Non oso! Sei matto? Crederanno che i discendenti di Isidoro siano sfrontati».

Scherzavo, certamente, la fame mi aveva già tolto la vergogna. Mentre lo dicevo, mi dirigevo verso la porta della cucina. Prima di spingerla, si aprì e uscì un ragazzo vestito con pantaloni neri e camicia bianca che parlava incessantemente. Con gesti esagerati delle mani, scuotendo la testa e ripetendo con insistenza, ci informò:

«Chiuso! Il locale è chiuso. Non abbiamo più niente da mangiare».

«Per favore, qualunque cosa ci sia! Qualunque cosa!», lo supplicammo.

Continuava a scuotere la testa e a cercare di parlare in una lingua che capissimo. Io insistetti:

«Qualunque cosa, anche quello che darebbe al gatto».

Notando i nostri volti affamati, il giovane sospirò misericordioso. Dopo averci pensato, cominciò ad abbassare due sedie e a stendere una tovaglia.

«Vado a cercare», rispose con un sospiro rassegnato. E scomparve attraverso la stessa porta da cui era arrivato.

Dopo un minuto, tornò con due piatti di lasagne e, scusandosi, spiegò:

«È l'unica cosa che ho. Mi dispiace. Rimangono solo le lasagne».

Beh... è stata la lasagna più deliziosa che abbiamo mai mangiato in tutta la nostra vita! Ancora oggi, a distanza di più di un decennio, ogni volta che parliamo di lasagne, attribuiamo sempre il premio immaginario a questa, la migliore al mondo. La salsa di pomodoro la dipingeva, il formaggio era il re! Era morbido come se fosse stato montato... e così leggero da sembrare un'eterna fusione che la rendeva unica.

Quando finimmo di mangiare, il ragazzo tornò con un dolce. E poco dopo, con il caffè.

«Wow! E non c'era niente? Questo è "niente"? Torniamo quando c'è "qualcosa"!», esclamai soddisfatta.

«Sa dov'è San Secondo?», gli chiedemmo.

«Vicino», ci disse.

Mio marito ed io ci guardammo. Alzando le spalle, commentai: «Tutto è vicino».

«Beh, almeno ti ho già portato a Venezia», disse lui romantico.

«No, questo non conta».

Di nuovo in viaggio, continuammo lungo la via fino a quando l'orizzonte si aprì. Davanti a noi, il sole faceva brillare come oro la vasta distesa di erba secca. In questo terreno quasi pianeggiante, si potevano vedere costruzioni in pietra interrotte da alberi aspri e pini di diverso verde e grandezza, con casette dai muri semidistrutti dal tempo; rovine e pezzi di ciottoli dai toni ocra e rossastri che la luce del giorno aveva il compito di illuminare per mostrarli meglio. Grandi rocce lisce brillavano come se fossero cuori che battevano con le nuvole che passavano e offuscavano la luce.

Da un lato, come in una cartolina, vedemmo dei cavalli ricoperti da spessi manti invernali. Uno dei destrieri alzò la testa per vederci passare. Immagino che trovasse divertente osservare sulla strada solitaria l'unica macchina che brillava con il suo colore viola.

«Sono innamorata di queste terre», dichiarai estasiata. «Penso che sia un amore ancestrale».

Arrivammo all'incrocio di tre strade strette e alcune auto con dentro famiglie ci raggiunsero nella stessa direzione: San Secondo Parmense.

«Perché ci sono così tante macchine che vanno in direzione di San Secondo? C'è davvero un festival? E che bella questa entrata con gli alberi alti che si uniscono nel cielo! Guarda quella piccola chiesa! Piccola e bella… sembra millenaria!».

Non sapevo che quel sentiero si chiamava Ronchetti e che proprio lì era nato Isidoro. E quella chiesa che tanto mi piaceva era proprio la chiesa in cui era stato battezzato. Ma l'avrei scoperto in un altro viaggio.

IL CASTELLO DI SAN SECONDO

18

*F*inalmente eravamo a San Secondo! Le case erano attaccate l'una all'altra, le loro porte erano larghe e le finestre avevano balconi. La Fiat viola era delle dimensioni perfette per girare su strade acciottolate. Ci fermammo davanti al parco del castello, cosparso di querce imponenti e piccoli sentieri; accanto c'era l'ufficio dell'anagrafe dove ci aspettava un impiegato con le informazioni riguardanti il mio antenato Stefano.

Parcheggiammo, corsi fino ad arrivare alla porta, che provai ad aprire ma non ci riuscii.

«Spero che il signore non se ne sia andato e ci stia aspettando dentro».

Bussai e pochi secondi dopo, si aprì. Un uomo con folti capelli neri, occhiali e baffi ci salutò e spalancò la porta. Entrammo.

«Lei è Graciela?».

Senza ulteriori indugi, mi mise in mano una busta e sorrise con comprensione all'espressione che feci quando la aprii. Esclamai:

«Etienne?!».

Questo era il nome di Stefano in francese; poi mi resi conto del motivo per cui non l'avevo trovato nei registri.

«A causa dell'occupazione francese...», cominciò a spiegare il signore.

«Certo! Cercavo uno Stefano e non un Étienne... Ecco perché non riuscivo a trovarlo!».

Feci quasi un balzo di felicità e sollievo.

Lui continuò:

«I francesi cambiarono il modo di registrare in uno molto più ordinato. Ciò che ha influenzato di più la ricerca è che i libri sono scritti in lingua francese, quindi gliel'ho tradotto...».

Mi mostrò ogni documento spiegando dettagliatamente di cosa trattasse la busta che mi aveva dato. La prima era una copia dell'atto di nascita di Stefano. La seconda era la fotocopia del diario di bordo con la meravigliosa calligrafia dell'epoca 1811. Era scritto in francese con il nome Étienne, a causa dell'occupazione francese di Parma da parte delle forze napoleoniche, proprio come aveva detto quel signore. La terza era la trascrizione tradotta e dattiloscritta in italiano dal gentile ufficiale. Si era impegnato a trovarla, fotocopiarla e tradurla. Tutto affinché lo avessi. E neanche mi conosceva. Ora avevo tra le mani una copia dell'originale nel libro, la traduzione e il certificato stesso. Il mio cuore si riempì di gratitudine.

«Non so lo spagnolo e parlo pochissimo inglese, ecco perché l'ho tradotto dal francese in italiano», si scusò.

«Non si scusi! Non sa come controllavo e controllavo, ma cercavo Stefano. Non mi è mai venuto in mente che lo potevano aver registrato con il suo nome in francese».

Lo ringraziai e lui chinò gentilmente la testa. Guardando il foglio tra le mani mi accorsi che Stefano era lì, sempre a San Secondo, ma con il suo nome in francese. Non avrei mai immaginato che potesse essere Étienne.

«Stefano Antonio. Nato il 22 ottobre 1811. Figlio di Giuseppe Rainieri e Domenica Gonzaga». Lessi ad alta voce e poi lo confrontai con la locandina appesa al muro che ricordava un matrimonio al Castello. «Aspetti, non sarà la famiglia... della donna che si sposa qui?». Mi avvicinai alla locandina della festa che si celebrava nel castello: la rievocazione del matrimonio dei progenitori del paese. Lo sposo si chiamava Rossi e la sposa Gonzaga. Glielo feci notare e insistetti. «La sposa si chiama Gonzaga. Lo stesso cognome della madre di Stefano! Potrebbe essere che un parente comune si sposi adesso? È quello il matrimonio che commemorano?».

Sorridendo, scosse la testa.

«Non si sta celebrando ora. È solo una festa al castello. È un evento. È la commemorazione del matrimonio dei capostipiti del villaggio. Il cognome dello sposo era Rossi e quello della sposa Gonzaga. Non c'è nessun legame, ma comunque, non perdetevi il matrimonio. Io vado a casa lontano da questo trambusto».

Tra i documenti c'era una nota dei genitori di Stefano. Il brav'uomo mi aveva anche scritto una nota delle loro nozze, celebrato nel 1792. Sulla fotocopia si leggeva una calligrafia scarabocchiata.

«Aspetti!», lo supplicai: «Cosa c'è scritto qui?». E di nuovo gli mostrai le carte.

«La celebrazione delle nozze dei suoi antenati, Giuseppe Rainieri e Domenica Gonzaga, durò tre giorni. Ci sono alcune annotazioni a margine...»

«Tre giorni!», urlai stordita con le immagini delle feste medievali che in testa.

L'uomo stava raccogliendo le sue cose e, quando ebbe finito di mettere tutto nella sua valigetta, si sporse in avanti per indicarci l'uscita. Capimmo che doveva chiudere.

Fuori mi fermai di nuovo a leggere quello che avevo in mano. Avevo un tesoro tra le mani: il mio Stefano, e dopo averlo cercato a lungo. E non solo lui, anzi, come fosse uno scherzo dei miei antenati, il cognome Gonzaga... Una cugina, forse lontana, forse no, ma con lo stesso cognome, si *sposava* oggi in questo castello.

«È stato così gentile ad averci aspettati», dissi a mio marito. Era come se i miei antenati volessero mostrarmi e trasportarmi indietro nel tempo in cui avevano vissuto. Come se volessero darmi un'idea o mostrarmi qualcosa della loro vita: "Guarda da dove veniamo. Tutto è iniziato in questo paese che ti aspettava e ti accoglie con più di quello che hai chiesto".

«E ci ha invitato al matrimonio!», dissi ancora.

Camminammo finché non ci trovammo in mezzo al parco. Lo

spessore degli alberi ne mostrava la vecchiaia ed era come se lì si fosse radunato l'intero paese: da una parte, i genitori che camminavano con i figli; dall'altra, adolescenti innamorati che si tenevano per mano. Alcuni coni di carta ripieni di noci tostate emanavano un delizioso profumo. All'improvviso, arrivò una carrozza di cavalli, decorata nello stile dell'epoca reale medievale; almeno, questo è quello che pensai. Era la festa di nozze e significava che la commemorazione all'interno del castello stava per iniziare. Alcune persone scesero da un'altra carrozza e la gente si spostò per farle passare. Alcuni musicisti iniziarono a suonare i violini mentre il gruppo con i costumi dell'epoca sfilava davanti a noi. Si presero il loro tempo mentre avanzavano verso il castello salutando le persone che si affollavano per vederli. "Salve! Salve!", dicevano alcuni.

«Andiamo! I cugini dei miei antenati si stanno per sposare».

Così, quando le porte del giardino iniziale si aprirono, entrammo per un breve tour che includeva la visita al matrimonio di questa illustre famiglia: i Rossi.

«Che coincidenza!», esclamai, anche se ero convinta che *non* era un *caso* che la commemorazione nel castello fosse di antenati con lo stesso cognome. I miei antenati avevano il compito di farmi ridere e rallegrarmi.

Quando finì, ci dissero che il nostro gruppo poteva restare se voleva, ma mi sentii sollevata di andarmene da lì con ancora il chiarore del pomeriggio. Lasciammo il castello e attraversammo il parco. Molte altre persone andavano e venivano con le loro famiglie o venivano a vedere lo spettacolo successivo.

Volevo approfittare del tempo e passeggiare per le vie del paese di San Secondo prima del tramonto. E così, tornammo al parco per goderci il momento. Eravamo a San Secondo Parmense, la terra dei miei antenati.

Assorta, mi stavo divertendo con alcuni bambini che stavano giocando quando notai un bambino di circa cinque anni che si avvicinava a noi. Correva verso di me, i suoi riccioli mossi dal vento, castani dorati e occhi della stessa tonalità che mi fissavano. Sembrava volesse abbracciarmi, così mi inginocchiai per riceverlo.

Era così piccolo e magro che riuscii solo a prenderlo dolcemente per le spalle.

«Ciao. Sei un mio cuginetto?», gli chiesi in spagnolo.

Non mi capì, si girò e si rivolse a suo padre che si stava avvicinando. Il bambino era la sua fotocopia.

«Lo hai spaventato», scherzò mio marito.

«Ciao!», dissi al bambino che ora tornava tenendo per mano suo padre, camminando verso di me e indicandomi: «Come si chiama?». Indicai il bambino e mi chinai per salutarlo ancora per nome.

«Marcello», mi rispose il padre.

«Ciao, Marcello. Lo sai che sei adorabile? Ho un piccolo amico della tua età a casa mia!».

Gli parlai molto piano perché sapevo che non mi capiva. Marcello aveva trovato un bastone e rastrellava l'erba mentre parlava incessantemente. Era come se nel momento in cui se ne era andato e tornava per mano con suo padre, io avessi imparato l'italiano o l'avessi capito senza difficoltà perché avevo una storia italiana alle spalle. Con il bastone come gesso, tracciava linee immaginarie mentre io facevo finta di capirlo, dicendo "oooh!" e "wow!" e guardavo le forme invisibili che tracciava. Mi affascinava il colore dei suoi occhi, un giallo-marrone dorato. Nel bel mezzo della nostra conversazione, insistette affinché rispondessi a una domanda:

«Piccolo adorabile!», gli ripetevo.

E lui continuava a parlarmi, raccontandomi una grande storia e io annuivo solo e dicevo: "Sì. Sì, certo".

«Mia moglie lavora qui... Forse l'avete vista. È vestita come una dama così...».

La descrisse, ma non ricordavamo nessuno in particolare.

«Sei di origini italiane? Gli stranieri non vengono quasi mai in questo paese».

«Sto facendo un'indagine sulla genealogia della mia famiglia e i loro cognomi sono Gonzaga e Rainieri. Conosce qualcuno con questi cognomi?».

«Beh, non conosco i Gonzaga. So che il cognome è della regione adiacente, dove si trova il Castello di Soragna. Conosco diversi di cognome Rainieri. È molto comune da queste parti».

Mio marito lo avvertì in inglese:

«Non dirglielo perché pensa che troverà dei cugini. Busserebbe persino alla porta di ogni casa e chiederebbe a tutti di uscire con i loro alberi genealogici!».

Ridemmo mentre immaginavo di uscire in strada e correre bussando alle porte. O meglio ancora, per essere più efficaci, con un altoparlante e gridando: "A tutti i parenti possibili, un appello: uscite dalle vostre case! Ditemi i nomi dei vostri genitori, dei vostri nonni, dei vostri bisnonni, dei vostri trisnonni… E se qualcuno si chiama Isidoro o Stefano, riceverà un'attenzione speciale".

«Beh, se vuoi venire con i locandieri, potremmo trovare un tuo parente», ci disse il padre di Marcello come per incitarmi.

Così, ci incamminammo verso uno degli edifici in pietra. Ci ritrovammo presto all'interno di un ristorante con giardino centrale. C'erano tavoli con formaggi, prosciutto, vino e altre prelibatezze. Da un lato, e molto casualmente, qualcuno stava suonando un po' di musica. Dietro il tavolo, un uomo con costume medievale e una barba che gli incorniciava l'ampio sorriso, ci accolse con straordinaria gentilezza:

«Venite. Assaggiate il vino…».

Lo servirono in tazze di alluminio.

«Che vino delizioso!», mi sciolsi quando lo assaggiai.

«È vino del fiume Taro».

Una signora abbracciò il piccolo Marcello in braccio a lei. Il bambino sembrava assonnato e il padre iniziò a salutare. Quando avvicinai il mio viso per baciare i riccioli sulla sua testa in segno di saluto, si strinse al mio collo e io lo accolsi tra le mie braccia.

«Non voglio separarmi da lui. Se non è troppo lontano, accompagniamolo a casa sua»

«Non è lontano. Viviamo dietro la chiesa».

«Perfetto! Così vediamo dove si sono sposati i miei antenati».

Quando iniziammo a camminare, il bambino si svegliò e camminammo mano nella mano per le strade di pietra. Il mio chiacchierone piccolino non la smetteva di parlarmi in italiano.

Sono sicura che erano così loquaci i miei antenati. Isidoro e per non parlare di tefano! Sono sicura!

La chiesa di San Secondo era dipinta di giallo. Le luci artificiali a terra rendevano il colore molto più luminoso. Il padre di Marcello spinse la porta e portò mio marito a vedere alcune statue mentre il piccolo, tenendomi per mano, saltava sul pavimento che aveva dettagli geometrici in bianco e nero e arrivava fino all'altare.

IL MATRIMONIO DEI MIEI
ANTENATI

19

*E*ntrare in chiesa fu come entrare in un altro mondo. A posteriori, posso dire che non c'era niente di diverso, tranne la consapevolezza di un momento sacro: stavo varcando la soglia della chiesa dove si erano sposati i miei antenati. E con quell'idea, mi venne in mente un dipinto a olio che avevo ritagliato per appenderlo al muro. Si trattava di una coppia del XIX secolo che si baciava appassionatamente. Il dipinto si chiama *The Bacio*, risale al 1867 ed è stato dipinto da Francesco Hayez. Solo vedendolo, si rimaneva affascinati; per questo lo avevo aggiunto al mio pezzo d'Italia a casa mia. "Che atrocità!", scherzai con me stessa. "Scommetto che sono i miei antenati!". E ora, entrando in chiesa, mi ricordai di quella immagine.

Sul muro di casa mia, osservavo la fanciulla e il bel galante che indossavano un cappello stile Peter Pan. Nell'immagine sembrava che lo sposo l'avesse fermata e, prendendola tra le braccia, l'avesse baciata in pieno giorno, in piazza e davanti a tutti. Per questo, proiettai sul dipinto la storia dei miei antenati. Diedi loro dei nomi: lui era Giuseppe Rainieri, e lei, Domenica Gonzaga. Mi immaginavo che tra pochi giorni si sarebbero sposati e che fossero impegnati con i preparativi, godendosi il loro corteggiamento. A quei tempi, i genitori decidevano per i loro figli. Si dicevano l'un l'altro:

"Io ho un figlio di tale età, così e così, e tu hai una figlia di tale età. Che ne pensi? Si piacciono? Va bene, facciamolo!". Tuttavia, questa volta non era andata così. Questa volta si amavano e si sceglievano. È stata una fortuna che i loro genitori l'avessero approvato immediatamente. Allo stesso modo, con la loro benedizione o no, si innamorarono appassionatamente, come descritto dal bacio eterno cristallizzato sulla tela per l'eternità. In questo dipinto, in questa storia, non c'erano adulti coinvolti... Erano loro due, insieme, che si baciavano; in un'unione infinita.

Non potei non soffermarmi sulla coincidenza che, lo stesso giorno in cui visitai San Secondo, si commemorasse nel castello un matrimonio. Sebbene non fosse il matrimonio dei miei antenati, Giuseppe e Domenica, ero qui nella stessa chiesa dove si erano sposati *i miei* ed era più che sufficiente per scatenare in me delle emozioni.

Nel mio racconto onirico, motivata dal ricordo dell'immagine del bacio, immaginavo anche altro: mi sembrava di vedere gli sposi innamorati pochi giorni prima del matrimonio. Loro, desiderosi di finire tanti preparativi per una festa che sarebbe durata tre giorni. Lo sposo, molto bello, vestito molto elegantemente per la cerimonia. E lei, sicuramente, essendo Gonzaga, rappresentava la sua casa ancestrale, con colorati broccati di seta e velluto. Perché no? Scusatemi, ma mi permetto di immaginarmela così! E siccome non abbiamo foto dell'evento, qui condivido la mia ricostruzione mentale. Quanto al grande rubacuori, se prendo come riferimento gli uomini Rainieri che conosco, lo descriverò con una malizia unica.

In quest'opera simbolica e dipinta a olio che la mia mente riprendeva, la chiesa, un immenso scrigno allora disabitato, si riempiva di ospiti illustri. Erano passati alcuni giorni da quando Domenica, nel suo abito da sera azzurro, camminava spensierata per le vie del paese, appena fuori dal mercato. E Giuseppe, furbo e seducente, la scorse in lontananza. In un impeto, corse ad abbracciarla... Perché? Perché era la *sua* ragazza! E non poteva essere più felice. Proprio lì, in mezzo alla strada, la baciò amorevolmente. Insieme, si presero un momento breve e intenso affinché le loro labbra si toccassero. Giuseppe e Domenica, i miei due antenati, quei piccioncini che erano i protagonisti della mia fantasia, in futuro sarebbero stati i genitori del mio Stefano che, insieme a Benedetta, sarebbero stati a loro volta i genitori del mio caro Isidoro. Senza sospettarlo, questo nonno di Isidoro che non conosceva il suo futuro, non poteva nemmeno immaginare che i suoi discendenti avrebbero ereditato la sua astuzia. Il suo unico desiderio, in quel momento e in quell'angolo, era di avere tra le braccia la sua ragazza.

Mancava una settimana al matrimonio. Nella chiesa, nella stessa in cui sono io, le porte si apriranno e lei apparirà in un alone di luce contagiando la penombra con quella chiarezza, e con migliaia di particelle luminose che la seguono come piccoli angeli illuminati mentre scende il corridoio fino all'altare. Anche le candele alle finestre inclineranno il loro fuoco per vederla passare.

La giovane donna, con le mani piene di fiori, non sarà una sposa timida, ma determinata. Con i suoi grandi occhi castani, cercherà lo sguardo luminoso e intenso del suo amato che l'attende davanti all'altare. Le fanciulle si scioglieranno d'amore mentre saranno testimoni di questa scena. Il rosso e il blu dei loro abiti di seta che cadono in pieghe riflette la luce che segue i passi della sposa. "La più bella tra i fiori in un bouquet", pensa lui.

E lì, nella chiesa principale del paese di San Secondo, in una cerimonia recitata in latino che il parroco si ostina a rendere solenne, si soffocano le risatine delle dame in compagnia con le mani piene di fiori perché vedono lo sposo che insiste per mandare baci alla sua futura moglie mentre lei avanza per incontrarlo. L'uno di fronte all'altra, il galante sussurra alla sua fidanzata:

«Ti aspettavo, ti aspetto, ti stavo aspettando e ti aspetterei per tutta la vita».

E lei, con labbra tremanti, risponde:

«Ripeteremo questo momento tra centinaia di anni per i nostri discendenti…».

Non so se sia andata così. Perché, ripensandoci, avrebbe potuto essere qualcosa di scherzoso, degno dei loro discendenti. Forse, dopo averla baciata, avrà detto: "Scappa con me" e lei senza fare domande potrebbe aver risposto: "Dopo che mio padre ha preparato questa festa per tre giorni... sei impazzito?".

Prova di questo è stato quello che i miei genitori mi hanno raccontato in merito a quello che si sono detti il giorno del loro matrimonio. Mia madre, sbrigandosi, esclamò: "Andiamo, la macchina ci aspetta!". E papà, al quale piacevano le feste, le rispose: "Vuoi già andare in luna di miele? Ma lasciami ballare e bere fino all'alba!".

E oggi, tra la fila di sedie vuote e il tappeto che conduceva all'altare, le ombre e le luci dalla finestra assumevano uno splendore straordinario. Vidi i fiori, le luci e le risate di due innamorati trasporsi a tutto, anche all'opacità che porta al crepuscolo. In quel momento pensai: "Mentre raggiungo i miei antenati con le immagini, sento che mi raggiungono dandomi ciò che chiedo".

È quella sensazione di connessione. Tutto ciò che voglio è trovare le loro storie in me... Nessuno può negare che ho l'impressione che mi stiano ascoltando, e li sento vicini usando la mia immaginazione per descrivere i loro sogni, le loro vicende amorose, divertenti e belle.

La mano di Marcello mi tirava, perché voleva giocare a saltare sulle gradinate, e il rumore dell'eco mi riportava alla realtà. Volevo condividere con lui una parte della mia storia, così gli raccontai:

«Stefano e Benedetta si sono sposati qui. Anche i genitori di Stefano, che erano Giuseppe e Domenica. Il mio Isidoro e la mia Bianca non si sono sposati qui, ma a Bogotà».

La parola Bogotà lo fece ridere. Quando ricominciò a voler saltare, pensammo che fosse ora di andare. All'uscita ci salutammo con un grande abbraccio.

«Ciao, Marcello. Buonanotte».

Tornando verso la macchina parcheggiata, non potei fare a meno di pensare che Stefano era stato qui, poco meno di duecento anni fa, a salutare questo luogo, queste terre dove raccoglieva l'uva per fare il vino e le spighe per fare il pane. Ricordava quei momenti nel momento dell'addio, in cui sentiva il cuore spezzarsi, come quando la sua prima moglie e il suo primo figlio di due anni erano morti.

141

Forse volevano o sentivano l'obbligo di compiacere l'anima di mia nonna e mettere radici a Puerto Plata. Perché l'anima di mia nonna, che amava la sua città natale, voleva nascere dove il sole e il mare si incontrano sullo stesso orizzonte e dove le onde si muovono incessantemente sussurrando parole complici. Mia nonna Chela, orgogliosa di essere di Puerto Plata, non avrebbe mai voluto altrimenti.

Per il sangue della famiglia, abbracciare nuove terre era il loro destino; e parte del mio era rappresentare questo ritorno. Sono tornata per loro, calpestando le pietre che hanno calpestato, toccando con la mano l'angolo del muro; e, allo stesso tempo, pensando: "Dove ci porterà? Fin dove arriveremo? Se solo sapessero fino a che punto...!".

Mi ricordai del biglietto viola e indaco che offriva un drink gratuito a Venezia che avevamo lasciato in macchina.

Svoltammo in un'altra strada vicina e ci fermammo alla prima paninoteca. Quando entrai, capii che in realtà si trattava di una vendita all'ingrosso di parmigiano, come nel caso della vendita per ristoranti. La cosa divertente è che non avevamo mai visto niente del genere. Il formaggio veniva venduto su ruote giganti e i dipendenti lo facevano rotolare allegramente attraverso il piano.

«Potrebbe portarci il pezzo più piccolo, per favore?».

Girando, arrivò il formaggio più piccolo... delle dimensioni della ruota della nostra Fiat.

«Questo non entra in macchina!», commentò mio marito.

«Non sarebbe entrato neanche nella Ferrari!», risposi.

E tornai dentro per insistere. Mi spiegarono che questa era l'unica taglia che vendevano. Finalmente uno di loro uscì dalla cucina con un pezzetto triangolare che, sebbene fosse grande quanto il mio braccio, non era così grande come il precedente. Sorridendo, un altro cuoco mise una baguette al lato del bancone e avvolsero tutto in un lungo pezzo di carta.

Beh, che posso dire? La grande sorpresa è stata che non ho mai mangiato un Parmigiano Reggiano migliore di questo. Era soffice, succoso e aveva persino un sapore dolce… come se non bastasse, in bocca si sentivano pezzetti cristallizzati di un minuscolo salato che diventava più croccante ad ogni morso. Una vera delizia! Ed era abbastanza da portarlo a Grazia in regalo quando saremmo tornati in Toscana!

IL RITORNO

20

Il cielo cambiava colore. La luce del crepuscolo aveva ravvivato il dorato delle pietre incastonate nelle pareti.

Eravamo tornati in Toscana e stavamo raccontando a Grazia la nostra avventura a San Secondo Parmense.

Le dissi che, sebbene avessimo cercato con ogni sforzo il Castello d'Argile, non eravamo riusciti a trovarlo sulla nostra mappa. Ma eravamo passati per Bologna e avevamo pranzato nel locale più antico: un ristorante che aveva attirato la nostra attenzione con i tortellini al brodo. Certo… prima di lasciare Bologna ci eravamo fermati da qualche altra parte a prendere la mortadella con pepe e pistacchio da regalare a Grazia insieme al grosso pezzo di parmigiano che le avevamo dato come fosse il bottino di un tesoro.

«Grazia, quanto siamo stati fortunati a trovarti!»

«Sì, un giorno arrivò quell'e-mail da una bella persona che stava cercando di conoscere la terra dei suoi bisnonni e diceva che aveva un sogno selvaggio».

Mio marito e io ridemmo, ricordando l'estate in cui avevamo parlato dei sogni.

«Sì, ma sul serio». La guardai con i miei occhi entusiasti e lei mise la sua mano sulla mia. Continuai: «Questo mondo che hai creato e il fatto che ci hai invitati per quasi due settimane è stato fantastico per noi. Non sai i problemi, gli impedimenti che abbiamo avuto e, alla fine, sembra che sia andato tutto bene... ed è grazie a te. Grazie a te che hai risolto tante cose per noi come dove alloggiare, cosa fare ogni giorno... È stato come... non lo so...».

Non riuscivo a trovare un modo per dirlo a parole. Non intendevo dire *magia*, ma le stelle scintillanti nel cielo erano le uniche che potessero esprimere quell'idea.

«Magico», rispose Grazia.

«Esatto», annuii, «ma vorrei offrirti una spiegazione più... concreta».

«Sai chi era Marconi?», chiese lei, ma prima di aspettare una risposta, continuò: «È stato lui a scoprire le onde radio. Queste né si vedono, né si sospettano. Sono vibrazioni che si possono ricevere solo con un dispositivo. Allora, come le ha scoperte? E... attraversare l'oceano... Che cos'é? La voce viene trasmessa attraverso la radio. Come riuscì a farlo?».

«Facile. Perché Marconi era italiano e gli italiani credono che tutto sia possibile», dissi, inventandomi una risposta.

«Non è imparentato con... nessuno di qui?», mio marito mi guardò con la coda dell'occhio.

«Penso che ogni persona abbia una vibrazione specifica, così come le onde che emette una radio, qualcosa che non può essere visto né definito. Sappiamo solo che funziona. Ognuno di noi ha qualcosa del genere. Ci sono persone che emettono una vibrazione alla stessa frequenza e non importa quanto siano lontane o vicine; se esiste un'altra stessa vibrazione, c'è una buona probabilità che si incontrino. Ne sono certa. Avevi un desiderio e... poiché siamo sulla stessa sintonia, il grande mistero ci ha unito in un punto del tempo e dello spazio», concluse.

«Una meravigliosa alchimia!», applaudii.

«Credimi, anche io mi sono divertita moltissimo! Stare con voi è stato come essere in vacanza e, allo stesso tempo, lavorare! La migliore combinazione per me. Grazie a voi, la mia attività è rimasta aperta in inverno. Mi avete anche fatta divertire, mi avete portata a fare una passeggiata e mi avete invitata a condividere. E quando siete tornati dai vostri viaggi, mi avete raccontato i vostri meravigliosi aneddoti!»

«Ciò in cui credete voi due non differisce molto», disse mio marito.

«Credo solo che le cose accadano secondo le proprie convinzioni. I limiti delle vostre convinzioni sono i limiti di ciascuno», spiegò Grazia.

«Sono d'accordo! La mia convinzione è che i miei antenati mi abbiano regalato questo viaggio. Chi altro avrebbe potuto cospirarlo se non la divinità stessa, forse, travestendosi da loro?».

Oggi posso dirvi che ho iniziato questa ricerca genealogica con un cuore puro... e ferito da una perdita. Oggi mi rendo conto che la ricerca delle mie radici ha riempito le mie giornate. Oggi so che confidare nel mistero e imparare a lasciarmi trasportare mi ha portato qui. E hanno riempito le mie mani, i miei occhi e la mia anima di tutti i loro ricordi. In me, il nuovo e il vecchio, il sublime e il mondano, si uniscono. Ho vissuto tutto! Mi hanno regalata all'Italia, e in essa, tutto ciò che ho fatto e tutto ciò che sono diventata e ciò che continuo a essere evolvendomi. Io sono *tutto* e loro... Sono *tutto* in me!

PARTE 3

LA PAROLA PIÙ BELLA

LA PAROLA PIÙ BELLA

21

*L*a parola più bella del mondo, per me, è **Mami**. Era il modo in cui mi riferivo a mia madre ed è il modo in cui i miei figli si rivolgono a me.

Mia madre aveva gli occhi verde oliva, di una forma tipica italiana, e sopracciglia lunghe e sottili come quelle dei disegni a matita di Leonardo Da Vinci. Era una delle cinque sorelle Thomen: Cristina, Adelaida, Gina, Graciela e Victoria.

Il rapporto tra noi era segnato da un contrasto di personalità, un'eredità che si ripeteva da generazioni, come tra lei e Chela, e tra Chela e sua madre Bianca. Mami misurava i suoi gesti e riservava la sua risata musicale solo a mio padre; raramente rideva a crepapelle. Era generosa, soprattutto con i malati, e dopo la perdita di papà, si offrì volontaria presso l'ospedale oncologico della città, finché il cancro non colpì anche lei. Le sorelle Thomen hanno poi continuato il suo intimo tributo.

Le assomiglio nell'amore per la lettura, i giardini e la tranquillità. Ma la mia combinazione di introspezione e allegria disinvolta, la mia risata talvolta "oltraggiosa" e il mio amore per il ballo, la confondeva. Io, d'altra parte, la vedevo eccessivamente educativa e severa. Questa differenza di personalità ci rendeva impazienti l'una con l'altra.

E avremmo continuato a vederci con gli occhi socchiusi se non fosse arrivato l'imprevisto: il cancro prese il sopravvento sulla sua vita e ci costrinse a cambiare i nostri atteggiamenti.

Dal momento della diagnosi, io e le mie sorelle ci armammo. Imparammo a conoscere le medicine e a dedicarle tutto il nostro tempo libero. Riuscimmo a organizzare turni in coppia per assistere Mami in tutto ciò che fosse necessario. Ammirai il modo in cui affrontò tutto, fino alla fine, con un'equanimità stoica unica. Mami non si comportò mai come una vittima: consultò dottori, scelse meticolosamente i suoi medici e discuteva a mente fredda dei suoi trattamenti. Aveva sempre l'ultima parola.

Durante la sua convalescenza, usai la genealogia come nostro tema di unione. Se c'era qualcosa che avevamo in comune, era l'amore per i nostri antenati. Lei, per sua nonna Bianca, ed io, per mia nonna Chela. Anche se ci approcciavamo in modo differente a certe situazioni: lei pensava che Bianca fosse stata abbandonata mentre io giuravo che Isidoro era innocente. Tuttavia, queste differenze ci portavano a conversare e ad approfondire e soppesare l'importanza delle storie familiari.

All'inizio del 2002, mia madre trovò una casa nella città di Miami per essere vicina al Mount Sinai Hospital, dove decise di farsi curare. Era una graziosa casetta in un quartiere residenziale con giardini nella contea di Kendall. Mi piacque fin dalla prima volta che la vidi. Fin dall'inizio, aveva coltivato fiori in giardino, tale era la sua passione. Quella nuova casa, con un giardino così che lei stessa riempiva di boccioli e germogli, mi sembrava perfetta, come se fosse stata creata apposta per la sua guarigione. Il piccolo sentiero verso la porta d'ingresso era come camminare attraverso una piccola, ma eterna primavera. Ai lati, i lillà adornavano il passaggio e il pergolato di gelsomini profumava ogni notte.

«Benvenuta!».

Mami mi aprì la porta sorridendo e tenendo le chiavi che penzolavano dalle sue dita davanti ai miei occhi. Me le consegnò subito affinché entrassi e uscissi quando volevo. Sembrava felice. Mentre giravamo insieme la casa, mi mostrava gli spazi che aveva arredato con grande cura e con la freschezza del moderno. Per il suo soggiorno, aveva scelto ampi mobili bianchi. Sui tavoli, i soprammobili in vetro riflettevano la luce che entrava dalle porte a vetri che davano sul patio. C'erano candele bianche e ramoscelli di bambù che si alzavano, lasciando cadere le foglie verdi appuntite. Era uno spazio Zen. Le cornici delle foto mostravano i volti delle sue figlie e dei suoi nipoti sorridenti. In cucina c'era un cartello con scritto: "La Cucina di Socorro" e sul bancone mise una coppia di galli in ceramica, maschio e femmina, che le avevo regalato. Diceva che portavano fortuna.

«Il cortile è molto bello. Vieni a vedere!».

Era felice; anzi, non l'avevo mai vista così entusiasta. L'aiutai ad aprire le porte di vetro. Quella notte, avremmo fatto una grigliata sotto una quercia dal tronco sottile e alto, i cui rami si stendevano in un'ombra intermittente e allegra. Durante quella settimana, fui felice di avvistare allodole e un uccello azzurro che sembrava di passaggio e che si annidò tra i bellissimi rami per un po'. Quello che mi piacque di più fu la lucertola grigio-viola che correva lungo i muri; tutti gli animali che mangiano le zanzare sono miei amici: per favore, non disturbateli!

Mi piacque vederla così in quella piccola casa a Kendall. Geograficamente era vicino alla Virginia, il che mi dava l'opportunità di visitarla spesso e di portare con me i miei figli quando erano in vacanza. Era una nonna amorevole ed entusiasta con i suoi nipoti, proprio come lo era stata sua nonna Bianca. E io lo sapevo.

Quando ci sedemmo dopo cena, aprii la mia cartella piena di documenti e foto. Le mostrai gli appunti del viaggio in Italia, le foto, la mappa di San Secondo…

Era l'argomento che ci avrebbe unite. Avrei adempiuto al mio compito e al mio dovere di accompagnarla alle visite, al controllo delle sue cure e di farla stare bene nella sua convalescenza. Ma il tempo che avremmo passato insieme sarebbe stato utilizzato anche in un incontro senza fine costellato di domande. Come sempre, condividevo qualcosa con lei e, in cambio, volevo sapere cosa pensasse e approfondire i suoi ricordi. O, diciamo, pescare i suoi ricordi dalla sua memoria.

«Ho informazioni interessanti che ti piaceranno. Si tratta dell'infanzia di tua nonna in Italia».

La descrizione nel certificato di Bianca recitava: *Il giorno 7 giugno del 1875 nasce la figlia di Francesco Franceschini, trasportatore, domiciliato in questa comunità, il quale mi ha informato che all'ora quinta prima della meridiana, oggi, dell'attuale mese, in questo castello, e dalla signora Raffaellina Galletti, moglie convivente, tessitrice, nasce una ragazza con il nome di Bianca.*

«Pensavo che la madre di mia nonna si chiamasse Angelina...», commentò Mami.

«Oh no!», dissi alzando le mani fingendo orrore. «È un altro mistero di famiglia!».

Seduta sotto la quercia e godendomi la brezza del patio, sospirai felice di portare a Mami nuove storie di Bianca. A quel tempo, avevamo così poca affinità che la genealogia rappresentava una porta aperta. Mi faceva piacere l'apprezzamento e l'interesse che i suoi occhi mostravano mentre leggevo avidamente i documenti e le chiedevo qualcosa. La nostra discendenza ci univa. Le nostre donne forti alimentavano l'amore in noi.

Ma notai un'altra cosa: una forza interiore in lei quando menzionavo la mia bisnonna Bianca. Le storie ricamate dei nostri antenati in qualche modo s'intrecciavano con le nostre. Come se queste e quelle esperienze fossero un po' simili. La coincidenza del luogo in cui vivevano, l'amore per i tessuti, la confidenza e il calore con i suoi cugini. Ovviamente, i documenti interessavano Mami con un significato che alimentava la nostra immaginazione. Eppure, non avevano quello che cercavo. Volevo sapere che personalità avessero e se fossero capaci di abbandonare donne forti a Puerto Plata, come la storia ereditata aveva accusato uno di loro...

«È cresciuta con i suoi cugini vicini», mi disse lei. Sorrisi soddisfatta. Anche per Mami i suoi cugini erano molto speciali. Legami stretti che ricordano quelli che aveva Bianca.

Mentre le mostravo e commentavo i documenti, mi guardava con occhi nuovi. Non avevo bisogno di guardarla per sentirla. Nelle settimane che seguirono, uscì con commenti sul mio fascino per questo mistero come una mia singolarità. Capii che, in fondo, la rallegrava. Forse voleva anche saperne di più, ma la fedeltà alle storie ereditate la bloccavano. D'altra parte, per me era impossibile soffermarmi su ciò che era stato ricevuto come verità assoluta. Volevo sapere delle altre storie, quelle che non erano state raccontate e vedere se il mio cuore le conosceva già.

Lei non riusciva a immaginare le notti che avevo passato a delirare nelle indagini. Capì la mia preferenza per Isidoro, ma non riusciva a immaginare cosa sentissi: che la storia dell'abbandono fosse stata raccontata e ricevuta in modo sbagliato. Per lei, Isidoro aveva abbandonato Bianca e non c'era più niente da cercare o scoprire. La vita di sua nonna Bianca lo dimostrava: non aveva iniziato l'attività praticamente da sola? Non era Bianca stessa quella che aveva istruito i suoi figli e li aveva fatti lavorare sodo ogni giorno della loro vita? Sicuramente, solo lei li aveva guidati e li aveva resi uomini e donne per bene. La storia familiare la sosteneva. Gli aneddoti la elogiavano. Ma il mio cuore e la mia logica non erano d'accordo. Ero io quella che sentiva che qualcosa era stata trascurata e mi spingeva irrevocabilmente e indiscutibilmente a chiarire le questioni nascoste del lussureggiante albero genealogico. A salvare Isidoro dall'oblio. Pensavo: "Isidoro, passerò la mia vita a cercarti?".

Ma il presente incalza, soprattutto quando si ha una persona cara malata. Così, conoscendo il valore del tempo, mi dedicai insieme alle mie sorelle a offrire le cure essenziali a mia madre mentre cercavo di salvare i suoi ricordi ancestrali.

L'ETÀ MIGLIORE

22

A prima vista, la casa a Kendall, compatta e allegra, sembrava una casa delle bambole rispetto a quella a Santo Domingo. Quella casa aveva un grande giardino dove piantavano alberi da frutto e tanti fiori che piacevano a mia madre. Tra gli uccellini che venivano la mattina, scoprimmo l'usignolo che aveva fatto il nido sul terrazzo. Papà diceva che gli cantava a colazione.

La mia stanza dalle pareti gialle era l'unica diversa della casa. Mi aveva chiesto perché non lasciarle bianche e ricordo di averle risposto che il giallo invitava i raggi del sole a entrare al mattino e lì restavano più a lungo.

Mami aveva venduto quella casa dopo la morte di mio padre. E che fine aveva fatto? L'avevano trasformata in un parcheggio. Il nespolo e l'albero di cocco erano stati tagliati. Rimaneva solo il mandorlo delle grigliate perché l'angolo era ai margini del territorio. Il parcheggio serviva ad alleggerire il traffico agli uffici che cominciavano a sorgere in quella zona rurale.

È così che il vecchio, nel tempo, diventa finzione. Senza lasciare tracce. I ritratti, alla fine, non provano nulla. Non attestano cosa ci fosse realmente. E i ricordi, che sono veri film d'altri tempi nelle memorie, si mescolano e si collegano con altri collettivi. Nella nostra mente rimane un intruglio che può essere salvato solo con le parole; le storie che la memoria cambia secondo la prospettiva di chi le racconta. Lo so bene. I ricordi sono difficili da catturare. In momenti di sogno, qualche immagine, qualche parola, qualche azione, si avvicinerà. Solo allora i ricordi possono essere catturati in parole.

Diventerò una cacciatrice di ricordi. Sarò la pescatrice di storie inedite della vita dei miei antenati. E oggi comincio con colei che è accanto a me: Mami.

«Qual è la tua età migliore?».

Era una delle domande dell'intervista che non ho finii mai di fare. Quella lista che avrei voluto conservare per i posteri, per i miei figli. Adesso era più per me. Lei era sdraiata a leggere un libro e io mi avvicinai. Eravamo noi due nella sua stanza, nella sua casetta a Kendall. Mi ero sdraiata sul letto accanto a lei. Come forse avrete già immaginato, onorando il suo caratteristico senso dell'umorismo, mi rispose con un'altra domanda:

«Perché vuoi saperlo?».

«Beh, è come… una ricerca personale. Ho già chiesto ad altri». Sapevo che quest'ultima cosa avrebbe stuzzicato la sua curiosità.

«Ah, sì? E che hai scoperto?».

«*Mamá Chela* mi disse che la sua età migliore sono stati i diciannove anni».

Mia madre sorrise:

«Davvero ti ha detto questo?».

«Sì, perché le piaceva non preoccuparsi della vita; solo ballare ed essere felice». Fin da piccole, *Mamá Chela* e le sue sorelle trascorrevano il loro tempo lavorando nell'hotel. Un'infanzia piena di faccende e la fantasia delle feste le aiutava ad allontanarsi dalla realtà. Ballare era sinonimo di libertà senza pensare alle faccende dell'azienda di famiglia.

Mami non rispose. Volli alimentare di più la sua curiosità.

«Avevo chiesto anche a zia Ná. Mi aveva detto che la sua età migliore erano stati i sessantasei anni», dissi citando una zia di mio padre che è morta a centodue anni.

«Sessantasei!», questo le interessava di più.

«Secondo lei, a sessantasei anni aveva imparato a lasciarsi alle spalle tutto ciò che non aveva importanza. Non le importava più della sua bellezza, né dell'opinione degli altri. Decise di non preoccuparsi di quello che dicevano. Si sentiva libera. Penso che sia stata la chiave della sua felicità e longevità».

«Ah! E l'avevi chiesto anche a tuo padre?». Raddoppiò la sua attenzione.

«Sì», risposi, anticipando che le sarebbe piaciuta la sua risposta.

«Cosa aveva risposto?», chiese, molto interessata.

«Mi aveva detto che la sua età migliore non era stata una, ma parecchie. Soprattutto il decennio dei suoi trent'anni. A quei tempi, viaggiavamo in macchina da Santo Domingo a Puerto Plata. Ti ricordi? Noi sorelle eravamo piccole e giocavamo tutto il giorno nel campo di Guarapito. C'era il grande albero chiamato Cappello da Vescovo. Correvamo a piedi nudi attraverso l'erba piena di *morivivi*. Arricciavamo i piedi in modo che non ci pungessero. È come un istinto quello di correre a piedi nudi per il campo aperto! Raggiungevamo la battigia da quelle rocce taglienti che dovevamo saltare per entrare finalmente in mare. I nostri piedi sentivano la sabbia bianca, fine e fresca, e continuavamo a correre finché non ci tuffavamo in acqua».

Lasciai che la mia immaginazione mi portasse di nuovo a provare quel piacere di togliermi le scarpe e correre tra l'erba e, a piedi nudi, ritrovare il sentiero che finiva nella sabbia bianca. Il fragore continuo del mare agitato così imponente! Mi vidi saltare i picchi tempestosi che abbracciavano la spiaggia. Il premio era quella polvere fine che li rinfrescava. Il piacere di mettere i piedi nell'acqua limpida è insuperabile! E, quando la sabbia si agitava, i pesciolini azzurri che chiamavamo angeli si avvicinavano curiosi. Poi, spostai la mia visione dal passato al presente. Mami aveva chiuso il suo libro e lo aveva messo da parte. Mi misi più a mio agio sul cuscino con gli occhi chiusi. Sospirai e le chiesi:

«E voi adulti, cosa facevate?».

Il suo tono si ravvivò.

«Chiacchieravamo costantemente. Dovevamo essere seduti sotto il portico di casa a bere rum e a mangiare frutti di mare».

«Ti ricordi le ostriche che ci vendevano a mezzogiorno?

Nessuno mi crederà se dico quale è stato il nostro pranzo quando siamo andati in spiaggia a Sosúa!», aggiunsi, affascinata dai ricordi.

«Arrivarono infilate nel ghiaccio nelle palme ripiegate a quadrato che facevano da scatole. Appena pescate. Tuo padre diceva ai venditori: "Sedetevi lì, che le mangiamo tutte". E le aprivano una per una, e loro, le mangiavano.

«Un po' di limone e via!».

Alzai lo sguardo per osservare meglio la sua espressione mentre le raccontavo cosa aveva detto mio padre e cosa significava la sua famiglia.

«Quella era la migliore età di papà, da quello che ho scoperto con la mia intervista. Noi, sue figlie, ci godevamo la natura, l'acqua del mare, la sabbia e il cibo che i pescatori ci portavano. "Niente dà più piacere delle cose semplici", mi aveva detto quella volta. Tu non ti preoccupavi di nulla. E lui neanche. Eravate felici».

«Era un mondo particolare, speciale. Una vera vita...», disse come in un sogno.

Puerto Plata era nel momento più prezioso della sua infanzia, proprio per sua nonna Bianca. La sua cara Babi. Mi fecero molto piacere le sue domande in merito alla mia intervista per l'opportunità che avevamo di commentare tutte le risposte raccolte. Lei era così: dovevo raccontarle quello che *tuuuutti* avevano risposto, prima che lei rispondesse alla mia prima domanda.

«La mia età migliore...», esordì con cautela, «non è stata solo una, ma parecchie, diverse e per ragioni diverse... Mi piaceva la scuola dove andavo e mi piacevano le mie amiche. E mi piaceva essere la ragazza di tuo padre. Era molto romantico e splendido e sempre allegro; felice, come dici tu, in quello stesso decennio in cui crescevate. Mi è piaciuto anche quando sono iniziati ad arrivare i nipoti. La verità: ogni decennio ha avuto il suo fascino. I suoi alti e bassi. Anche ora, senza tuo padre, ho vissuto molte esperienze allegre. L'età ti libera dalle preoccupazioni quotidiane e ti invita a riempirle di nuove esperienze. Se uno può approfittarne».

Ed era vero! Dal momento che Mami si sentiva bene dopo il suo primo intervento chirurgico e le cure, non perse un minuto per pianificare i viaggi. Il fatto di aver venduto la sua casa a Santo

Domingo l'aveva liberata da un peso. Sopravvivere alla prima fase della sua malattia le aveva insegnato che il tempo era poco se voleva fare le cose che desiderava. Viaggiò ogni estate che poteva, ogni volta in compagnia di una delle sue figlie, oltre che dei suoi nipoti.

Mi ricordai poi di quanto a mio padre piacesse la sua casa. Il gazebo, il giardino di orchidee.

«Non hai avuto nostalgia dopo aver venduto casa?».

«No. La verità è che era una casa molto grande e la mia casa a Kendall va bene. Inoltre, ho ancora l'appartamento a Santo Domingo. Bisogna essere pratici nella vita e non attaccati alle cose».

«E dimmi, com'era la casa di tua nonna? Quella in cui andavi quando eri piccola».

«A te sì che ti piace fare tante domande!», disse alzando gli occhi al cielo.

Confesso che la curiosità mi divorava dentro. E il salvataggio dei dolori non mi metteva paura perché sapevo che per ogni dolore salvato c'era una gioia nascosta. Volevo raccogliere ricordi e memorie prima che il tempo li inghiottisse.

«Sì, voglio sapere tutto, Mami. Ammetto di avere un'insaziabile curiosità sui tuoi nonni. Avrei voluto essere lì. Avrei voluto essere presente quando tutto è successo».

«Sì, ma... se continui a cercare, troverai», mi disse come avvertimento. «E magari quello che trovi non ti piace».

«Cosa può essere, Mami? Cosa può esserci di così drammatico da non poterlo sopportare? So che quello che sappiamo è un errore e che Isidoro è innocente. Mi dispiace... L'ho sentito nel mio cuore».

So che Mami aveva le sue paure. Mentre io desideravo connettermi con le mie radici e immortalare i ricordi, si sarebbe sentita male se fosse stata trovata un'altra famiglia che rivendicava suo nonno italiano come patrono. Da parte mia, non la consideravo un'opzione. Più indagavo, più mi rendevo conto che Isidoro e Bianca erano inseparabili. Avrebbe preferito lasciare i suoi figli a Bologna e affidarli alle cure dei parenti piuttosto che viaggiare senza di lui. Magari sarei stata etichettata come ingenua nella mia ricerca. Questo è quello che penso ora, ma in quel momento non c'era niente che mi spaventasse. Credevo che se ci fossero state altre persone imparentate con lui a New York, sarebbe stato solo meglio per me. Ad esempio, se avessi trovato una sua foto, sarebbe stato un vantaggio; se avessi trovato qualche traccia della sua vita dopo la sua partenza, ci sarebbe stata sicuramente una spiegazione. Ma quando affrontavo l'argomento, Mami insisteva per non parlarne e diceva:

«Dai! Non ha importanza».

«Perché non ne vuoi parlare? Che pericolo c'è nell'indagare?».

Sinceramente, più che trovare un ritratto in mani femminili non consanguinee, avevo paura di non trovarlo. Non trovare dove si fosse sistemato e non sapere mai più cosa gli fosse successo. Di rimanere così, per sempre, nella nebbia di un mito, mentre si aggiusta il cappello a Puerto Plata e scappa da me. Avevo paura di avere uno spazio incompiuto nella linea genealogica dei nostri antenati. Non riconoscerlo come proprio o non conoscerlo, punto. L'alternativa di continuare a pensare a Bianca da sola, fino all'eternità. Il "manca qualcosa" e restare così.

«Perché non ci sono risposte», la sentii rispondere. «Quando gli adulti parlavano, non ci lasciavano essere presenti. "Queste sono conversazioni da adulti", ci dicevano».

«Ecco perché pensi che sia successo qualcosa di brutto. Perché non potevi parlare di lui. Isidoro starà aspettando che lo troviamo!» esclamai, e mentre lo dicevo il mio cuore batteva forte pensando che fosse la verità. E questo mi riempì di motivazione. "Lo troverò", pensai. "Devo costruire una macchina per viaggiare nel passato".

CONFRONTO DI NOTE GENEALOGICHE

23

Un giorno, stavo tornando dal supermercato, Mami aprì la porta e disse:

«Ho appena parlato con Fernando. Se fossi arrivata un minuto prima, te l'avrei passato al telefono. È a Miami, ma parte domani».

«No! Me lo sono perso. Ma secondo te posso chiamarlo?».

Della ricerca genealogica, Mami era sempre l'intermediario per inerzia. Fino a quel giorno, quando mi esortò:

«Chiamalo prima che si occupi di altre cose».

E così feci. Mio zio, sempre così affettuoso, mi rispose, dicendo:

«Oh, figlia mia, come stai?».

Come se fosse naturale o come se parlassimo già da tempo, affrontammo un discorso sulla genealogia. Affascinata dal suo entusiasmo, percepivo persino il suo grande sorriso attraverso il telefono.

Gli raccontai come avevo ottenuto il certificato del padre di Isidoro in Italia:

«...allora, il certificato di Stefano, il padre di Isidoro, era in francese. Il signore non solo ha aspettato che andassi a prenderlo, ma mi ha anche consegnato tutto tradotto da quel francese antico in italiano, l'ha anche annotato senza che io glielo chiedessi. È che... sono così carini lì a San Secondo!».

«In francese!», esclamò zio Fernando meravigliato.

Io continuai:

«Non ricordavo che Parma e Piacenza fossero considerate francesi in quel primo decennio dell'Ottocento. Cercavo e cercavo il nome di Stefano e… il suo nome in francese è Etienne e non lo sapevo… Che vergogna che ho provato davanti a quel signore perché non lo sapevo!». Mi misi una mano sulla testa, tenendo il telefono con l'altra.

«Non si può sapere tutto, figlia mia», disse dolcemente lui.

«Come mai Isidoro e Bianca lasciano la Colombia e arrivano nella Repubblica Dominicana?».

«L'arrivo della famiglia a Puerto Plata ha una sua leggenda», rispose mio zio, felice della domanda. «Si imbarcarono su una nave da Bogotà con l'idea di tornare a Bologna. Tra le braccia portavano il loro primo figlio, Isidorito, nato il 23 gennaio 1897. Percorsero la rotta che allora passava per molti porti e quando raggiunsero Puerto Plata la nave subì un guasto meccanico e dovettero rimanere lì per un paio di settimane. Guardando la città vittoriana così caratteristica, e a mio nonno piacque. Pensò che fosse un buon posto per avviare un'attività e, sebbene avessero poi continuato il loro viaggio verso Bologna, non se ne dimenticò… perché tornò anni dopo…».

«In che anno è successo?».

«Era il 1898. Entrato a Puerto Plata, Isidoro si dichiarò albergatore, dicendo di avere vent'anni di esperienza».

Feci un rapido calcolo con una penna. Commentai:

«Ciò significa che aveva iniziato questa professione all'età di ventisette anni… Perché aveva quarantasette anni quando arrivò a Puerto Plata. Dove avrà iniziato?»

«Forse a Bogotà… anche se avevano sempre desiderato tornare a Bologna», continuò mio zio. «Lei gli aveva chiesto di far nascere i suoi figli in Italia».

Volevo condividere un po' della storia indagata con mio zio ed esordii:

«All'epoca del 1892, gli italiani erano stati invitati a Bogotà per creare arte nelle chiese e nei teatri e per fare di Bogotà una città cosmopolita. Ma nel 1899, non li volevano più perché un italiano, che aveva acquisito potere, aveva voluto avviare una rivoluzione».

«Non sarà il nonno!», disse zio Fernando, divertito.

«No! Bianca l'avrebbe lasciato mettersi nei guai? No! Ti assicuro che non era tuo nonno».

«Hai visto i nuovi siti di genealogia? Ci sono manifesti delle navi. In uno di questi compare mio nonno che salpò da Ellis Island per arrivare alla nascita di mio padre nel 1904»

«Ce l'ho qui». Spostai alcuni fogli che portavo nella mia cartella per leggere meglio mentre mi contorcevo per evitare che il telefono cadesse a terra.

Infatti, come diceva mio zio, nel 1904, Isidoro era partito per la nascita di zio Queco. Aveva lasciato Puerto Plata, passando per New York il 25 maggio. A quanto pare, era arrivato il 2 giugno. Nel manifesto si dichiarava di nazionalità italiana, uomo d'affari. In quei giorni a New York, sarebbe rimasto al DeLogerott Hotel. Per la sua destinazione finale, aveva dichiarato di non aver ancora acquistato il biglietto. Si era inoltre dichiarato marito e padre. Portava con sé cinquecento dollari. Indagai su quell'albergo in cui aveva soggiornato, DeLogerott, e trovai diversi annunci pubblicitari di quel periodo sul giornale. L'edificio è ancora in piedi ed è dove oggi si trova la libreria "Barnes and Noble". Era conosciuto per il suo ristorante francese gourmet. Dissi tutto questo a mio zio.

«Non mi sorprende affatto. Si intendevano di buona cucina. La leggenda di famiglia dice che in gioventù Isidoro partì per il nord. Non sappiamo in che località della Francia soggiornò... ma sappiamo che parlava francese!».

«Isidoro sapeva parlare francese!». Era un'affermazione. Una nuova annotazione del mio caro Isidoro per continuare a colorare la sua vita. «E se ha lavorato in una sede di quell'albergo a Parigi... Come lo scopriamo?».

«Comunque viaggiava molto, era un giramondo! Aveva promesso a sua moglie di essere presente alla nascita dei loro figli. Ed era presente il 18 ottobre di quell'anno al Castello d'Argile. Ho visitato la casa...».

La famiglia di Queco non ha mai lasciato l'Italia. I discendenti mantengono i legami familiari nel presente». Continuò:

«Lo battezzarono nella Chiesa di San Pedro…».

Mi divertì immaginare gli eroi di questa storia, Bianca e Isidoro, che battezzavano un bambino vestito di lino bianco in quella bella chiesa.

«Ho visto un altro arrivo ad Ellis Island. Un altro manifesto della nave», disse. «In questo, aveva indicato che la sua professione era uomo d'affari, dichiarando che la sua residenza era a Bologna e che portava con sé quattromila dollari».

«Ce l'ho!», dissi, spostando il foglio come se potesse vedermi. «È un viaggio di Isidoro e Bianca, accompagnati da due delle loro figlie, Beatriz e Yolanda. Erano partite da Genova il 25 aprile 1905, imbarcandosi sul Konig Albert e arrivando a New York il 10 maggio 1905. Quattromila dollari… a quell'epoca! E come facevi a viaggiare con così tanti soldi allora?».

«In valigia, e una solo per quelli!», disse lui ridendo.

Dissi che nel manifesto della nave Isidoro sottolinea due volte il Nord Italia.

«L'Italia non era ancora divisa in nord e sud? So che gli italiani a New York non vengono trattati molto bene, a meno che non si sappia che sono del nord. È un modo per proteggersi».

«Ricorda che l'Italia non era ancora unificata e inoltre ci fu la grande emigrazione italiana. Quando Ellis Island aprì nel 1892, le navi facevano scalo lì, anche se non era la loro destinazione finale».

Mi sarebbe piaciuto vederli arrivare a New York, cosa aveva visto Isidoro a New York in quel momento? Nella mia ricerca di foto delle strade di questa città, notai la folla sui marciapiedi, che camminava da un isolato all'altro. L'usanza era spostarsi a cavallo. I pochi veicoli a motore erano ancora un lusso.

«Perché viaggiavano così tanto?», domandai.

«La casa era a Bologna, ma l'attività era a Puerto Plata. E lui era un uomo d'affari. Non permetteva a sé stesso di separarsi a lungo dal lavoro. Era molto intraprendente, instancabile e tenace, in un momento difficile. Nonostante ciò, era riuscito a investire e crescere. Portava prodotti italiani e spagnoli che serviva anche in albergo».

Ascoltai affascinata, cercando di memorizzare tutti i dettagli che diceva.

«Tutti i viaggiatori si fermavano per pranzare o cenare al ristorante. Era un obbligo! Senza dubbio, la migliore cucina italiana della zona! Era la specialità del nonno: scegliere il vino giusto e i distillati migliori per ogni piatto. Aveva una reputazione impeccabile per aver portato i migliori vini nel paese... Nonno sì che era un intenditore... Li sceglieva con grande cura».

È tipico delle famiglie italiane parlare dei pasti preparati con grande delizia e zio Fernando mi parlò del vino che veniva selezionato in base al menù:

«La nonna era una cuoca eccezionale e una grande maestra. Era molto famosa per la sua cucina e condivideva questo compito con le sue figlie. Tutte collaboravano a turno; un giorno era il turno di Yolanda e un altro giorno di Mayú. Ognuna aveva la sua specialità».

«*Mamá Chela* faceva degli gnocchi buonissimi», dissi, ricordando mia nonna. «E il modo in cui li faceva... Li modellava quasi uno per uno con la forchetta. Sembravano minuscole conchiglie. Mia nonna era un'artista!».

Tutte queste parole erano indizi per me. Indizi delle sue azioni, delle sue decisioni. Frammenti di parole che raccoglievo e annotavo. E anche quando nei primi anni ero ancora avvolta da una certa ingenuità, pensando che avrei scoperto cose magiche, perché questo incantesimo di ricordi presi in prestito ci avvicina agli antenati.

«Ancora oggi la gente mi manda ritagli di giornale. Le persone anziane... soprattutto se abitavano a Puerto Plata. Il nome di mio nonno compare in relazione a due società di importazione di prodotti: una era "Divanna y Grisolía" e l'altra, "Julio Simón y Asociados"».

Riconobbi i nomi di quelle società da altri appunti che avevo. Uno dei miei desideri era cercare i discendenti di queste società a Puerto Plata e vedere se conservavano documenti, ricevute, carte o lettere commerciali. Forse anche foto o qualche aneddoto familiare che colorasse la vita di quel tempo. Le persone non immaginano nemmeno i tesori nascosti nei loro ricordi e nelle loro soffitte. Sono incontri con il passato addormentato che aspetta di essere risvegliato dalle generazioni future per connetterci con i nostri predecessori e arricchire le nostre vite e conoscenze.

«Ma è stata lei a far andare davvero avanti gli affari», insistette zio Fernando, mettendo sempre Bianca davanti. «Mia nonna, con il figlio maggiore Isidorito…».

La conversazione si spostò sull'Hotel Europa. Mio zio mi descrisse le stanze: qualcuno gli aveva mandato dei ritagli di giornale di inizio secolo.

«Immagino quanto saranno state pulite», dissi, ricordando l'ossessione per la pulizia di mia nonna e delle sue sorelle. Un'eredità di Bianca.

Per un momento rimanemmo in silenzio nei nostri pensieri. Finché non disse: «Vedo che ti piace tanto la genealogia…».

La ricerca genealogica seguiva le caratteristiche del mio essere in modo naturale per me. Penso di essere nata per questo. La convinzione di essere nata per ritrovare lui e altri antenati si era risvegliata molto tempo fa. Per portarli alla luce del presente. Perché questa inclinazione così avida? Sarei riuscita a sapere tutto?

Era così piacevole scambiare appunti di ricerca e aneddoti con zio Fernando. E, più chiedevo, più informazioni ricevevo. Riempivano i miei giorni e i miei taccuini. I ricordi di Mami e zio Fernando mi facevano vivere tante vite, tanti amori… E, naturalmente, mio zio era la fonte di informazioni migliore e più divertente.

La sua voce al telefono era un balsamo, poiché dolce e allegra. Il suo affetto sapevo provenisse da amori ancestrali. Tenevo l'orecchio attaccato al telefono per non perdere nemmeno un fonema che usciva dalla sua bocca.

«È affascinante…», diceva. «Ho la fortuna di ricevere ritagli di giornale da genealogisti e storici di Puerto Plata. Mi hanno inviato annunci che sono stati pubblicati sui giornali dal 1905 al 1911. Anche papà ha lasciato delle informazioni, ora che ci penso. Esaminerò e copierò ciò che trovo di interessante il prima possibile. Ho qualcosa di molto interessante su Isidorito che ti piacerà... te lo mando...».

Noncurante come mia madre nel confutare la storia dell'abbandono, voleva piuttosto formare un albero genealogico. Parlammo ancora per un po', se non altro perché riempiva di entusiasmo anche me. Mi disse date e luoghi di nascita, matrimonio e altre storie di famiglia che completavano quelle di Mami. Mordendomi il labbro, aspettai che finisse per affrontare il tema dell'abbandono, quando disse:

«Non focalizzarti solo su Isidoro. Cerca i suoi nonni e bisnonni. Cerca il più antico in Italia. Vediamo fin dove arrivi. Così ci arricchiremo di genealogia...».

Le parole che risuonarono di più in me furono: "Vediamo fin dove arrivi". Non era la prima volta che le pronunciava, ma sentirle dalla sua bocca e con il suo tono era diverso. Mi arrivavano dritte al cuore perché non era una sfida, né un comando, né un ordine, ma piuttosto era come un invito all'incantevole gioco della vita.

Lui trasformava lo sforzo in una ricerca giocosa per indagare gli indizi che la vita ci offre, per sviluppare le nostre idee con avidità, per riuscire a raccogliere conoscenze con gioia.

Mi appuntai quella frase, mi ricordava l'idea di mia nonna di "amore per il lavoro". Si riferiva all'infondere gioia nei compiti che si svolgono. Affidarsi a loro con il cuore. Diceva: "Bisogna infondere nei bambini l'amore per il lavoro". Io avevo scelto questo lavoro di ricerca genealogica e lo adoravo. Ero motivata dalla fiducia che mio zio riponeva in me. Mi faceva sentire come se *io* potessi delucidare le risposte; mi commuoveva la sua convinzione. Mi dava fiducia in me stessa e il coraggio di portare alla luce i dolori e trasformare la disperazione in ricordi di vita che ci portavano a migliorare le nostre decisioni.

Inoltre, la genealogia in questa famiglia ci univa tutti. Era fonte di felicità perché ci metteva in contatto con parenti presenti e passati, nonni e bisnonni amati e conosciuti o da conoscere. Era come se tutti formassimo un unico cuore. Penso che noi discendenti siamo cellule nel cuore dei nostri predecessori. Un po' di loro, qualcosa che non muore mai, è ereditato in noi e continuerà in noi per sempre. Portiamo al presente i vecchi cuori, i desideri e, insieme ai nostri, li trasmettiamo ai nostri discendenti.

Zio Fernando era davvero il mentore e la guida che mi invitava e sosteneva emotivamente nel mio percorso affinché potessi continuare con entusiasmo. Le sue parole mi davano forza. Con quel talento nell'impartire quella scintilla di buon umore che trasformava un momento noioso o laborioso di un'indagine in un'avventura emozionante e avvincente.

Ogni volta che ricordavo questa frase di mio zio, mi infondeva un'emozione di avventura epica e nei momenti deludenti in cui le mie mani che cercavano, tornavano senza niente, pensavo: "Sì, posso gestire questa cosa. Più che difficile, è affascinante". Anche io volevo sapere fino a che punto sarei arrivata e quali sorprese mi aspettavano. Le sue parole erano una motivazione e una benedizione.

Mi chiedo se questa parte l'abbia ereditata da Isidoro.

APRILE

24

*O*gni anno ad aprile, Mami veniva a trovarmi per il mio compleanno, illuminando con la sua presenza la mia casa per tutto il mese. Le avevo preparato una stanza per lei, la più alta della casa, con una grande e bella finestra rivolta a est. La luce dell'alba entrava con la sua energia sottile. Il mio desiderio era che, aprendo gli occhi, notasse come era illuminata la stanza, che guardasse fuori dalla finestra per ammirare i giardini di tutte le case che circondavano la rotonda del mio quartiere.

I miei vicini sono grandi giardinieri e in questa stagione di fioritura primaverile gli alberi mostrano foglie della gamma rosa, come magnolie e ciliegi. E, sebbene i miei preferiti siano quelli viola, ho la fortuna di avere un'acacia di Costantinopoli sul retro della casa. La cosa meravigliosa è vedere come nascono le foglie direttamente dai tronchi sbucciati, duri e scuri. Come se la luce del colore insistesse per emergere dall'oscurità. Come un miracolo della natura.

Ogni mattina facevamo una passeggiata nei giardini dei miei vicini. In questo giorno di cui parlo, indossavo occhiali da sole con le lenti a forma di cuori che lei mi aveva portato dal suo ultimo viaggio.

«Vuoi che veda tutto con i cuoricini dell'amore?», le dissi

mentre li indossavo per guardarmi allo specchio prima di uscire. Lei era seduta sul letto e si stava mettendo le scarpe.

Quelle passeggiate erano molto piacevoli. Insieme, ci godevamo la loro geometria e il taglio professionale dei giardini. Confesso che il mio giardino non era così professionale né lo curavo molto come gli altri. Sembrava più che altro un'erba sistemata. In mia difesa dirò che non avevo il tempo che ovviamente avevano i miei vicini. Se non fosse stato per le petunie che avevo piantato in vasi che uscivano da tutti gli angoli e ricoprivano i loro vecchi contenitori, e per le bianche margherite che si svegliavano ogni primavera decise e ritte nella loro semplicità a coprire tutte le erbacce che c'erano sotto, non avrei avuto un giardino accettabile. Devo aggiungere la mia ammirazione per queste margherite che, delicate, appuntite e tenaci, nessuno poteva battere. Penso che sia stato per la pura quantità che nascondevano ogni imperfezione che osava apparire sul mio terreno, con i loro petali bianchi diafani, così fragili all'apparenza, ma così forti. Come le donne di questa famiglia!

«Guarda come hanno preso bene le azalee!», esclamò, fermandosi davanti ad alcuni cespugli che stavano in cima alla strada.

Conosceva i nomi dei fiori e degli alberi. Io, invece, non li ho mai imparati.

«Guarda l'albero di jacaranda, come è intenso!».

In Virginia la primavera è bellissima e gli alberi si trasformano in un caleidoscopio di colori infuocati. Abbondano le tonalità fucsia e viola. Begonie, tulipani piantati sotto gli alberi e narcisi dipingono allegramente tutte le strade.

Ho imparato alcune cose, quello sì, del tipo che devi piantare i bulbi in autunno e lasciarli dormire tutto l'inverno fino alla primavera. Sono i primi a germogliare appena prima che l'erba secca invernale diventi smeraldo, gli steli di narcisi e tulipani si facciano avanti, crescano e fioriscano. Prima che passi il primo tagliaerba, li raccolgo. Li salvo! Mi riempio le braccia di tulipani e li distribuisco in vasi per tutta la casa per rendere il nostro soggiorno allegro. Il mio sogno è vivere in un giardino; magari mettere al centro il mio letto di ferro broccato circondato da colori e profumo di fresco e svegliarmi e vedere il volto sorridente di una bergera o di una rosa.

E perché no? Bere il mio caffè appoggiando la schiena al tronco di un albero mentre mi godo il volo di un colibrì. Come quelli che c'erano in casa di mio nonno Joaquín, il padre di mia madre.

Il gusto di Mami per i fiori doveva averlo ereditato da suo padre Joaquín, che noi nipoti chiamavamo Quin-Quin. Ogni anno, per il suo compleanno, chiedevamo a Mami cosa gli avremmo regalato e lei diceva:

«Regalategli dei fiori, che è ciò che più gli piace».

Una volta, quando era ricoverato in ospedale, volli scoprire il motivo della sua passione per i fiori. Lui alzò gli occhi al cielo e mi rispose:

«Non posso più andare a trovarli, quindi lascio che mi visitino loro»

«Ma devi tagliarli per prenderli». Io pensavo che fosse un atto di morte, ma mio nonno mi fece cambiare idea.

«Se non li tagli e non me li porti, si rattristano e appassiscono più velocemente. Così, moriranno da soli nel campo. Devi prestare attenzione ai fiori. A loro piace che ci si diletti nel curarli. Per questo sono nati. Per loro natura, hanno desiderato essere il meglio che potevano. Come essere ammirati. Si nutrono della nostra gioia. Prendendoli, permetti loro di mantenere le loro promesse di riempirci di bellezza e li aiuti a svolgere il loro lavoro», mi rispose.

Forse per questo motivo, quando eravamo in macchina, Mami si godeva particolarmente i giardini dei quartieri in Virginia.

«Che belle magnolie!».

«Fortunatamente i miei vicini ne hanno piantate alcune!», dicevo, grata e anche sollevata dalle aiuole lucenti del vicino. Anch'io ero grata di assistere a quel prodigio di far crescere la natura, oltre ad adorare il fatto che a Mami piacessero.

Per le visite annuali di Mami, organizzavo le attività durante tutto l'anno. Non solo passeggiate insieme, ma cercavo di inserire qualcosa di nuovo e allegro nella stanza a lei dedicata. In questa occasione, la dipinsi di lavanda e le comprai delle lenzuola a fiori. Alla vigilia del suo arrivo, accendevo una candela profumata per riempire l'aria di profumo; così, quando entrava, avvertiva di poter dormire nella sua stessa primavera. Avevo preso una foto di lei con papà, sorridenti per sempre, e l'avevo messa sulla mensola sopra la testata del suo letto. Era molto felice ogni volta che la vedeva ed entrando nella sua stanza, la prima cosa che si vedeva era la foto.

Un giorno, uscendo di casa e salndo lungo la salitina, l'albero di mirto fece cadere su di noi piccole foglie rosa. Sembravano coriandoli e sembrava di stare in una carrozza. Rallentai l'auto quasi completamente lasciando che riempissero il vetro anteriore.

«Beh, quando andavi nella carrozza della regina, non cadevano così tanti coriandoli», scherzavo.

Glielo dissi perché avevo sentito un aneddoto da papà. In un'occasione, ci disse di averla vista mentre sfilava con i suoi amici in una parata. Disse che erano tutte travestite da fate della natura, con corone di fiori appuntate ai capelli. Ballavano a piedi nudi e anche le caviglie erano adornate di fiori, tra alberi fatti di cartapesta e i cui rami danzavano, mossi da fil di ferro, legati con farfalle di seta dai colori sgargianti.

Accanto a me, Mami si perse nei suoi ricordi:

«Ero su una carrozza di fate, noi eravamo le regine della natura del carnevale. Da lontano, tuo padre mi vide. Era seduto in un ristorante, di fronte al lungomare dove si poteva vedere l'intera sfilata. In quel momento, mandò un ragazzo a parlarmi per invitarmi a bere qualcosa. Gli dissi che non potevo lasciare le altre ragazze e lui rispose che ci invitava tutte. Immagina, tutte noi che lasciamo la sfilata! Quindi, gli risposi che ero scalza perché il costume non comprendeva le scarpe. Ma lui mi mandò le sue scarpe!».

«Com'era divertente papà!», risi divertita. La storia è viva nella mia mente.

Era la mia gioia ascoltare le loro storie di quando erano giovani. In un'altra occasione, mi ricordai che papà le aveva chiesto di uscire quel fine settimana. Raccontò che, in quell'incontro successivo, festeggiarono con uno champagne rosato frizzante. Come mai a quel tempo esistevano bevande frizzanti rosate? Dev'essere stato intorno al 1950, immaginai. Mi disse che l'accompagnatrice per quell'evento era Marocha Azar, cioè mia zia perché in seguito sposò lo zio Nelson. Zia Marocha rideva molto facilmente ed era una di quelle persone a cui piaceva tutto. Li immagino seduti nei loro vestiti lunghi e mio padre molto galante. Immagino le loro risate divertenti e le occorrenze di quella serata speciale.

Erano passati così tanti anni e ora mi stavo godendo un ricordo preso in prestito. Mi piaceva il vento e il dondolio della macchina che lasciava cadere le foglie rosa che erano ancora sul parabrezza. Quel giorno, stavamo andando a visitare il Giardino Botanico di Washington DC, di fronte al Campidoglio. Le avevo proposto di fare una passeggiata lì perché i ciliegi giapponesi erano nel loro pieno splendore glorioso. Si tratta di un dono del Giappone agli Stati Uniti nel 1912 e circondano la laguna del Jefferson Memorial. In quel periodo, tutti venivano a vederli in primavera. Quel piano implicava un'intera mattinata nel traffico per arrivarci, ma avremmo sicuramente trovato un posto nel Giardino Botanico, dal momento che nessuno avrebbe pensato di visitare il giardino delle orchidee quel giorno. Non mi preoccupavo troppo perché avremmo avuto la fortuna di goderceli dalla macchina.

Una volta raggiunta la nostra destinazione, entrammo alla mostra delle orchidee. Mami amava molto le orchidee e ne sapeva molto. Nella casa dove sono nata e cresciuta, aveva un bel giardino in cui spiccavano. Dopo la vendita di quella casa, ora sembrava come se stessimo andando a trovare vecchie amiche. Rimasi stupita quando notai che Mami sembrava paragonare nella sua mente questo giardino di fiori con quel ricordo familiare del suo giardino di orchidee:

«A casa ho questa e questa. Ah! Guarda com'è carina! Quella non ce l'ho!».

Rimasi al suo fianco, un po' stordita guardando quello che mi mostrava e ascoltando i suoi commenti. *Perché parlava tanto della sua casa? Non aveva una casa!* Non volli ricordarle che non aveva nemmeno più quel grande giardino e, soprattutto, quelle orchidee! Né nei frutteti del suo appartamento; né nella sua casetta a Kendall. Non crescevano così abbondanti e robusti come nella vecchia casa di Santo Domingo. Ma comunque, l'ascoltavo e annuivo.

«Sì, sì... Quelle rosa... *Uhu!* Spettacolari... sì».

Anche se mi sentivo un po' scettica, non volevo smettere di

sostenerla nel suo apprezzamento. Continuava a usare il presente, come se avesse ancora un giardino di orchidee, che sapevo non aveva più. Fece qualche passo e si fermò ad ogni cartello posto davanti ai fiori con informazioni sulla pianta in questione. Leggeva ogni cartello, uno per uno, pronunciando i loro nomi, quello scientifico e quello comune:

«Orchidea Ansellia… Orchidea Brassia…».

Li menzionava a sé stessa e poi ad alta voce affinché lo sentissi come fossi una bambina a scuola.

«Masdevallia, detta anche cometa, orchidea colibrì. Di queste ne ho una e si presentano in giallo papavero…».

A volte mi chiedeva anche di leggerli. Mi ricordò quando lo faceva con le sue amate battute sul computer quando apriva la posta.

All'inizio, ero dedita e persino felice del suo interesse nel conoscere ogni nome, ma dopo un paio d'ore controllavo l'orologio ogni istante per paura di rimanere intrappolate nel traffico mentre tornavamo a casa. Non avevo imparato che parte della vita consiste nell'apprezzare i fiori e la bellezza intorno a noi e che l'ammirazione per la bellezza è una preghiera. In quello spazio e in quel tempo, lei me lo stava insegnando e avrei dovuto essere così gentile da ricevere la lezione, ma la mia mente si rivolse alla sua ossessione per il tempo e guardavo solo l'orologio.

«Anche io ne ho di queste, ma in arancione, con puntini neri… Quando fioriscono, durano moltissimo. Lì dice che viene dall'Indonesia. Guarda! Questo non lo sapevo…».

Stavo quasi per correggerla e ricordarle che non aveva più un giardino. Non ne aveva nessuna arancione con puntini neri o cose del genere. Quella casa era stata distrutta! Non se lo ricordava? Improvvisamente, un'idea mi illuminò. Fu come un sospiro di infinita pazienza del divino: "Impara da tua madre", sembrava sussurrarmi. "Lezione numero uno: l'ammirazione per la natura è una preghiera; sì, capito. Lezione numero due… Qual era la lezione numero due?".

Mentre mia madre confrontava, apprezzava e ammirava i fiori nel suo giardino chimerico e quelli che vedeva, vivi e vegeti, nella

172

vita reale, mi resi conto che vedeva oltre l'ovvio. Aveva dentro di sé il suo giardino completamente intatto, sano e pieno di colori. Aveva in mente un'eterna primavera che somigliava al giardino che aveva avuto una volta. Mentre io concepivo la mia casa distrutta, lei, nel suo essere, l'aveva totalmente intatta e piena di fiori per sempre, tutto l'anno. Ancora meglio: le faceva godere della bellezza e non solo di quella esteriore. Il suo apprezzamento era come raccogliere fiori nella sua mente e riempire il suo giardino interiore fino a traboccare. Fiori belli, sani, limpidi, qual è la differenza tra questo e qualsiasi ricordo? I fiori che aveva scelto per il suo giardino erano fiori che conservava nella sua memoria. Secondo lei, non c'era differenza tra il giardino che vedevano i suoi occhi e quello di cui poteva godere con la sua anima. Così capii. "Lezione numero due: fai tesoro di un giardino interiore".

Sulla via del ritorno sulla Route 66, mentre ero preoccupata per il traffico guardando la coda di macchine davanti a me, lei stava guardando da ogni lato della strada. Poi mi disse:

«Che bei fiori ci sono sul ciglio della strada! Quando vai e torni dal lavoro ogni giorno, è sempre così?».

Distolsi lo sguardo e guardai ad ogni lato della strada. Con stupore notai che... era totalmente vero e reale. La strada era piena di fiori. E non di qualsiasi tipo di fiori! Da un lato, il colore giallo dei narcisi adornava l'erba verde che separava le strade, e alla mia destra c'erano fiori di campo rossi che sembravano piccoli papaveri ma che riempivano il verde come un tappeto di vitalità. Una meraviglia. Sparsi lungo la strada, ci accompagnarono per tutto il tragitto. Se non me l'avesse fatto notare lei, non me ne sarei accorta. Mi sarei persa il momento presente. Dolcemente su di me, come rugiada mattutina, si posò un'altra lezione. E io, umile studente, alla fine l'accettai. Alzai gli occhi al cielo per ringraziarlo. "Il presente è pieno di bellezza" e "Notare la bellezza che ogni giorno ti offre" facevano parte della stessa lezione di prima.

«Ora li vedo e ne sono a conoscenza, Mami. Grazie a te».

SOGNO

25

Ogni volta che Mami veniva a trovarci, facevamo colazione nella terrazza posteriore per goderci il bel tempo e gli alberi che germogliavano in primavera. I miei bambini adoravano sedersi accanto a lei. Alex, quello di mezzo, la chiamava affettuosamente "nonna biscotto" e la seguiva per tutta la casa.

Così, abbiamo scoperto che Mami, di nascosto, gli dava i biscotti che le avevamo chiesto di non dare ai ragazzi perché non erano biologici. Ma lei riusciva a comprarli e quando non ero attenta glieli dava. Non era un segreto che le donne di questa famiglia facessero quello che volevano, così all'improvviso Alex appariva davanti ai miei occhi con un biscotto in mano.

«Mami, smettila di dare quei biscotti ad Alex, che è già cicciottello», le dicevo.

Al che lei rispondeva:

«Lasciami essere una nonna. Se non ti piace, non guardare!».

Una mattina fresca e piovosa, decidemmo di restare a casa. Sedute al tavolo davanti alla finestra, ammiravamo l'erba verde, gli alberi con le foglie colorate e le begonie multicolori. Mentre spalmavo un po' di marmellata sopra il formaggio bianco, Mami aveva qualcosa di cui lamentarsi e mi disse:

«Da quando sono qui, non ho mai sognato tuo padre. Penso che

sia tu quella che mi impedisce di sognarlo. Hai fatto qualcosa...»,
mi accusò.

Aprii la bocca, stupita. Primo, perché mi stava accusando di
qualcosa di insolito, non avevo il controllo sui suoi sogni con papà.
Secondo, perché i sogni con papà erano la cosa più preziosa per me,
per lei e per le mie quattro sorelle.

Lasciatemi dire che i sogni con papà per noi sono come oro.
Anche più preziosi dei fiori o di vincere alla lotteria. Dopo la sua
morte, ogni volta che una di noi riceveva una sua visita, la condivideva nei minimi dettagli come un vero privilegio. Erano come dolci
per l'anima.

I sogni con i nostri cari assenti saranno vere visite? Per
rispondere devo chiedervi di mettere da parte l'incredulità.
Diamo un'occhiata alle credenze. È una credenza familiare che le
persone buone vadano in paradiso. Quindi, papà è in paradiso.
Chiaro no?

Secondo la tradizione cattolica, San Pietro custodisce le porte
della gloria. Così, ho immaginato mio padre, un malizioso eroe del
cinema, sistemare i film per distrarre il portiere e uscire in punta di
piedi attraverso l'ingresso sacro per attraversare le dimensioni e
scivolare nei sogni e visitarci in questo modo. Per noi, sicuramente
mio padre ci riuscirebbe. E che succede se in paradiso non tutti
quelli che arrivano si comportano bene o stanno zitti al loro posto?
Credo che anche lì si facciano marachelle perché altrimenti non
sarebbe il paradiso! E da come mi raccontano i cugini di papà, lui
da bambino era birichino. Quindi, sapevo che sarebbe stato in
grado di farci visita nei sogni!

«Ah, cosa darei per sognare papà!». Respirai profondamente
l'aroma del caffè mentre chiudevo gli occhi. Mi ricordai di un
sogno che io e mia sorella Cristina avevamo fatto lo stesso giorno,
nell'anno della sua morte.

Nel sogno, lui era di spalle come se seguisse un sentiero di sassi
bianchi che terminava in un limpido azzurro. Camminava come se
si stesse allontanando, ma poi si fermò, si voltò sorridendo e allo
stesso tempo corremmo entrambi come bambini per venirci incontro. Ci abbracciammo forte e a lungo, molto a lungo. Quando ci

separammo, ci guardammo ridendo e piangendo, salutandoci. Lo vidi allontanarsi verso il blu brillante.

Era lo stesso sogno che Cris aveva fatto con papà! Lui camminava allontanandosi da lei, poi si voltava per guardarla, si abbracciavano forte e tornava per entrare nel grande celeste. Non dubito che tutte le sue figlie abbiano fatto lo stesso sogno quella notte, ma solo io e Cristina riuscimmo a ricordarlo (e mia cugina Isabel, leggendo questo, mi disse che lei e suo fratello Fede avevano fatto un sogno simile nello stesso periodo).

Tornai alla realtà con la mia tazza di caffè e rimasi sorpresa quando mi girai per vedere Mami. Aveva il broncio. Pensai: come avrei potuto *"fare qualcosa"* per non farle sognare papà?

Mi mortificò.

«E cosa ho fatto per evitare i tuoi sogni con papà? Come pensi che possa evitarli, se quello che vorrei di più è che qualcuno di noi sognasse papà e che me lo raccontasse?».

Sospirai. Non mi era mai passato per la mente di poter perdere mio padre così presto nella vita e che i miei figli non si sarebbero goduti il loro nonno come avevo fatto io con i miei. Prima della sua morte, pensavo che avrei sentito i miei figli fare domande ai loro nonni e che avrei ascoltato le loro voci mentre trasferivano la loro saggezza. Come era successo una volta, mentre viaggiavo in macchina con papà, mio figlio maggiore, André, gli chiese:

«Nonno, come volano gli aerei?».

Eravamo appena atterrati all'aeroporto di Santo Domingo. Mio figlio credeva già che suo nonno sapesse tutto. Mi piacque la sua domanda. E mio padre, senza perdere un secondo e con un linguaggio semplice e la sua voce amorevole, gli spiegò che la velocità genera la forza di portanza che solleva l'aereo durante il decollo. Volle fare un esperimento. Chiese a mio figlio di allungare il braccio con la mano piatta parallela al suolo e gli disse: "Inclina leggermente il palmo e vedrai come lo solleverà la velocità del decollo…".

Sospirai pensando a quel ricordo. André aveva sette anni e sorrideva mentre il suo braccio si alzava. Mi diceva con entusiasmo:

"Mami, guarda come mi si alza la mano! Così posso volare anch'io!".

La risata di mio figlio... La risata di mio padre... Insieme, erano melodia nel mio cuore. Desideravo più momenti come quello: la sua eredità passata ai suoi nipoti senza interferenze o interpretazioni, e invece guarda cosa è successo!

Io, qui, sola, a ricordare e raccontare. Sospiro.

MAMI INSISTETTE, riportandomi alla realtà.

«È che non permetti a tuo padre di farmi visita nei miei sogni! Sospetto che tu abbia fatto qualcosa per impedirlo».

Hai fatto qualcosa!

Volevo dirle chiaramente che non avevo il potere di impedire a una persona cara in spirito di visitarci nei sogni. Ma lei insisteva con l'assurdo sospetto che avessi fatto... *cosa?* Ero affascinata e allarmata, perché eravamo entrate accidentalmente in un territorio mistico. E lei non era per niente da toni cabalistici.

«Cosa pensi che abbia fatto? Una specie di incantesimo? Quando la cosa che vorrei di più è sognarlo e che tu lo sognassi! Se è così che funziona, che si può invitare papà e altri cari che risiedono in paradiso a venire a trovarci, beh avrei inviato gli inviti in anticipo! E passerei tutto il tempo a sognare i miei antenati! Tutti!». Stavo per aggiungere, *"persino tuo nonno, quello che tu non vuoi"*, riferendomi a voi sapete chi... ma mi fermai lì perché mi sfidò come una madre e con questo il sangue di questo cognome si iniziò a infastidire:

«Beh, chissà cosa fai...».

«Dai, mamma, spiegati». Poggiai la tazza sul tavolo per guardarla in modo che non mi sfuggisse. Non sapevo se ridere o piangere.

«Hai fatto qualcosa perché non riesco a sognare tuo padre». Lei era così schietta nella sua sicurezza.

«Ma comeeee?». Era tanto tempo che non la sentivo esprimersi così, con quel tono familiare di quando ero piccola e mi rimproverava, e adesso sembrava una vecchia abitudine.

Pensierosa, iniziò a sgranocchiare un delizioso toast. Ci aveva spalmato sopra la marmellata di arance mediterranee e l'aveva assaggiato lentamente, come se soppesasse ogni boccone.

Poi, lo disse:

«Come se avessi chiesto a un santo di proteggere la tua casa o qualcosa del genere. Per non far entrare gli spiriti».

Questa idea esplose nella mia mente come qualcosa di inverosimile. Scossi la testa con veemenza e persino risi. E vidi la sua espressione tornare di nuovo offesa. Lo credeva seriamente!

«No, Mami… come può essere!».

Improvvisamente, le mie parole suonarono vuote. Un vento freddo colpì i ricordi nella mia testa con innegabile chiarezza. La lucidità di un evento. Un atto che avevo compiuto molto tempo fa tornò nella mia mente e smisi di ridere. La guardai stupita. Non potevo credere che avesse ragione. Infatti! Era successo qualcosa e… Ma era possibile? La guardai con gli occhi spalancati e le sussurrai:

«Non può essere… è solo una coincidenza…».

Il mio cervello girava. Se l'idea di sognare una persona cara suona un po' esoterica e misteriosa, l'idea che avessi fatto "qualcosa", qualche magia o qualche incantesimo, era molto più assurda. Eppure, più ci pensava, più pensava di poter avere ragione. La guardai a bocca aperta.

«Te l'avevo detto!», sorrise trionfante.

CERCAI di ricordare nei minimi dettagli cosa era successo quando Alex soffriva di incubi. Con parole balbettanti in un primo momento, cercai di spiegarmi come meglio potevo.

Alcuni anni fa, quando la persona che si occupava dei miei figli aveva tragicamente perso la vita e la sua auto era stata trovata sul retro della casa di un vicino, davanti alla scuola. Non si era schiantato o altro. Si era semplicemente "fermato a morire".

La perdita improvvisa di una persona così cara, così vicina alla famiglia e che faceva parte della nostra quotidianità, era stata devastante per tutti noi; soprattutto per Alex, che avrà avuto tra i sei e i sette anni, e cominciò ad avere gli incubi. Una notte si era svegliato di soprassalto, correndo dal suo letto alla nostra stanza per venire da me. Aveva spinto la porta con tale forza che il legno si era spezzato. Era saltato tra le mie braccia e tremava dalla paura.

Io non ho paura della morte e, stranamente, non credo ai fantasmi. Ma so anche che molta paura fa male e che una madre calma è la migliore medicina per un bambino in preda all'ansia. E siccome non sono come Chela, mia nonna, che sa tutto, avevo fatto quello che potevo: cercando aiuto e rimedi casalinghi per placare la sua ansia.

Così, dopotutto, mia madre aveva ragione. Avevo fatto "qualcosa". Avevo fatto più di "qualcosa".

Avevo portato il bambino da medici, psicologi e consulenti professionali per chiedere aiuto. Anzi, eravamo andati tutti. Ma nonostante questo, e mentre tutti gli altri membri della famiglia si stavano riprendendo più o meno bene, Alex continuava a essere nervoso. Andava bene portarlo dai dottori e dai medici, ma perché non provare qualcos'altro per alleviare i suoi dolori e le sue paure? Ormai, avevo imparato a meditare e sapevo che la forza dell'intenzione e della preghiera sono potenti nelle madri. Così, avevo deciso di fare una preghiera a Dio e a tutti i santi. Mi ero seduta al centro della mia casa e l'avevo immaginai immersa in una luce che dissolveva il negativo ed esaltava il positivo. Era come una combinazione di preghiera e meditazione guidata che avevo imparato da qualche parte, chissà dove. Forse, me l'ero inventata. Che differenza fa? Con gli occhi chiusi, i piedi per terra e la mente calma, avevo fatto una richiesta alle grandi potenze spirituali. Avevo chiesto a Gesù e agli angeli della protezione di non permettere a nessuna energia di avvicinarsi alla casa. "Né buona, né cattiva", per stare sicuri. Avevo rappresentato nella mia mente le pareti bagnate da una luce divina di protezione. Una luce densa, forte e amorevole che sigillava tutto e non lasciava entrare nulla.

Non l'avevo fatto con paura, ma con convinzione. Ho la coscienza pulita e ho fede nella compassione divina. Rimango positiva, fiduciosa che abbiamo la Sua protezione. Sono di quelli che pensano che le preoccupazioni siano preghiere contrarie ai nostri desideri, negative. Che l'unica paura da temere è… la paura stessa. Dobbiamo rivedere i nostri pensieri ogni giorno, per timore che, preoccupandoci, soprattutto se lo facciamo regolarmente e automaticamente, attiriamo negatività.

Questa azione era stata solo un complemento a tutte le altre cose tradizionali che avevo fatto per Alex: uno sforzo in più da parte di una madre disperata che non vuole vedere suo figlio soffrire neanche per un minuto. Dopo aver visitato tutti i medici e i consulenti che potevo, era un'aggiunta, un "per ogni evenienza". Penso anche che dopo aver eseguito la visualizzazione, devo averla dimenticata. Non ho mai attribuito a questa pratica la successiva pace che regnava in casa.

Ora, davanti a Mami, pensai che tutto questo insieme —dottori, meditazioni, come questo esercizio— fosse ciò che aveva funzionato. Così, glielo spiegai. Le dissi che senza sapere come, quella pace tanto agognata è stata raggiunta quando Alex non aveva più avuto incubi.

«Lo sapevo!», disse, alzando il mento come vincitrice. Già più calma.

«Forse è stata la combinazione di tutto: i medici, il tempo…».

Mi stavo giustificando troppo. Se ci credeva, che differenza faceva? Inoltre, se si fidava, potevo fidarmi anch'io. Potrei confidare che Dio ha una preferenza per le madri rispetto ai loro figli. Le stesse intenzioni delle madri sono potenti e possono produrre pace e convinzione nei cuori dei figli. Io sentivo la sicurezza di Mami in me.

Da parte sua, lei era così sicura che questa preghiera-meditazione di protezione fosse la chiave affinché tutto finisse bene che disse:

«Bene. Hai ancora bisogno di protezione? Non più! Quindi toglila così che possa venire a trovarmi in sogno e che io possa sognarlo… perché ne ho voglia!».

Me lo disse così seriamente che io reagii subito.

«Ho già spento la luce! Guarda come è facile», risposi con una risatina. Ma lei non rideva e io dovetti chiudere gli occhi e immaginare la casa con la luce bianca, ma con l'intenzione di far entrare il bene. "Che entri solo il bene!".

E soprattutto mio padre.

Aprii gli occhi e la guardai. Alzai le sopracciglia affinché mi credesse e presi la mia tazza di caffè tra le mani.

Il resto della giornata trascorse tra passeggiate e uscite, pasti e spuntini, e mi dimenticai di questa storia per il resto del pomeriggio.

Il giorno dopo, arrivò molto felice al tavolo della colazione. Come il giorno precedente, eravamo sedute una accanto all'altra, bevendo caffè e ammirando il patio.

«Oggi mi sono svegliata con un bacio che mi ha dato tuo padre».

La guardai sbalordita. La visualizzazione di ieri era per stare al gioco. O no?

In risposta, feci un gesto di assenso insieme a un *uhu*, molto tipico di mia nonna Chela.

«Raccontamelo, Mami. Come è stato?».

«Stavo dormendo e lui era in piedi accanto a me. Mi sono svegliata quando l'ho sentito. Tuo padre mi ha svegliata con un bacio».

IL FIGLIO MAGGIORE, ISIDRO

26

Nel novembre del 2006 venni operata alla schiena per un'ernia del disco. Per quell'occasione, Mami venne a stare con me per una settimana. In quei giorni, ricevetti un'e-mail da mio zio Fernando in riferimento a Isidorito, il figlio maggiore di Bianca. Mio zio era molto attratto dalla sua storia. Allegò un ritaglio di giornale.

Lessi: "È un aneddoto che parla di un evento accaduto nel 1918. Isidorito è menzionato come Isidro. Era il più grande e il grande sostegno di mia nonna. Era responsabile dell'hotel perché sai che mio nonno se n'era andato. Mio padre, che era più giovane, viveva ancora in Italia".

Mostrai a Mami quello che avevo ricevuto:

«Guarda cosa dice zio Fernando...», dissi mostrandole l'immagine giallastra del pezzo di giornale sullo schermo. «Lo sapevi che a Puerto Plata lo chiamavano Isidro? Mi piace quel nome per lui: Isidro. Si abbina al suo modo di essere, che cambia da ragazzo a giovane uomo. Un adolescente che è un adulto prematuro. Personalità e carattere»

«Non è per il nome, ma per il cognome!», disse Mami con energia. «Questa famiglia ha caratteri forti. Tutti!».

Leggemmo insieme il pezzo di eredità di famiglia che avevamo ricevuto. In seguito, cercai il contesto storico di ciò che stava accadendo nel mondo per scoprire cosa fosse un bolscevico, termine usato nella pubblicazione. Scoprii che un bolscevico si definiva come un "membro della maggioranza" in relazione agli eventi avvenuti in Russia all'inizio del XX secolo.

Quando la monarchia russa fu rovesciata, il bolscevismo ebbe come scopo, tra gli altri, quello di distribuire le terre alla classe povera e contadina. Farebbe parte del movimento che avrebbe portato al comunismo. Quell'ideologia era stata vista come una notizia a Puerto Plata, ma non aveva mai preso piede.

Questo perché le persone di quel luogo erano altamente imprenditoriali e dedite alle loro aziende; pionieri che, come i miei antenati, erano venuti per stabilirsi e prosperare: non volevano privilegi o doni, ma guadagnare con il proprio lavoro. Furono questi stessi a pavimentare le strade e ad allacciare i cavi per l'elettricità, prima che venisse emanata l'ordinanza statale.

Va notato che gli abitanti di Puerto Plata mantenevano la loro città impeccabile. Tanto la gente del posto quanto gli stranieri influenzavano l'innovazione e il progresso.

Ma non li distinguevano solo l'ordine e la pulizia, bensì anche un insieme di gradite usanze straniere: nel pomeriggio prendevano il tè, all'inglese, invece del caffè, e giocavano a *bridge* e non a basket. Insomma, era un popolo che naturalmente voleva essere cosmopolita e che accoglieva culture diverse. Uno stimolante mosaico progressivo di imprenditori.

A quanto pare, il nostro coraggioso Isidro aveva visto arrivare un nuovo ospite, come tanti altri. Notò che questo si era fermato a guardare l'albergo da cima a fondo. Era un edificio di tre piani con un balcone che circondava il secondo piano, dove erano disposte le stanze. Dalla porta del suo ufficio, c'era Isidro, alto come suo padre e con abbondanti capelli castani e occhi chiari, osservando il visitatore che entrava con una valigia e un certo disordine. Vide che l'aspetto del viaggiatore era un po' doloroso, ma lo attribuì al lungo viaggio. E se c'era qualcosa che veniva offerto nell'hotel, era dignità, sostegno e riposo.

Una delle sue sorelle lo avrebbe accolto e avrebbe chiesto la sua firma per il libro degli ospiti. Le figlie di Bianca, ancora adolescenti, si occupavano delle richieste dei visitatori e di offrire loro la migliore ospitalità. Oltre la *reception*, si vedeva la sala da pranzo con sedie e tavoli molto ben posizionati. Le ragazze si muovevano senza sosta, disponendo tovaglie e posate, strofinando un panno pulito su qualunque superficie incontrassero, lucidando ogni spazio e raddrizzando ciò che era fuori posto. Quella che si occupava della cucina, per la quale si alternavano, vestiva con un grembiule bianco e un cappello di cotone e muoveva un mestolo nelle pentole fumanti con mani pulitissime che spuntavano dalle camicie arrotolate. Un'altra sorella misurava la farina, un'altra scioglieva il burro, preparandosi a impastare alla perfezione la pasta, sia a pranzo che a cena.

Isidro era l'epitome di un gentiluomo e, a diciotto anni, tirava le fila di un'impresa impegnativa. La cronaca giornalistica che mi aveva inviato mio zio raccontava che il giovane aveva accettato di ospitare in albergo l'insolito individuo. Il ragazzo dichiarò prima di essere venezuelano, ma non chiarì subito le sue inclinazioni verso la parte russa. Nell'hotel venivano accolti con rispetto ospiti provenienti da tutto il mondo, indipendentemente dalla loro tendenza ideologica.

Come di consueto, gli diedero una camera da letto per alcuni giorni. Ma, il giorno dopo, i suoi atteggiamenti in qualche modo insospettivano. Bianca e il figlio maggiore notarono qualcosa in lui che fece prestare loro singolare attenzione. L'ospite non permetteva di entrare nella sua stanza per pulirla. Questo fece sollevare un paio di sopracciglia nella famiglia di Bianca, poiché erano orgogliosi dell'igiene e dell'ordine. Sui giornali le stanze venivano descritte come "sanificate". E so, per eredità, cosa significa per quelle donne! Sebbene l'atteggiamento fosse motivo di allarme, lo lasciarono perdere per un giorno, ma… due giorni? Era troppo. La direzione rimase all'erta.

Poi furono colpiti dall'arroganza dell'individuo, che non smetteva di criticare gli affari di Puerto Plata. Mentre assaggiava il cibo nel ristorante dell'hotel, con il tovagliolo bianco legato intorno al collo e alzando la forchetta, si dichiarò simpatizzante del movimento bolscevico. Senza ulteriori indugi, accusò lo sfruttamento dei lavoratori. Questo sarebbe stato fatale per la mia bisnonna Bianca, che veniva già chiamata Doña Blanca, i cui figli lavoravano fianco a fianco con i suoi dipendenti.

Immagino questo ragazzo, dall'aspetto poco igienico, che parla male di tutto e di tutti, che critica davanti a una cena impeccabile e succulenta presso il ristorante più prestigioso della città; con gesti esagerati e ritenendosi un grande uomo, chiedendo altro vino e mandando giù un secondo piatto mentre la sua voce ne scaldava più di uno.

Abusando dell'ospitalità, cominciò a offendere gli altri commensali. Il giovane Isidro non riuscì più a sopportare la situazione quando le sue sorelle, che si occupavano del ristorante, lo chiamarono per osservare la scena. Sentì dire da lui cose terribili. Con un atteggiamento determinato, il ragazzo energico (che portava il famoso cognome per forza di carattere, secondo mia madre) chiese all'uomo di pagare il conto e di andarsene. Ma il delinquente rispose con un rutto:

«Non sai chi sono? Sono un bolscevico!». E agitò con arroganza la forchetta in faccia al giovane Isidro.

«Non mi interessa», rispose il giovane con veemenza. «Questo sarà anche un hotel, ma prima è un'attività di famiglia. E lei deve pagare il soggiorno e tutti i pasti consumati. È un abuso alla nostra ospitalità. E non solo a noi, ma ai nostri dipendenti che si guadagnano da vivere con questo».

Il delinquente, offeso, brontolò con il coraggio che l'alcol induce. Sosteneva che era lo Stato che doveva pagare, perché per lo Stato erano tutti uguali.

L'autore dell'aneddoto sul giornale dichiarava che, a parte l'offesa verbale, offendeva anche a livello fisico. In poche parole: emanava un odore così sgradevole da inquinare il posto. Fu proprio la sua mancanza di pulizia la goccia che fece traboccare il vaso, oltre al fine senso dell'olfatto dei membri di questa famiglia. Come per firmare la scena, vomitò una serie di parolacce davanti ai presenti nel locale. La discreta clientela, che si aspettava ed era solita ricevere una cena deliziosa in un'atmosfera elegante ma accogliente, si sentì a disagio. I commensali si spostarono sulle sedie.

Senza pensarci due volte, Isidro entrò nella stanza di quest'uomo, prese la sua valigia e tutte le sue cose e le gettò in strada. Lo scrittore spiegava che era un atto di eroismo, poiché la valigia puzzava più del proprietario. Quando il bolscevico lo vide, si alzò dalla sedia, atteggiamento di cui Isidro approfittò per prenderlo a calci e mandarlo fuori con una sola spinta. Di conseguenza, lo sconsiderato colpevole sarebbe stato cacciato dalla città, tra grida e imprecazioni.

Immagino Isidro aggiustarsi la giacca scuotendo la testa. Degno figlio di Bianca, trattava chi gli era vicino con onore e con le più alte regole di cordialità. Ma in quell'occasione, aveva dovuto fare ciò che era giusto fare.

QUANDO TERMINAI di leggere questo aneddoto dello zio Fernando, chiesi a Mami se ne conosceva altri. Che altre cose dicevano le sorelle di Isidro? A chi assomigliava? Non ci pensò molto:

«Era la figura paterna per loro, ma... Non conoscevo quella storia del giornale».

«Suppongo che fosse come i miei zii, Frank e Fernando, con un temperamento allegro. Nell'unica foto che abbiamo di lui con le sue sorelle è così sorridente e loro sono così serie!».

«A quel tempo non si sorrideva nelle foto», rispose mia madre. «Non si mostravano i denti».

«Ah! Ma lui non ricevette la memoria perché stava sorridendo!».

«Quale memoria?».

«Mami, era un adolescente italiano a Puerto Plata. Per quanto lavorasse duramente e avesse un carattere forte, non riesco a immaginarlo serio. Mia nonna aveva dedotto dai suoi racconti una leggerezza di carattere e un buon umore. E che gli piacevano la musica e il ballo, proprio come lei».

Improvvisamente, e come se fosse parte della mia preghiera, una musica di pianoforte raggiunse le nostre orecchie. Feci un gesto a Mami di *"vite!"*, che è un'espressione domenicana che significa "hai visto che è vero". E mia madre mi fece una faccia scioccata e poi sorrise annuendo. Un ulteriore coincidenza fu che la musica che arrivò alle nostre orecchie, come trasportata dal pianoforte di Víctor, aveva un leggero ritmo dai vecchi tempi.

«L'universo cospira per sostenermi. È un segno che ho ragione per quanto riguarda la sua personalità». Alzai il dito proprio come faceva Mami e insieme ascoltammo la musica.

L'infanzia dei miei figli fu caratterizzata dalla musica del pianoforte. Da quando erano piccoli, e da quando ho notato la loro inclinazione, hanno preso lezioni e, più che lo sport, era la musica che li entusiasmava. Ma è stato Víctor, il più piccolo, a diventare un grande pianista. Non ho mai dovuto ricordargli di esercitarsi, poiché se lo imponeva lui stesso. Al mattino, la prima cosa che faceva era sedersi al pianoforte. L'insegnante di pianoforte sentiva che i miei tre figli avevano talento, ma era Víctor, con un orecchio musicale acuto, che era in grado di ripetere le note che aveva sentito quasi immediatamente. Sceglieva la musica dai suoi giochi giapponesi e tirava fuori i suoni primordiali. Davanti a mia madre fece grandi concerti. Oggi era uno di quei giorni in cui, per una felice coincidenza, si parlava di musica nell'hotel. Mami ascoltava, divertendosi, e io continuai.

«A quei tempi, la musica era dal vivo. Cioè, i negozi di alimentari pubblici o i club avevano il pianoforte affinché le persone iniziassero a suonare e cantare».

Questa coincidenza mi fa sorridere. Penso che i nostri antenati ci parlino attraverso i simboli. Mi sentivo come se Mami si fosse quasi arresa al mio punto, quando si ricordò qualcosa:

«Mia nonna aveva insistito affinché una delle sue figlie suonasse il pianoforte. Da quel che ricordo, delle mie zie, era Mafalda che suonava bene. Ma a tutti piace la musica». Quando vide che gesticolavo, aggiunse: «Sì, certo, accetto che a Isidorito potesse piacere la musica e che, se avessero avuto un pianoforte in hotel, come era tipico all'epoca, avrebbe cominciato a suonare così, come Víctor».

«C'erano grammofoni o macchine che suonavano musica con un cilindro, ma... niente è come ascoltare musica dal vivo. E se a

Isidorito gli fosse piaciuto suonare come Víctor? Magari toccava dei tasti cercando di farli suonare e poi, nel pomeriggio, li lasciava scorrere. E se quello fosse stato il suo modo per rilassarsi e scollegarsi?».

La musica riempiva la mia casa e in una pausa li sentimmo dire:

«Nonna! Stai ascoltando?», Víctor parlava dal soggiorno con grande entusiasmo.

Mami rispose di sì e ci avvicinammo per vederlo iniziare un pezzo con grande zelo e maestria. I suoi occhi color indaco si strinsero per la concentrazione. Le sue lunghe mani accarezzavano la tastiera. I capelli gli pendevano a ciocche sul naso aquilino. Alla fine, ci alzammo tutti in piedi facendo una *standing ovation*. Si sentivano gli applausi degli altri miei figli dalle stanze in cui si trovavano, perché era un'usanza di famiglia.

«Bravo! Bravissimo!».

Mami lo abbracciò dicendogli che le era piaciuto molto e Víctor, più entusiasta che mai, iniziò un altro piccolo concerto. Dopo aver mangiato, ci divertimmo ad applaudire e chiedergli di suonare ancora, magari come succedeva al ristorante di Doña Blanca.

Nella mia immaginazione, all'Hotel Europa c'è un pianoforte in un angolo della sala da pranzo. Non sono sicura di quanto suonasse, ma in assenza di informazioni, mi ispiro alla personalità di mio figlio per descriverlo: immagino un giovane magro che suona e si gode la musica e il cui senso di responsabilità non ha ceduto a questi momenti dell'arte. La musica lo faceva sentire vivo e non perdeva la minima occasione di suonare, anche se i suoi obblighi venivano prima.

Lo paragono a Víctor, uno studente praticamente solo o autodidatta che, senza molti aiuti, coglie ogni occasione per esercitarsi e riesce a suonare a orecchio. Un giorno spinse un tasto con un dito, e così semplicemente iniziò.

Secondo un documento che ho, il giovane Isidro era arrivato a Puerto Plata all'età di dodici anni. Il padre gli insegnò con sicurezza tutto ciò che riguardava l'attività di famiglia e vedeva in lui un fermo sostegno. In assenza di un padre, divenne lui la figura paterna delle sue sorelle anche nella prima adolescenza. Tutte ne parlavano con nostalgia e affetto. Mia nonna diceva che aveva una personalità sorridente, che era entrato nella cultura di Puerto Plata da quando era arrivato e che amava la musica diversa che proveniva da varie parti del mondo. Che era socievole, allegro e aveva persino imparato a ballare. L'unica foto che abbiamo di lui ci mostra un bel ragazzo dalla gioia innata.

Oggi Víctor ha vent'anni, ossia la stessa età che aveva Isidro quando morì di pandemia; una pandemia, così, come quella che stiamo vivendo oggi nel 2020. Ma i miei pensieri non si fermano alla morte. In me, tutti vivono. Nella mia immaginazione, mi fermo all'anno 1916, quando mia nonna aveva cinque anni. La vedo felice con le sue sorelline che ascoltano suo fratello maggiore che suona nel soggiorno dell'hotel a Puerto Plata.

Isidro, corpo chino e dita che accarezzano i tasti nel bel mezzo di un atto musicale, i capelli che gli ricadono sulla fronte e si raccolgono in ciocche appuntite; gli occhi, grigi e attenti, come quelli di suo padre. La musica è il suo sfogo. Il suono dei testi ravviva la stanza e i commensali apprezzano il candore delle sue chiavi. Ma sono le più piccole della casa ad essere le più entusiaste. Sentendo le melodie, Mayú, Chela e Ana corrono da dove si trovavano per iniziare a ballare. Si tengono per mano e ballano nell'angolo vicino al pianoforte. Non c'è nessuno che non soccomba e non si commuova vedendo loro tre, che sembrano angioletti, che formano una ruota, ridono e danzano insieme. L'atmosfera si trasforma in un toccante momento di festa. Le bambine fanno persino i loro inchini alla fine della canzone a cui tutti applaudono. E chiedono al fratello di suonare ancora e ancora.

Chiudo gli occhi. Sono con loro, lì... faccio parte del pubblico. Un tempo di fate, di lume di candela o lampade e pavimenti in legno. Piedini di bambine che ballano e fanno scricchiolare il legno. Un tempo di tregua con momenti di gioia innocente nei tempi di tragedia. Il fratello maggiore suona musica e le sue sorelline ballano per sempre. Un tempo in me dove tutti vivono e celebrano la vita e la felicità.

BIANCA E SUO FIGLIO

27

*I*n quei giorni, mentre Mami era a casa, decisi di affrontare l'argomento dell'abbandono di Bianca. Con la morte ci sentiamo così abbandonati! Siamo ossessionati da quella sensazione di essere lasciati indietro, con i nostri sentimenti chiusi in una situazione inevitabile. Non possiamo fermare il fiume del destino.

«Capisco che tutta la morte è un abbandono», le dissi semplicemente. E aggiunsi: «Mi sono sentita abbandonata quando è morto papà. Forse è un'emozione senza logica, ma è così».

Ma mia madre avrebbe difeso i sentimenti di sua nonna.

«Lascia stare mia nonna. Qualunque fossero i suoi sentimenti, rispondevano a quello che le è successo; qualunque cosa sia successa, è sua. Aveva il diritto di sentirsi abbandonata! Se è così che si sentiva».

Lo accettai perché è un modo per onorare i sentimenti dell'altro. Ma la lealtà di Mami verso i sentimenti di sua nonna, sebbene rispettosa, mi rendeva nervosa. Capivo il sentimento, ma sentivo che la realtà era diversa. Tuttavia, non potevo confutarla perché non avevo ancora prove conclusive di dove si trovasse Isidoro che potessero darci un indizio sulle sue decisioni. Invece, di Bianca sì. Sua nonna era rimasta sola, era un dato di fatto, in un paese che non era la sua terra natale, con i figli separati in due continenti e incinta.

Perché... come si è sentita Bianca quando Isidoro se ne andò senza di lei?

Non è più tornato.

Quando scoprì che era morto? Che sia passata un'ora, un mese o un anno, la desolazione avrebbe potuto sopraffarla profondamente.

Suo figlio maggiore, Isidro, aveva 15 anni quando suo marito era partito, lasciando loro due davanti tante responsabilità e non lasciandole neanche il tempo per provare nostalgia.

In un'alba del gennaio del 1913, camminava con il pancione per le strade di Puerto Plata. Sola, avanzò verso il mare. Forse la luna piena era da un lato e aveva illuminato con il suo splendore il sentiero delle strade vuote. Desiderava vedere l'orizzonte nel momento preciso in cui il sole baciava il mare con la sua fiamma raggiante. Inspirare l'aroma salato dell'acqua iodata e ricevere un sottile sollievo.

Raggiunse la costa e salì i gradini di pietra delle rovine della fortezza di San Felipe, quando c'erano ancora vestigia della sua torre, che non era crollata del tutto. Isidoro le aveva promesso di accompagnarla sempre. "Sei la mia forza", le aveva detto alla vigilia delle tragedie precedenti. "Sei la donna più forte che conosco! Ferocemente amorevole e... formidabile". Ma lei sentiva che era facile essere forte accanto a lui, che lui le dava un valore in più e l'ammirava per questo.

La seguente nave sarebbe arrivata quella mattina. Desiderava vederlo scendere con il cappello e la valigetta per mantenere la sua promessa; promessa non mantenuta dalla sua partenza sette mesi prima. "Nessun uomo potrebbe prendersi cura di sé stesso durante un viaggio senza sua moglie al proprio fianco", le aveva detto lui. L'aveva detto per farla sentire indispensabile. Ma Isidoro non aveva bisogno di nessuno. Lui stesso le aveva insegnato tante cose, come selezionare poco e con cura il meglio per non portare troppo. Era di atteggiamenti minimi, senza grandi attaccamenti e questo lo rendeva l'uomo più indipendente che avesse mai conosciuto. Impeccabile nella cura personale e nell'abbigliamento. Ammirava la sua pulizia, il suo vestirsi elegante nella sua semplicità.

Una volta era in camera da letto, in piedi davanti allo specchio, la guardò mentre entrava e le fece l'occhiolino sorridendo. Era quello che faceva ogni volta che la vedeva entrare. Ma, questa volta, dandosi una pacca sul petto, disse: "Guarda che signore ti sei guadagnata!", alludendo scherzosamente al jackpot della lotteria, scommettendo che la vita al suo fianco era stata un premio.

A lei non piaceva dargli ragione. Qualsiasi atteggiamento della sua vanità, per lei che era così pudica e modesta, qualsiasi gioco di parole, andava contro i suoi principi. In risposta, sollevò il mento con orgoglio, negandogli una risposta affermativa. Ma amava il modo in cui lui cercava invano di appiattire la ciocca dei capelli che usciva da un ricciolo.

La loro infanzia non era stata facile. Entrambi nella loro casa in Italia si erano dati da fare con il lavoro fin da piccoli per aiutare le loro famiglie. Isidoro le aveva detto che suo padre, Stefano, era instancabile e, sebbene non molto alto come lui, era fortissimo. Ma era anche simpatico e dinamico e riusciva a mantenere un sorriso malizioso. Lavorava sodo, ma lo faceva di buon umore e gli piaceva ridere e sentirsi utile. Non negava il suo aiuto a nessuno.

Sua madre, d'altra parte, aveva conoscenze in merito all'erboristeria. Guariva ogni afflizione con un tè o un infuso che preparava e offriva per i dolori del corpo e dell'anima. La gente della zona la visitava per ricevere consigli sulla salute e le sue conoscenze erano state trasmesse a suo figlio.

Dopo la morte di suo padre, e su sollecitazione di sua madre, Isidoro intraprese l'avventura di diventare un uomo per bene in giro per il mondo. Questo lo accolse come figlio, dandogli altri insegnamenti. Si difendeva in diverse lingue. Aveva imparato a prosperare.

Bianca, che aveva perso sua madre durante la sua infanzia, aveva deciso di essere una perfezionista per compiacere coloro che le volevano bene. A differenza di Isidoro, che era il più giovane della sua famiglia, e le cui sorelle si facevano in quattro per lui da bambino, lei era la prima e, quindi, quella che si prendeva cura degli altri. Già sposata con Isidoro, il suo grande piacere era prendersi cura della propria famiglia. Insieme, formavano una squadra instancabile ed efficiente. Lui si fidava pienamente di lei, della sua organizzazione e delle sue decisioni a casa e negli affari. Per Bianca, essere sposata con Isidoro significava una vita piena di esperienze. Lui stesso non smetteva di muoversi, irrequieto e operoso com'era. I suoi momenti di tranquillità lo accompagnavano quando viaggiava in barca. Dalla sua prima traversata con altri sognatori, si rese conto che il mare gli dava lucidità. In mare non perdeva un minuto: pensava, progettava, coglieva l'occasione per mettere in ordine le sue carte e ordinare tramite lettere. A terra, dormiva poco. Alla sua domanda sul perché, lui rispondeva: "Possiamo sognare fino a un certo punto. Siamo venuti per realizzare. A terra, decido di far diventare quei sogni realtà".

Bianca lo conobbe così, in un continuo trambusto. Movimenti organizzati, pianificati, ponderati. Con gesti precisi, la sua gioia interiore era immutabile. Nei viaggi che facevano insieme, si guadagnavano la simpatia di tutti, compresa quella del capitano, al quale faceva sempre un regalo, come una buona bottiglia di vino. Fin dalla prima volta che viaggiarono insieme, presentava Bianca con un tale orgoglio che lei non lo dimenticò mai.

"Vi presento la mia signora. La colta signora Rainieri".

Questa volta, lo guardò attentamente. Suo marito era un socievole rubacuori il cui sorriso seguiva un bicchiere di vino per brindare con notevole eloquenza. Da quella prima volta, apprezzò i pasti che condividevano e simpatizzava con tutti i presenti. Solo lei sapeva del suo duro lavoro quotidiano. Che fosse la mattina presto sotto la luce della candela o la luce della lampada a olio di notte, procedeva e avanzava con i suoi impegni. A volte, sembrava non volere che gli altri sapessero quanto lavorasse duramente, come se stesse cercando di far credere loro che per lui era facile. Sotto certi punti di vista si assomigliavano, sebbene fossero anche diversi, come dettato dal fatto che provenivano da diverse parti dell'Italia. Entrambi avevano sofferto simili rimpianti crescendo, ma avevano reagito diversamente alle vicissitudini.

E, a differenza sua, lei si era inasprita; senza di lui, la vita l'aveva cambiata. A pochi mesi dalla sua partenza, il nuovo bambino sarebbe arrivato a casa e lei avrebbe dovuto accoglierlo da sola.

Con tutto quel dolore sigillato nella sua anima, Bianca si arrampicò senza rendersene conto sulla torre più alta della fortezza di San Felipe. I suoi piedi esitavano tra le pietre porose del mare di questo luogo in rovina. Mai prima d'ora aveva osato salire le scale fino in cima, sospettando il caldo e il pericolo di scivolare. Ma quella mattina di gennaio voleva raggiungere il punto più alto e vedere attraverso la stretta finestra che un tempo veniva usata per uccidere e ora incorniciava il cobalto d'oltremare. Sapeva che sarebbe arrivata una nave.

Era il giorno degli arrivi, anche se dall'alto riusciva a malapena a distinguere i colori dell'acqua e le onde che ondeggiavano per il capriccio del vento. Guardò la pioggia avvicinarsi in una nuvola grigia, trattenendo il respiro in un istante di eterna attesa. Guardava il mare, con gli occhi fissi e lucidi, quando sentì la presenza di qualcuno. Era suo figlio maggiore, Isidro. Era uscito a cercarla.

«Andiamo, mamma».

Aveva gli occhi di suo padre ed era, come lui, straordinariamente bello. Senza dubbio, il miglior figlio che una madre potesse desiderare. Da bambino lo aveva lasciato in Italia per attraversare l'Atlantico con Isidoro. Il bambino era cresciuto in Italia ed era arrivato a Puerto Plata insieme a sua sorella Blanquita. Il ragazzo mostrava una dolcezza infinita verso di lei e le sue sorelle, soprattutto verso le gemelle, che fino a quel momento erano le più piccole.

Ricordò quando le avevano detto che sarebbero state due creature. Lei lo aveva già intuito, attenta ai due cuori che giocavano a spingersi nel breve spazio del suo grembo. Ma ora era incinta di quella che sarebbe stata la sua ultima figlia.

Questo giorno del gennaio 1913, madre e figlio, su nella torre della fortezza di San Felipe, guardavano l'orizzonte, verso l'Italia, dove erano rimasti solo due dei suoi figli…

Improvvisamente, una fitta all'addome la riportò alla realtà.

«Dai, mamma; ti aiuto io. Appoggiati a me», le disse Isidro.

Sapeva che stava arrivando il momento della nascita e che sarebbe stata una bambina.

«La chiamerò Ana», gli disse.

Isidro annuì lentamente e in silenzio.

«Come facevi a sapere che ero qui?».

«Quali segreti ci sono a Puerto Plata?», rispose sorridendo, come se avesse dimenticato che in quella città si sapeva tutto.

Bianca alzò lo sguardo mentre lui la teneva per un gomito. L'adolescente alto e con la faccia da ragazzo era il suo unico sostegno in quel momento. Neanche lei aveva avuto bisogno di compagnia durante la sua adolescenza. Eppure, anche allora, sembravano tutti aggrapparsi a lei. L'attaccamento degli altri a lei sembrava essere il tema della sua vita. Nel mito che si sarebbe risvegliato, l'avrebbero creduta fatta di ferro e anche lei avrebbe finito per accettare questa caratteristica come sua. Si rese conto di essere salita nella parte più alta della fortezza per lasciare, per dire addio a ciò che era. D'ora in poi sarebbe stata senza compagno, sola, con i suoi figli. Non sapeva, ma sospettava, che sarebbe diventata una signora di tenacia e coraggio. Da quel momento in poi sarebbe stata Doña Blanca, come la chiamavano già in città. Avrebbe assunto quel carattere come una ricetta del destino. La reputazione impeccabile. La forza del ferro. Tra le rovine di San Felipe, decise di lasciarsi aiutare un'ultima volta: le pietre potevano essere ingannevoli come la vita stessa.

«Mamma», le disse sorridendo, «non tornare quassù perché la prossima volta non vengo a cercarti».

Lei sorrise; in quei giorni, solo suo figlio la faceva sorridere. Come una volta Isidoro, ma Bianca non aveva mai voluto dargli la soddisfazione di farglielo sapere. Quanto orgoglio inutile!

«Anzi, ancora meglio! La prossima volta manderò Beatriz a cercarti».

«Oh, no! Quindi meglio che non torno!», rispose lei, stando al gioco.

Bianca sapeva che aveva la sua stessa forza. Promise a sé stessa di smettere di essere così dura con le sue figlie, una promessa che, però, dimenticò presto.

Quella notte nacque Ana, con una bella testa di capelli biondi e brillanti e occhi color lavanda. Bianca chiese alla figlia maggiore, Blanquita, di scrivere ai suoi fratelli che erano ancora in Italia, Queco e Mafalda, informandoli della nascita.

E... che fine ha fatto Isidro? Perché è morto così giovane? Ora spiego cosa è successo.

Nel 1919, l'influenza colpì Puerto Plata. Era una pandemia da cui pochi si sarebbero salvati. A quei tempi, la penicillina non era ancora stata scoperta e il trattamento delle malattie avveniva in base ai sintomi. Per alleviare questa malattia, non c'era altro che aspirina, sale di chinino o un tè alla cannella. Penso che un ospite possa essersi ammalato, ma non lui. Lui sembrava in buona salute. In un'occasione, *Mamá Chela* ci disse che Isidro era andato a trovare un amico, con tutto il distanziamento possibile, eppure... che sorpresa quando scoprirono che era stato contagiato!

Lo immagino nel suo letto con il cuore spezzato doppiamente, con il rimorso di essere malato e di non essere in grado di aiutare sua madre.

«Scusami, mamma».

«Di cosa, figlio mio?».

«Per averti lasciata di nuovo sola».

Non c'era acqua fredda sulla fronte, nessun tè miracoloso, nessun balsamo, nessuna pia preghiera per l'intersezione divina per fermare il corso del destino imminente. Bianca vide gli occhi di suo figlio svanire e lo sentì cadere... sconfitto.

Si alzò e prese una decisione: mandò Blanquita, che non smetteva di piangere, a informare i suoi fratelli, Queco e Mafalda, con una lettera.

«Digli di prepararsi, che li andrai a prendere in Italia».

«Mamma, chi li va a prendere?».

«Tu. Non appena diventi maggiorenne, andrai in Italia accompagnata da una delle tue sorelle... E smettila di piangere che bagnerai la carta. E torna al lavoro!».

VISITA IN OSPEDALE

28

*E*ra il 2007 e fu una delle ultime volte che andai nella casa a Kendall per prendermi cura di Mami. Entrai nella sua stanza e la vidi sdraiata al letto. Alzò lo sguardo per salutarmi mentre io la baciavo sulla fronte. Le sue ciglia erano cadute a causa della chemioterapia e la sua pelle era pallida, secca, la sua testa era calva, testimone della sua battaglia. Con la guancia sul morbido cuscino bianco, sotto le coperte, mi sembrava molto bella. Le sue labbra, in un mezzo sorriso, beatificavano la tranquillità del riposo.

«Come sei carina! Sei come una bambina!», le dicevo ogni mattina quando l'aiutavo ad alzarsi. Era un modo per esprimerle il mio amore. Un amore che accresce lo spirito delle donne della sua discendenza che l'amavano attraverso me.

Il lavoro d'amore che io, le mie sorelle e mia nipote Laila abbiamo fatto per lei è stato di ispirazione divina. Forse a livello dell'anima serviva a ristabilire i legami intricati che aveva avuto con sua madre. All'età di nove anni, se ricordo bene, suo padre la mandò in un collegio a Santiago, dove erano presenti ragazze cattoliche. Sarà stata felice in quella scuola con le suore? Mi aveva detto di sì. Le sue migliori amiche provenivano da quel posto. Nella foto in bianco e nero del collegio, mia madre sorride con le sue spesse trecce. È la foto preferita che ho di lei ed è così che la immaginerò da qui all'eternità.

Ora riposava nel suo letto. Sorrideva a occhi chiusi e questo faceva restare fuori dalla porta tutto il suo stoicismo. Con quell'aspetto vulnerabile da bambina, recitai i nomi di tutte le sue donne come se fossero parte di un rosario: Socorro Ginevra, figlia di Chela Rainieri, figlia di Bianca Franceschini, figlia di Raffaellina Galletti, figlia di Maria Guizzardi. Era il suo rosario personale. Forse i loro nomi le diedero la forza per continuare la battaglia.

Quella mattina non osai svegliarla completamente. La lasciai riposare al buio e decisi di tenerle compagnia in silenzio. Quando si sarebbe svegliata e sentita meglio, mi avrebbe sicuramente portata nel suo giardino per mostrarmi i nuovi germogli e per dirmi che aveva scoperto una palma tricolore che faceva di tutto per crescere abbracciata tra i gigli.

Un altro giorno, la accompagnai ad una visita in ospedale. All'inizio della sua malattia, aveva trovato un oncologo colombiano che si è rivelato essere meraviglioso. La riceveva calorosamente all'Hospital Mt. Sinai: usciva da dietro la scrivania, la faceva sedere su una sedia comoda e le prendeva la mano con gli occhi di un innamorato, le parlava dolcemente con immensa compassione: "Mia reginetta, come è bella! Mi dica, bella mia, c'è qualcosa che l'affligge?". Poi la guardava negli occhi mentre parlava. La invitava a sfogarsi con le attenzioni di un fidanzato appena innamorato. Io traboccavo di apprezzamento e gratitudine interiore.

Quella mattina avevano fissato un appuntamento per farle una TAC. Quando arrivammo, vidi disperata che il parcheggio era pieno. Girai con la macchina lentamente finché, dopo più di mezz'ora, non trovai un posto. Quando entrammo nella sala d'attesa, ci dissero che i medici erano in ritardo, quindi l'attesa sarebbe stata di un paio d'ore. Andare negli ospedali mi provoca uno stato fisico di avversione che include uno stomaco girato come un serbatoio d'acqua pesante. A volte, ho persino le vertigini e la nausea. Preferisco mille volte visitare un cimitero che un ospedale. Ora lasciavano presagire che saremmo rimaste lì tutto il giorno.

Ammirai la tranquillità di Mami. L'aiutai a sistemarsi su una sedia vicino alla finestra. Mami, al suo fianco, aveva la borsa per lavorare a maglia. Tirò fuori gli aghi e la lana, molto concentrata. Mezza ipnotizzata, osservai gli aghi girare velocemente e rimasi sbalordita quando ci chiamarono per salire al secondo piano.

«Qui è dove inizia l'attesa», mormorai.

Nel tragitto verso l'ospedale le avevo chiesto a cosa pensasse quando entrava in uno di quei macchinari. Anche se era sdraiata sulla barella, il ronzio della macchina doveva essere terribile e i minuti dovevano sembrare ore.

«Mi ripeto la frase: "Gesù, mi fido di te"».

Adoravo recitare il rosario con lei. Ma in quel momento non c'era rosario che potesse calmare la mia ansia. Seduta nella sala d'attesa, sfogliavo le riviste senza vederle. Sospirando e guardandomi intorno, iniziai a cercare qualcosa da fare. In cima al bancone, dietro il quale si trovano le infermiere, trovai alcuni calendari ospedalieri che venivano regalati. Presi una penna e iniziai a scrivere una storia inventata su uno di questi. Scrivevo chissà cosa nei quadrati bianchi delle date vuote. Non mi interessavano i giorni. Cosa potevo pianificare se non sapevo nulla? Ricordai che, da bambina, annotavo nel mio diario le cose felici che accadevano durante la giornata, ma siccome non c'era nulla di bello da scrivere in quel luogo, mi misi a inventare. All'inizio l'inchiostro usciva tremolante, riempiendo appena i quadrati, ma poi l'avidità si impadronì di me e riempii giorno per giorno e, a poco a poco, mese dopo mese.

Qualcuno chiamò Mami ed entrambe ci voltammo. Un paio di infermiere con una sedia a rotelle l'aiutarono a sedersi. Quando la portarono via, respirai l'odore dell'ospedale. Scrivevo e scrivevo sui fogli del calendario a caratteri grandi e piccoli. Dopo un po', tra le righe, vidi le ruote avvicinarsi e le infermiere restituire indenne un così bel lascito. Le fecero compagnia finché io non tornai con la macchina.

Attraversammo il ponte dell'isola che collega all'autostrada e lei indicava con il dito la direzione, perché conosceva il percorso meglio di me. In autostrada, mi guardò e mi chiese:

«E tu cosa stavi scrivendo?».

Prese il calendario tra i sedili. Vide i paragrafi pieni di lettere oblique che diventavano piccole e grandi a seconda dello spazio. Avevo riempito da gennaio a dicembre, senza rendermi conto che ogni quadrato indicava un giorno. I miei scritti attraversavano tutte le linee, ignorandole, come se il tempo non esistesse. Non volevo che scoprisse che in questa tragedia avevo scritto una storia per bambini banale e fantasiosa che non aveva alcuna relazione con il momento serio che stavamo vivendo. Ma sarebbe stato ovvio, se avesse iniziato a leggere, quindi decisi di dirle la verità:

«È una storia che ho inventato… Una favola… Una cosa divertente».

La mia coscienza ora mi stava incolpando di essermi dedicata a qualcosa di così banale in quel momento. Sarebbe stato più utile iniziare a pregare?

Il suo viso si illuminò di curiosità:

«Di cosa si tratta?».

Avevo dimenticato che Mami amava leggere!

«Si tratta di…», osai, «un'adolescente che decide di diventare una strega per salvare suo padre che è malato e non ha cure».

Di lato, la vidi sollevare l'angolo della bocca.

«Come fa?». Era davvero curiosa.

«Lei… esce alla ricerca di una maga che guarisca, contro la volontà dei cittadini, che pensano che sia, in realtà, una strega. Escono ad uccidere la maga senza che lei lo sappia. In una scena in cui la guaritrice le offre la cura, compaiono i cittadini, si fa un pasticcio e la pozione viene sparsa per terra. Le accusano entrambi di essere streghe e vogliono ucciderle… La ragazza deve capire come salvarsi e rifare la medicina per salvare suo padre. Tutto allo stesso tempo».

«E riesce a guarire il padre?», mi chiese nel profondo della storia.

«Non lo so. Non l'ho terminata».

La verità è che la risposta era no. Ma non volevo dire a Mami che anche in quell'impresa immaginaria era stato tutto vano. Pensai che sarebbe stato carino accontentarla e che lei finisse la storia come voleva.

«Come pensi che dovrei farla terminare?», domandai.

Divenne pensierosa.

«Se fosse così facile...», disse come sospirando. E mi guardò con occhi illuminati. «Ma mi è piaciuta la storia. Deve avere un lieto fine. Hai sempre voluto diventare una scrittrice. Da bambina, scrivevi nel tuo diario ogni giorno senza saltarne uno. Ti guardavo e pensavo, ma quanto scrive? Un giorno mia figlia sarà una grande scrittrice. Sono rimasta stupita vedendo che non lo sei diventata».

Certo, quelle parole mi lasciarono a bocca aperta. Non avrei mai immaginato che Mami pensasse questo di me.

«E ti ricordi quando sei andata al matrimonio in Cappadocia? Mi scrivevi le storie del giorno sotto forma di favole...».

«Mami, non erano favole! Erano storie vere. L'acqua che usciva dagli scogli, i piccioni che portavano messaggi...». Risi perché era vero che le coloravo di più per farla incantare. Mia sorella Cris le riceveva via e-mail e gliele leggeva. Era una volta in cui Mami stava molto male e non aveva nemmeno la forza di controllare le sue e-mail. Poi si riprese e quando andai a trovarla mi chiese di raccontarle altri aneddoti di viaggio. La verità è che avevo dimenticato tutto questo ed ero entusiasta del fatto che lei lo ricordasse.

Mia madre non sentì la mia protesta. Con l'energia della sua personalità disse:

«Terminala! E con un lieto fine. È la tua storia e puoi farla come vuoi. Quindi, terminala in modo felice!»

«Vero!».

L'amai di più per non avermi criticata e per aver sognato come me. Non era molto espressiva e non avrei mai pensato che potesse apprezzare così tanto le mie storie. Ma scoprii che ora mi dava il permesso. Il permesso di sognare favole e storie impossibili rese possibili; il permesso di sognare e mettere per iscritto i sogni della mia testa. D'ora in poi, non mi scuserò per il mio modo differente di vedere la vita. Non mi scuserò per aver visto la vita con gli occhiali a forma di cuore che mi aveva regalato lei. Le darò retta. Scriverò un lieto fine.

Continuammo in silenzio. Io, con un grande sorriso di gratitudine, e lei, con la testa calva e con gli occhi chiusi. Ero grata del fatto che la sua malattia avesse dato un'altra qualità al nostro tempo. Era stato indubbiamente uno strano modo di amarci: ci siamo curate delle ferite, ci siamo perdonate, ci siamo capite, ci siamo conosciute a fondo e ci siamo amate. La sua malattia portò una trasformazione, non solo a me, ma anche alle mie sorelle. Posso dire che il temperamento di ferro ereditato le era servito per non lasciarsi abbattere, quella calma in mezzo alla tempesta, il suo buon umore in mezzo alla malattia, questo e tutto il resto che non so definire, ma che ho ereditato attraverso una via femminile: *ius sanguinis.*

Dopo quel giorno, sarebbero seguite altre albe, tramonti e primavere dove avremmo parlato e ci saremmo fatte compagnia. Per ora, restava solo il riposo. Quando tornammo a casa, si mise a letto, raggomitolata come una bambina e sognò il suo lieto fine.

ASPETTA!

29

Era la metà di marzo del 2007 ed ero in Virginia. Mami non mi aveva ancora fatto sapere quando sarebbe venuta.

«Mami, quando?», le chiesi al telefono.

«Non lo so. In questi giorni non mi sento bene». La sua voce sembrava languida, stanca.

Non volevo che passasse un aprile senza che lei venisse a trovarmi, quindi le suggerii di farlo a maggio: c'erano ancora i fiori in quel periodo. Inoltre, in Virginia, i boccioli ci rallegrano dalla primavera all'estate.

«…allora potrai goderti i glicini, Mami, che adornano il quartiere sulla strada verso la scuola di Alex e Víctor. Inoltre, non ci crederai! Le *bluebells*, le campanule, sbocciano come tappeti a fine maggio, ti affascineranno!».

Le lasciai prendere le sue decisioni conservando intatta la mia speranza. Continuai la mia vita quotidiana e un sabato andai in metropolitana a prendere Myrna, la mamma di un'amica che si era offerta di aiutarmi a rammendare i bottoni e aggiustare l'orlo dei pantaloni dei miei figli. Il cucito era un'usanza di casa quando eravamo bambine e sarebbe servito a consolarmi se avessi passato un aprile senza Mami. Ho nella memoria la sua immagine mentre stende una stoffa sul tavolo della sala da pranzo per ritagliare i motivi e realizzare i vestiti da bambine. Mia nonna mi ha insegnato a ricamare e ho anche un ricordo molto affettuoso di lei.

Myrna aveva i capelli corti e grigi, come mia madre qualche mese prima della chemioterapia. Era accanto a me sul sedile del passeggero mentre scendevamo la discesina verso casa mia. Notai un gruppo di bambini sull'erba di uno dei vicini in cima alla discesa. Rallentai e le indicai mio figlio, che stava giocando con i suoi amici. Le dissi:

«Guarda, quel ragazzino con la maglietta rossa, con i capelli neri e lisci, è mio figlio Alex».

Dall'erba, Alex alzò lo sguardo. I suoi occhi si illuminarono e si rivolse ai suoi amici dicendo:

«Quella è mia nonna, quella è mia nonna!». Era contento e lo ripeté ai suoi amici, indicandoci.

In lontananza, stava scambiando Myrna per sua nonna. E mentre la macchina continuava a scendere quasi a rallentatore lungo la strada, lo sentii dire:

«Aspetta, nonna, aspetta!».

Lasciò cadere ciò che aveva in mano e corse verso la macchina il più velocemente possibile. Lo vedevo nello specchietto retrovisore. Frenai, mentre lui continuava ad urlare:

«Aspetta, nonna, aspetta!».

Pensai: "Oh Dio! Si farà male!". Avevo paura che inciampasse e cadesse dietro l'auto. E se fosse uscita un'auto dietro di me senza troppa attenzione?

Abbassai il finestrino del passeggero in modo che potesse vedere che non era sua nonna. Non dimenticherò mai il suo viso felice pensando che fosse sicuramente sua nonna quella seduta accanto a me. Saltò verso la macchina, mettendo la mano sulla portiera attraverso il finestrino aperto. Infilò la testa per avvicinarsi a lei.

«Nonna, sono io, Alex… Sono Alex».

I suoi occhi si spalancarono quando vide che non era sua nonna quella accanto a me. Rendendosi conto del suo errore, fece un salto indietro e si fermò sull'erba con la bocca aperta, scioccato. Ebbi la sensazione —e forse anche lui— che non avrebbe mai più rivisto sua nonna viva. I suoi occhi marroni erano diventati lucidi e la sua bocca si era piegata verso il basso.

«Nonna?». Mi guardò come se volesse sapere perché quella non era sua nonna, una scena proprio come quella che aveva visto in altre primavere. La sua delusione era tangibile e sembrava che fosse stato spinto di colpo alla realtà. La signora era perplessa, ma comprese la confusione del bambino e ne fu commossa. Con voce dolce gli disse:

«Non sono tua nonna, Alex. Sei così carino. E quanto ami tua nonna! Vero? Lei dov'è?».

La sua espressione disincantata mi strinse ancora di più il cuore e dissi:

«È la madre di un'amica che viene ad aiutarmi con il cucito».

Poi, si allontanò dalla macchina mortificato e anche un po' imbarazzato.

«Torna a giocare con i tuoi amici. Vai con loro, dai, ti stanno aspettando», aggiunsi.

Ma non voleva. Non si muoveva. Guardava la signora e abbassava lo sguardo. Poi la guardava di nuovo e distoglieva lo sguardo, con le mani sprofondate nelle tasche.

Esitai. Non sapevo cos'altro fare. Non volevo lasciarlo per strada così confuso.

«Vuoi salire in macchina? Andiamo a casa?».

Mi raddrizzai sul sedile, le mani serrate sul volante e il busto sollevato per vederlo meglio. La casa era a pochi metri di distanza. Per arrivarci poteva benissimo attraversare il prato del vicino, ma ci seguì lungo il bordo della strada, assorto, serio, ignorando ciò che gli stava intorno. Aveva solo undici anni e, camminando vicino alla mia macchina, sembrava così fragile che mi preoccupai nel caso fosse arrivata un'altra auto. Ma quando vidi che stava finalmente tornando a casa, lasciai che l'auto scivolasse lentamente oltre la rotonda e nel parcheggio. La signora ripeté: "Che bel bambino! Che occhi grandi e teneri! Che bello quell'amore per sua nonna!".

Per me era una metafora che mi riportava in un'altra epoca. Ero io stessa dietro i miei genitori, come Alex in quel momento. Ero io che gli chiedevo e li supplicavo... "Aspetta! Aspetta!", cercando di guadagnare terreno nel tempo. Non sono mai stata pronta a lasciarli andare.

Rimasi con la consolazione di lei nell'ultimo aprile, quando mi disse che la mia visualizzazione l'aveva aiutata a sognare papà. Sono stata bene con lei come mai prima. Avevo capito che era stato il nostro ultimo addio quando era salita sull'aereo e si era allontanata da me.

Quella fu l'estate in cui Adelaida mi chiamò: Mami stava molto male all'ospedale. Iniziai una serie di viaggi in aereo e in poco tempo per andare a trovarla.

Durante il mio soggiorno, dormivo con lei nella sua stanza incantata dalle campanelline degli angeli e, nel mio letto provvisorio, ascoltavo il tintinnio della brezza che accarezzava il sonaglio. Era come se una speranza facesse capolino dalla finestra.

All'inizio di gennaio del 2008, Mami camminava con un deambulatore e aveva bisogno di assistenza per tutto. La prima volta che si alzò per andare al bagno di notte, non volle svegliarmi. La vidi passare davanti al mio letto cercando di farcela da sola. Mi alzai d'istinto per aiutarla. Scherzavo sulle sue manovre: "Mi hai quasi battuto!". Al mattino, mentre facevamo colazione, la sgridai: "Per carità, Mami! Quando vuoi andare in bagno di notte, svegliami per favore, sono qui per questo". E lei mi rispondeva: "Ma ti vedevo dormire così tranquilla!". E io scherzosamente le rispondevo: "Così tranquilla vedrò se cadi!". I ruoli si erano scambiati e io sembravo la madre. "Accetta l'aiuto, Mami… Accettalo", ripetevo, facendola ridere. Ma per la nipote della donna tremenda che era Bianca e per la figlia di Chela, accettare l'aiuto era qualcosa di straordinario. Alle donne di questa famiglia costa molto. Che stirpe femminile mi è toccata!

Andavo e venivo mentre cercavo di destreggiarmi tra due vite e renderle minimamente compatibili. Una notte, tornata a casa mia in Virginia, mi successe qualcosa che non posso chiamare altro che esoterico. Addormentata, sentii la voce chiara di Mami che mi chiamava con il mio soprannome: "Lache, Lache". Il suo tono fermo mi svegliò nell'oscurità del sonno e alzai la testa. "Mami?", mi sedetti sul letto, confusa. La sua voce era chiara e mi aveva persino svegliata. Ero perplessa; era come se stesse qui in visita. O ero io in visita a casa sua? Aprii gli occhi...

Ma era casa mia!

Toccai il braccio di mio marito per svegliarlo.

«Hai sentito?». Ero certa che la voce di Mami provenisse da fuori e non da dentro.

«Cosa?», mi rispose assonnato.

«Mia madre... che mi chiama», gli dissi. Secondo me, non veniva dalla mia immaginazione, ma la sua voce era stata catturata dalle mie stesse orecchie.

«L'hai sognato». Si girò e cadde irrigidito, addormentandosi subito.

«È che... No. Sono sicura che... ho sentito la sua voce...», insistetti, anche se sapevo che non mi stava ascoltando. "Cosa faccio? La chiamo al telefono?", mi chiedevo. Avevo la sensazione che le fosse successo qualcosa e il mio cuore batteva forte. L'orologio segnava le quattro del mattino e cominciai a discutere con me stessa. Se l'avessi chiamata e svegliata, avrei potuto privarla di un bel sonno e allarmarla senza motivo. Era malata e il riposo era essenziale. Meglio aspettare fino alle cinque e poi chiamare. Fu una delle ore più lunghe della mia vita e usai ogni metodo di rilassamento che mi avevano insegnato alle lezioni di yoga. Meditai. Nella mia meditazione sentivo la vita di mia madre e conclusi che non la sentivo "dall'altra parte", come papà.

Il telefono squillò alle cinque del mattino e io sobbalzai per lo spavento. Lo presi alla velocità della luce e senza un saluto o altro, chiesi:

«Che è successo a Mami?».

Era Cristina. Mi rispose:

«Ti chiamo perché siamo in ospedale con lei. Va tutto bene. È solo caduta dal letto... Te la passo così la senti».

La sua voce era fine:

«Sto bene», mi assicurò. E mi spiegò che quello che l'aveva ferita di più era il fatto di non potersi sollevare da terra da sola.

«È che... ho sentito la tua voce nel cuore della notte. Mi hai chiamato, Mami?».

«Ho chiamato tutti!». Lo disse con una tale enfasi che ci fece ridere entrambe. Dentro di me ebbi l'intuizione e un profondo disagio che l'avrei persa presto; almeno, dal punto di vista fisico.

«Ma... anche me?», insistetti. Volevo sapere se mi aveva chiamato con il mio soprannome.

«Sì, ho detto "Lache, Lache". Per un attimo ho pensato che fossi qui...».

Questo mi spezzò il cuore.

«Ehm... Ti ho sentita, Mami. Ti ho sentita come se fossi qui».

Appena potei, presi un aereo. Non appena arrivai a casa sua, la chiamai come facevo sempre dalla porta di casa: "Mamiii, mamiii...". Mi venne incontro con il suo deambulatore, che lei chiamava "da vecchietta", e con l'assistenza dell'infermiera. Ci incontrammo in soggiorno. Indossava una vestaglia allegra a fiori di colori pastello e nascosi la voglia di piangere. Un intero lato del suo viso era contuso. Un livido correva dalla sua guancia alla parte superiore destra della sua testa calva. Prima di abbracciarla, esagerai la mia espressione di orrore per divertirla. Mi sembrava così fragile che non sapevo come prenderla. La formidabile nipote di Bianca oggi sembrava delicata come i fiori sul suo vestito.

«Oh, Mami!», le dissi mettendomi una mano sulla testa e gesticolando come se fossi davvero inorridita. Lo trovò divertente.

«Ma adesso è tutto finito».

L'abbracciai. Non volevo lasciarla. Non volevo neanche spaventarla con la mia esplosione di dolore, quindi ci guardammo negli occhi e scoppiammo a ridere.

«Smettila di fare drammi. Rilassati», aggiunse sorridendo.

Non dimenticherò mai l'espressione dei suoi occhi in quel momento. Nel pallore del suo volto, erano due pozzi d'acqua di una sorgente cristallina. Il suo amore per me era palpabile, si diffondeva come piccole stelle, zampillava, come negli sguardi dei suoi nipoti. Mi sentii così umile, così commossa a riceverlo! Avrei potuto inginocchiarmi per un tale immenso amore divino, travolta da quella primavera d'affetto.

Anche oggi, mentre scrivo queste parole, non riesco a trattenere le lacrime. Dove sono i nostri battibecchi e scontri della mia infanzia? Ci siamo amate così profondamente, al di là delle nostre diverse personalità, malattie, difetti e opinioni! Ci siamo rese conto che ci amavamo da migliaia di anni con un amore ancestrale, un amore che mi avvolgeva e mi abbracciava attraverso tutto il mio essere. Un'emozione piena, dolce e amara, infinita, inesauribile. Come anime gemelle provenienti dalla stessa fonte spirituale di un luogo, forse onirico, ma che andava oltre la comprensione. Il luogo dove solo le anime possono viaggiare. So che solo l'amore può portarci in quel posto.

Ora penso: "Ce l'abbiamo fatta, Mami! Io e te. L'amore ha vinto, nonostante le nostre differenze, l'amore ha trionfato. Ci amiamo profondamente... Sei l'amore della mia vita".

Rimasi con lei a casa sua a Santo Domingo il più a lungo possibile. Ci salutammo perché dovevo tornare in Virginia. Partii con il cuore spezzato. Ma prima di partire, feci qualcosa per lei, proprio pensando al potere di visualizzazione che lei pensava avessi.

Mi sedetti nel soggiorno di casa sua e, stringendole le mani come in preghiera, me la immaginai come una bambina, proprio lì, nel suo letto, rannicchiata tra le lenzuola che l'avrebbero vista morire. Ho pregato Dio di venire a trovarla personalmente. Che nel momento in cui la sua anima avrebbe lasciato il corpo, l'Essere Divino l'accogliesse tra le sue braccia come una creatura, come se fosse una bambina di luce. Il suo spirito, avvolto in fasce di puro amore. La divinità, come madre di una creatura appena nata. Che lei stessa, con il suo anello di luce, lo accogliesse nell'altra vita con sussurri affettuosi e ninne nanne materne. Che gli dicesse quanto era felice di essere tra le sue braccia. Gli avrebbe detto: "Prima di nascere, già ti amavo. Prima di essere, già mi mancavi. Tu mi hai dato ragione di vivere e da te ho imparato l'amore più grande". Come le madri alle loro figlie e le figlie alle loro madri in questa famiglia. E sentivo la certezza che una sagoma divina e amorevole l'avrebbe abbracciata come una bambina e avrebbe posato la sua testa pelata sul suo petto perché ascoltasse i battiti del cuore di quella madre divina.

Feci questa visualizzazione con la piena convinzione che avrebbe avuto il suo effetto. L'ho creduto nel nome di Mami, poiché una volta pensava che fossi —non lo so esattamente— così potente o così dotata nei miei pensieri che anche i suoi sogni con papà dipendessero da me. L'assecondai in modo immaginario, come quella volta. Se era così sicura delle mie energie, l'avrei fatto ancora una volta, per lei, e avrei fatto in modo che funzionasse. Confidai che la mia preghiera avesse funzionato. Era una bambina di luce tra le braccia della sua madre celeste. In viaggio tra il cosmo verso la fonte divina dell'amore.

Quando poi tornai a Santo Domingo, Mami non c'era più. Sedici ore prima l'avevo salutata con il cuore spezzato. Ero sola, in piedi accanto al suo letto, testimone del nostro ultimo addio. Il suo letto, ora in perfetto ordine e i campanelli alla finestra in completo silenzio. Il suo amato computer era spento; probabilmente erano rimaste battute non lette.

Più tardi, io e le mie sorelle pulimmo la stanza. Sul comodino, nel primo cassetto accanto ad alcune medicine, trovai il libricino stile diario che una volta le avevo regalato. Era piccolo e sulla copertina c'era un'illustrazione della calligrafia di Leonardo Da Vinci. Mi ricordai quel giorno in cui glielo misi tra le mani con l'indicazione: "Mami, ogni notte dovresti scrivere quelle cose per le quali ti senti grata". La mia intenzione era di aiutarla a guarire. Pensavo che uno stato positivo di gratitudine contribuisse all'efficacia di qualsiasi medicina. Glielo prescrissi e glielo scrissi sulla prima pagina: "Questo è un libretto di gratitudine. Ogni sera, scrivi una lista di cose per cui sei grata". E sull'altro lato della pagina, scrissi un incantesimo: "Che tutte le cose per cui sei grata scritte qui siano moltiplicate per te". Era quasi dove l'avevo lasciato. Mami non l'aveva mai usato. Mia madre aveva un cuore grato, che già conoscevo. Anche se immagino che, tra tutte le cose che la gente le suggeriva e che i medici le prescrivevano, non avesse il tempo di sedersi in pace e scrivere. Ora l'avevo tra le mani, le sue pagine in attesa di inchiostro, assetate di parole di gratitudine e di amore. Compresi che il libricino era un regalo per me. Una sua eredità. Toccava alla mia anima fare quell'esercizio di gratitudine per lei. Per avermi dato la vita. Avrei esercitato l'amore in questo modo. Perché un cuore grato è un divino tesoro.

Grazie a questa riunione, ho coltivato la gratitudine in modo pratico. Ogni sera, scrivo almeno cinque righe; e a volte di più:

* * *

Caro Spirito Santo: grazie per la mia famiglia, soprattutto per i miei figli. Grazie per essere il divino tesoro dei miei antenati e dei miei discendenti. Grazie per l'alba che mi hai regalato oggi mentre andavo a lavorare; per i colori del tramonto che mi sono goduta quando mi sono seduta a cena. Per i fiori di campo che ho osservato per strada che mi hanno ricordato Mami. Grazie per i miei ricordi della spiaggia e per la mia finestra fresca e le sue campane. Per condividere ogni giorno con i miei figli e per le loro voci quando mi dicono "Mami"... a me.

* * *

Ho capito che l'amore non finisce quando le anime si allontanano dai corpi. C'è qualcosa che vive oltre la ragione. L'anima non muore mai, anzi viaggia per ricongiungersi con la divinità stessa. Sorrisi perché, all'inizio dell'indagine, pensavo che avrei dovuto fare qualcosa per i miei antenati... come uscire e salvarli o qualcosa del genere. Salvarli dalla nebbia diafana dell'oblio. E invece sembra che loro abbiano salvato me. Volevo trovare Isidoro e, invece, ho trovato l'amore che c'è in me. L'indagine è stata un mezzo di connessione. La divinità mi ha offerto la genealogia per guidarmi a loro e da loro a me stessa. Mi ha insegnato, con l'esperienza, ciò che la mia anima ha sempre saputo: che non se ne sono mai andati, che siamo anime che non muoiono mai, che siamo, nell'anima, l'infinito stesso. Che veniamo da Dio e quando moriamo torniamo a Dio.

Gli antenati sono come ambasciatori dello Spirito. Sono un modo per avvicinarci alla divinità e al suo amore infinito. I miei antenati mi hanno legato più consapevolmente a mia madre e alla sua narrativa. Attraverso la ricerca di storie ancestrali, ho parlato con lei della sua vita, cosa che altrimenti non avrei mai fatto. Grazie alla ricerca genealogica, sono stata in grado di entrare in contatto con così tante storie di famiglia, i suoi membri, i miei zii e cugini, e persino con cose sulle mie sorelle a un livello più profondo. Attraverso quest'arte e questa scienza, ho incontrato le personalità dei nostri predecessori, rivivendole. Ho scoperto che tutto è scritto nel nostro sangue e che quando li raggiungiamo, ci rinnoviamo. Che, perlomeno, rinnoviamo in noi l'amore.

Chiudo gli occhi e nella mia meditazione ricordo Mami… i suoi occhi, la sua voce. Come una nuova relazione con lei. Come se avessimo ricominciato da capo. Sentirla così mi riempie il cuore. La immagino insieme agli altri miei antenati, incoraggiandomi come mai prima d'ora: "Vivi, viaggia, ridi e risvegliati!". O come direbbe Chela, "*Alebrécate*", che significa tutto questo e molto di più per me.

L'ALDILÀ NON È POI COSÌ "LÀ"

30

*E*rano trascorsi due mesi o poco più dalla morte di Mami e in quel primo mese di aprile senza di lei, quando le foglie di jacaranda davano il loro spettacolare benvenuto alla primavera, quando i gigli e le petunie portavano i loro splendidi fiori traboccanti di colori, mi preparai a pulire la sua stanza nella mia casa per adattarla a un'eventuale nuova visita. C'era la foto di lei e papà che ridevano durante un viaggio. Decisi di lasciarla in quel posto sulla mensola, accanto ai libri che aveva lasciato negli anni. Quando mi misi sulle ginocchia per aprire l'ultimo cassetto in basso del comò, mi meravigliai nel trovare un album dai fogli sottili, lavorato a mano, comprato in un negozio italiano. L'avevo messo lì io stessa quasi un anno prima e l'avevo ormai dimenticato. L'avevo preparato per lei. Era una sorpresa per lei. Ora la sorpresa era mia.

Erano passati quasi due anni da quando le avevo regalato quell'enorme quaderno quadrato con le pagine vuote. Le avevo chiesto se le piaceva il colore della copertina, la forma (rettangolare o più quadrata) e le pagine (seppia o bianche). Voleva sapere perché facevo così tante domande su quell'oggetto decisamente prezioso da non meritare un interrogatorio del genere. Tranquillamente, le risposi che era una sorpresa. Non le rivelai che stavo preparando un lavoro di collage con ornamenti. Era un compendio in cui avrei messo le copie dei documenti dell'indagine. Lo avrei chiamato Libro di Famiglia.

«Mami, ma quale ti piace di più?», insistetti mostrandole la foto nel catalogo: «Questa o quella?».

Allungò il braccio per scegliere la copertina con un'urna di fiori di broccato incisi sulla pelle.

«E… quale colore ti piace di più: questo o quello?». Scelse un colore brandy. Ordinai quello che aveva scelto. Così, sapeva qualcosa, ma non sapeva cosa avrei inserito in questo capolavoro, e tanto meno sapeva che il tema era la sua genealogia italiana.

Ora tra le mie mani avevo il libro in cui avevo conservato e custodito in modo artistico i documenti della sua discendenza italiana, con l'idea di simulare un omaggio della sua amata nonna accanto al marito. In forma pittorica, avevo rappresentato Isidoro e Bianca allo stesso livello d'amore, come capi di questa famiglia, insieme per l'eternità.

Le loro pagine mostravano lo stesso valore delle loro genealogie. Gli antenati di Isidoro, originari di San Secondo Parmense, e quelli di Bianca, provenienti da Castello d'Argile. Le loro linee, dal punto di vista estetico, erano adornate da motivi fiorentini, nello stile dei manoscritti miniati italiani che tanto mi piacciono. In ogni pagina si intravedeva il percorso storico dei miei bisnonni, i loro viaggi dai rispettivi inizi, le loro nascite in Italia, il loro matrimonio a Bogotà, i paesi in cui hanno vissuto e ogni nascita dei loro figli. Inserii il certificato di nascita di Isidoro in forma di pergamena. Aveva un nastro sottile con un fiocco che si poteva aprire e chiudere. Quello di Bianca, essendo più lungo, lo ripiegai come una fisarmonica che si allungava all'apertura.

Con il certificato di matrimonio colombiano feci qualcosa di ancora più bello. Ricavai una foto di alcune vetrate di una chiesa in stile Notre Dame de Paris e la stampai su carta di vello trasparente. Dava l'impressione di entrare in chiesa attraverso una porta di vetro dai colori vivaci.

In un'altra pagina, dipinsi un albero con i rami dei loro figli con le rispettive foto: Isidorito, Blanquita, Beatriz, Yolanda, Queco, Mafalda, Chela, Mayú e Ana.

Il Libro di famiglia era più di un semplice album di ritagli; era un'opera d'arte che custodiva la storia di una famiglia.

Inginocchiata sul pavimento, misi il grande libro sopra il letto di Mami per guardare attentamente ogni pagina. Volevo cambiare la loro storia dell'abbandono in una storia d'amore. Pensai allora di aver raggiunto il mio obiettivo con il Libro di Famiglia. Ma sappiamo già che Mami non l'ha mai visto finito. L'11 febbraio 2008 ci lasciò.

"Ed è così che mia madre è diventata uno dei miei antenati", pensai.

E così, proprio lei, sarebbe rimasta in una delle sue pagine. Per i posteri, affinché i miei nipoti conoscano la loro bisnonna: una donna di integrità e di grande amore. Come sua nonna.

Voltai pagina e scoprii che per intuizione avevo immaginato gli antenati come se fossero angeli. L'avevo fatto istintivamente e ora sembrava così eloquente: erano ad ogni lato e formavano ali di angeli. Papà a destra, con i suoi antenati. Mamma a sinistra, con i suoi. E quando si spiegavano, si vedevano le ali di un angelo di famiglia. Così, capii che gli angeli custodi comprendevano gli antenati. E che c'è un angelo per ogni famiglia.

Così le parlai come se fosse lì:

«Mi hai insegnato che ogni bambino nasce con un angelo custode. Allo stesso modo, ogni famiglia ha un angelo personale. È uguale!».

È un angelo che accompagna una famiglia in tutte le sue generazioni; che emenda e corregge, che porta l'amore delle persone che non sono più fisicamente con noi. Non so come faccia; sono solo contenta che sia così. Un angelo di famiglia il cui obiettivo è unire i suoi membri nell'amore e sistemare l'albero. In risposta, voltai un'altra pagina e vidi il piccolo albero genealogico che avevo fatto con i figli di Bianca e Isidoro. Era quello che avrei mostrato a zio Fernando. Avrei aggiunto i nipoti. Avrei dipinto l'angelo di famiglia che vegliava su tutti e si preoccupava di rivelare la verità. Che solo l'amore è verità e solo l'amore esiste.

«Un angelo riparatore per ogni famiglia».

Così, mi resi conto di essere stata uno strumento per rinnovare la memoria che mia madre aveva nei confronti di suo nonno. E uno strumento per rinnovare la memoria di questo bisnonno a tutti i suoi discendenti. Per perdonare e rafforzare i legami. Proprio come erano state per me le storie di Mami e zio Fernando, questo libro senza tempo serviva a catturarli. Affinché i tanti futuri discendenti ricordino i loro nomi e li ringrazino per tutta la vita. Affinché i loro nomi non vengano mai dimenticati.

Sfogliando le pagine, uscì fuori una lettera. Era del Dipartimento della Salute della città di New York. Riguardava la destinazione di Isidoro. L'avevo ricevuta nel 2001, prima che cadessero le Torri Gemelle a New York. Naturalmente, questo documento non era mai stato attaccato, né adornato, come documento di famiglia poiché all'epoca non lo sapevo con certezza e non potevo confermarlo.

Lo presi tra le mani. Pensai che se fosse il nostro Isidoro, da quanto tempo aspetterà che lo troviamo! "Se sei tu, scusami per il ritardo. Mi dispiace, perché hai aspettato così tanto che qualcuno ti trovasse. Non c'è fretta per Mami perché conosce la verità in paradiso. Ma io non la conosco. Cosa faccio? Potrò finalmente venire a trovarti? Ti troverò? Vuoi che ti trovino?".

«Mami», dicevo all'aria o allo spirito di Mami se mi ascoltava dall'aldilà, cosa che volevo credere, mentre tenevo il libro sulle gambe, contemplandolo. «Ora cosa faccio con questo libro? Non voglio più continuare se non sei con me. Non voglio più essere una sognatrice che cerca tra i ricordi dei tuoi antenati se non ho qualcuno con cui condividerli».

Pensai a zio Fernando. "Certo! Con lui".

Così, sentii che il libro non era mio. Non l'avevo creato per tenermelo. Nemmeno per darlo a mia madre. Era uno strumento; questo libro aveva una vita che sarebbe andata avanti dopo la mia. L'avrei dato a zio Fernando e a zio Frank un giorno. Dopotutto, loro erano i maschi della famiglia che portavano il cognome e così sarebbe stato per generazioni. Ero convinta che ai loro discendenti sarebbe piaciuto di più. I loro figli, i miei cugini, lo avrebbero apprezzato di più.

Inoltre, sentii anche che, in futuro, ci sarebbe stata una ragazza, una giovane donna o un'adulta, ma... una discendente, una nipote di Frank o Fernando, che avrebbe avuto un'inclinazione per questi antenati. Che chiamerebbe *bisnonno* uno dei miei zii, come io chiamo Isidoro. E che sarebbe ispirata ad amare e a cercare dentro di sé con quello stesso amore che trascende le generazioni.

Mentre abbracciavo al petto il libro, pensavo: "E nel cercare te, ho trovato tante avventure e tanti divini tesori...".

Non sapevo nemmeno quanti me ne aspettassero ancora!

Quel giorno chiesi all'angelo di famiglia di depositare nel libro una benedizione molto speciale per ogni componente delle generazioni presenti, passate e future. Poi, girando le pagine e incollando immagini reali e oniriche, pensai al fatto che ogni volta che questi futuri componenti avrebbero attaccato una foto di loro stessi o dei loro discendenti, avrebbero simultaneamente catturato i loro sogni e li avrebbero trasmessi di generazione in generazione. Questo progetto non era solo mio, ma un dono divino per quelle altre generazioni che avrebbero conservato questa rappresentazione dei divini tesori di questa famiglia.

Questo libro sarà dolce e irresistibile, oggetto di unione per tutta la famiglia.

In conclusione, è il cuore che comanda. La via femminile è forte in questa famiglia. È la discendenza delle grandi guerriere della verità. Gli uomini di questa famiglia sono grandi sostenitori di questa forza femminile, così attraverso questo Libro di Famiglia diventeranno grandi custodi della nostra storia nel futuro.

Onoro tutti gli antenati, anche quelli di cui non conosco il nome, che hanno dato la vita ai nostri nonni e genitori, dando così la vita anche a me. Li amo tutti; come so che loro amano me da altre vite.

Di Isidoro ne ero convinta. Non appena avessi avuto tempo, sarei andata a New York per seguire la traccia che avevo ricevuto una volta e che la busta aveva sigillato per tanti anni.

Dentro lasciai piegata la lettera da New York perché sospettavo che lo spirito di famiglia continuasse con le sue ispirazioni e sorprese. Ma non sospettavo che la ruota di una nuova riunione fosse già vicina. Non sapevo che ci fosse un discendente, a parte zio Fernando e me, anche lui alla ricerca e che aspettasse il suo turno per prendere il controllo e il comando. Era Frank Elías. L'angelo di famiglia mi avrebbe unito a lui e avrebbe unito tutti nel loro nome, nel nome dei nostri antenati. Per la prima volta saremmo stati insieme alla ricerca del nostro indimenticabile antenato.

Terminai la mia visita al cassetto dei ricordi dando un'ultima occhiata all'indagine, ignara che, chiudendo la copertina, avvolgendo il libro in delicati panni, riponendolo all'interno di una bella scatola e chiudendola, si concludeva un ciclo. Tuttavia, qualcosa di sconosciuto mi aspettava... perché dove finisce qualcosa, inizia qualcosa di nuovo. Una genesi di avventure sconosciute: altri viaggi, altre indagini, altri momenti felici a cui ci spingevano i nostri antenati; e non solo a me, ma a molti miei parenti. Ci avrebbero portati a ritrovare i legami perduti e a costruire nuovi ricordi.

PARTE 4

IL DESTINO DI ISIDORO

L'ARRIVO DI ISIDORO A
NEW YORK

31

Nel giugno del 1912, arrivò a New York un equipaggio tra il fumo intermittente del vapore che oscurava il grande cielo azzurro con le sue nuvole nere. Isidoro arrivò insieme a decine di passeggeri. Li immagino vestiti con giacche per ripararsi un po' dal vento, appoggiati alla ringhiera del parapetto, osservando le increspature dell'acqua che si muovevano e agitavano la nave.

Con lo sguardo fisso alla città lontana verso la quale si stava dirigendo, Isidoro era pronto a sbarcare. Cosa avrà attirato la sua attenzione? Probabilmente, i barconi di ostriche che si accalcavano tra le banchine parallele al molo. E cosa avrà pensato di quel trambusto di una città iperattiva con i suoi grattacieli in fila? All'epoca, né l'*Empire State Building* né il *Woolworth* erano stati costruiti, eppure file di edifici alti erano già sparpagliate sulle ampie strade rettangolari.

Quando finalmente la nave attraccò, Isidoro prese la valigia e iniziò a camminare per la fila per passare la dogana. Quello era il mio Isidoro: alto, ben vestito, camminava deciso e di buon umore perché tutto nella sua vita, fino a quel momento, era stato un'avventura.

Al momento di questa evocazione, ero seduta alla mia scrivania.

Avevo appena aperto il registro della nave del suo ultimo viaggio. Ogni volta che vedevo il suo nome in qualche documento genealogico, la mia curiosità si accendeva. Cosa avrà visto Isidoro per le strade di New York? Così, andai a fare le mie ricerche sul mio amato Google e prima che mi mostrasse le foto di alcune strade del 1912, già me le immaginavo! So che la maggior parte dei mezzi erano ancora trainati da cavalli, anche se il ritmo dei loro zoccoli si mescolava a quello di un'automobile che riempiva l'atmosfera di piccole esplosioni di *rat-tat-tatá* intermittenti.

Le immagini in bianco e nero mi mostrarono la folla che si muoveva a piedi e attraversava gli angoli delle ampie strade, vestiti con cappelli e lunghi cappotti. Sembravano tutti uguali! Guardai indietro al documento sul mio schermo e rivedi le informazioni sull'arrivo di Isidoro su quella nave. Mi colpì la data del suo ingresso a New York sul documento: 12 giugno 1912.

Alzai lo sguardo e controllai la data attuale: 12 giugno, ma del 2008. Il mio cuore si era affrettato a vedere la coincidenza così chiara e luminosa come se stesse aspettando che me ne accorgessi.

Un brivido mi fece rizzare i peli. Guardai dietro di me come per istinto, come se ci fosse una presenza e, vedendo la mia libreria familiare, sorrisi. Perché questa indagine era stata così magica? Come era possibile questa coincidenza delle date?

Come era possibile che il giorno in cui mi sedevo per rivedere l'indagine coincideva con lo stesso mese e giorno del suo arrivo a New York?

Era come se ci fosse una linea diretta tracciata tra quel giorno del suo arrivo a New York e quel giorno in cui ero seduta alla mia scrivania in Virginia a guardare lo schermo.

E lui era lì, in fila per passare la dogana, con la sua piccola valigia.

Io, con la mia penna, il mio computer e il telefono al mio fianco.

Se ci fosse stato un filo che ci univa in quel momento, penso che lui, tra la folla di New York, avrebbe alzato la testa verso sud, verso la Virginia, nello stesso momento in cui io alzai la mia e avvertii quella sensazione.

Forse, anche lui sentì un brivido sulla schiena come me. Cosa succede se per un attimo smettessimo di credere al tempo lineare e ci addentrassimo nel tempo, in quel lasso in cui lui era lì e io qui? Se ci staccassimo dalla scena come un moderno drone che fluttua nell'aria e si allontana da questa mappa, vedremmo la linea retta da nord a sud, dalla sua posizione a New York a dove ero io in Virginia. Quella linea arriverebbe alla mia scrivania toccandomi la nuca come un solletico.

Un saluto dal suo tempo al mio. Un sorriso d'addio.

Così, presi la penna rizzandomi perché decisi di scrivere ciò che avvertivo: un'idea su questo tempo piatto, un sussurro di voci e macchine nella mia stanza e il trambusto del suo spazio. Il suo sguardo su di me e in me, unendosi all'increspatura gentile dei miei pensieri bramosi su di lui.

C'è altro da imparare sul tempo. Anche il tempo e lo spazio sono misteri. E tra dimensioni immaginarie, sapevo di aver sentito un sussurro.

È il mio nome? È il suo nome?

Così, proprio in quel momento in cui alzo la testa e chiudo gli occhi, lui prende la sua piccola valigia, si aggiusta il cappello e cammina sulla salitina, allontanandosi dalla nave.

Tra la folla sulla riva del fiume Hudson, lo chiamo. Sì, sono io. Ho deciso di visitarlo nella mia immaginazione proprio in quel momento come un sogno lucido. Ho deciso di correre verso di lui. Sono vestita da bambina e di bianco. Ho i miei lunghi riccioli come quella volta nel sogno della partenza. E tra la folla, dico il suo nome:

«Isidoro!».

Lui mi sente. Vedo che si ferma, si gira e rivolge il suo sguardo verso di me. Verso quella bambina che lo cerca, ma non lo trova. Crede di aver sentito il suo nome, come se qualcuno lo stesse chiamando. Ma vede solo le persone che escono dalla dogana e la nave dalla quale è arrivato e alla quale non può più tornare. Non può vedermi. Perché io non esisto nel suo mondo.

Così, ignorando la propria perspicacia e intuizione, si avvia, varca la soglia che lo porta fuori dall'area portuale e si dirige verso le animate strade della città. Cammina deciso in salita allontanandosi da me, più vicino alla sua destinazione e a ciò che è realmente accaduto.

Ma cosa è accaduto? Non ho ancora trovato la verità finale perché, come conoscere la verità della verità? Non sapremo mai esattamente cosa è successo e in questo c'è una nostalgia infinita di una vita. Tuttavia, sono determinata a vedere tra i tempi, a viaggiare nelle dimensioni. Anche io ho una valigia piccola e leggera. Anche io posso fare brevi viaggi nel passato. Mi fiderò di Einstein e della sua teoria che "il tempo è elastico" e che ci sono eventi nella storia che accadono nello stesso momento. E come se ci fosse un cristallo temporale per noi, sono una ragazzina che insiste nel chiamarlo tra la folla di New York. Come me, lui cerca di vedere attraverso quel cristallo traslucido delle dimensioni temporali che attraversa il tempo.

Poi succede qualcosa di insolito. Tra la moltitudine, Isidoro osserva da lontano ed eleva un desiderio nell'aria... un pezzo di questa storia... Lo consegna al destino.

Chi lo riceverà? Chi scoprirà il suo destino?

Chi lo salverà dalle viscere dell'oblio? Un destino pianificato e orchestrato, magari affinché io lo trovassi? Desidero sapere lo scopo di tutto questo e del sentimento che mi coinvolge in un destino che io non ho chiesto, ma che è venuto a salvarmi. Tutta questa ricerca mi ha dato la vita, mi ha unito alla mia famiglia, a mia madre.

Ha lasciato un regalo alla nostra famiglia: una linea che diventa spirale e attraverso cui che si attiva un cerchio a forma di orologio con un paio di lancette che girano e rigirano tra i numeri che scandiscono le ore. Inizia così la vita di Isidoro (1857), quella di Bianca (1875), quella di loro già adulti che ballano in Colombia (1896). Quella dei loro figli che nascono (1897, 1899...), quella di una figlia che muore (1900). La nascita di Chela e della sua gemella (1911), quella di lui in partenza su una nave (1912). Ana, la figlia postuma, nata in questo mondo (1913), il figlio maggiore che muore (1918), quella degli ultimi figli arrivati a Puerto Plata dall'Italia (1922).

Queste immagini si alzano e si formano, scandiscono le ore.

Compongono una bella danza di vite che emergono circondate da colori e risate. I discendenti nascono, crescono, si innamorano, giocano, piangono... E con queste immagini si risvegliano i suoni, balli nella nebbia del tempo, le lancette che girano e poi scompaiono per cadere nell'ora successiva. Alcuni li riconosco e altri no. L'immagine di Chela mi fa sorridere quando la vedo come una giovane che sfila tra i fiori di un giardino verso il suo amato, mio nonno. Altre vite continuano a scorrere veloci. Sento la parola "Mami". Vedo mia madre alla fine delle sue ore come una bambina calva che viene sollevata dalla madre della luce mentre il suo corpo fisico muore in un ultimo respiro. Come una diaspora di discendenti a ventaglio, si svegliano all'alba, lavorano, giocano, posano la testa sul cuscino al chiaro di luna. Parallelamente, altri discendenti entrano ed escono dai treni, viaggiano, abbracciano i loro figli quando tornano a casa. Queste immagini del tempo circolare si confondono e si dissolvono.

Alla fine, rimane solo la linea retta da New York alla Virginia. Il destino cerca chi scegliere. Isidoro alza lo sguardo e io alzo la mano. È la magia degli antenati. È l'angelo dei miei antenati che coordina, cerca, sceglie la persona che è disposta.

"Io sono disposta". Forse l'ho detto prima di nascere. Il destino approva. Sarò colei che possiede una sensibilità speciale e li ama tutti di un amore profondo, inconfutabile, ereditato e inevitabile, senza giudicare. Sarò quella che ha il desiderio di esistere tra i tempi. Il destino ha scelto e sono io: quando ho alzato la mano, ho capito che ero la prescelta.

Mi sentivo determinata. Finalmente, l'avrei fatto. New York mi stava chiamando. Sarei andata lì a rivedere tutto ciò che avevo ricevuto quella volta.

Ero persino felice! Come sollievo della mia attesa. "Isidoro, aspetta ancora un attimo, non andartene dell'oblio. Ti riporterò alla storia della famiglia!".

Stavo pensando alle date e all'hotel dove avrei soggiornato quando ricevetti un'*e-mail* che mi fece quasi morire dal ridere. Che piani stavo facendo? Non ero io a comandare! Quello che trovai nella mia casella di posta elettronica era un invito alla mia prossima destinazione.

DESTINAZIONE: PUERTO PLATA

32

L'invito che arrivò via *e-mail* era una convocazione di zio Frank per tutti i discendenti di Bianca e Isidoro per la prima settimana di agosto del 2008. Ci sarebbe stata una riunione di famiglia a Puerto Plata in onore della forza di Doña Blanca.

"Mia nonna era una delle imprenditrici di maggior successo della zona. I suoi figli divennero uomini e donne per bene. L'amore per il lavoro è stata una virtù che lei trasmise ai suoi discendenti e che li portò ad essere noti come persone oneste e laboriose. Ma di tutti i doni che ci ha lasciato, l'amore per la famiglia è stato uno dei più preziosi. La famiglia è il più grande successo di una persona. L'unione di questa è fondamentale nella gioia dell'essere umano. Sono felice di poter contare su questo. Vi invito a condividere questa gioia di stare insieme nell'amore e a festeggiare dove tutto è cominciato davvero", diceva zio Frank.

Intuii che sarebbe stato un fine settimana magico, di incontri di discendenti dove il tempo si sarebbe unito a quello dei nostri antenati. Quel fine settimana, più precisamente il venerdì, ci sarebbe stato un ricevimento in spiaggia. Sabato saremmo andati a visitare il *"Callejón de Doña Blanca"*. In serata, ci sarebbe stata una celebrazione delle storie di famiglia, momento in cui i tempi si sarebbero incontrati. Sapevo che tutti insieme avremmo unito anima e corpo con la vera storia di Isidoro e Bianca. Confidavo che il passato avrebbe parlato in questo presente.

Zio Frank ci chiedeva di contattare, passare l'invito e aggiungere quei parenti che non erano inclusi in quel primo messaggio. "Non deve mancare nessuno, per favore!". Com'era prevedibile, l'entusiasmo scoppiò in un tumulto che alimentò le aspettative della riunione.

Tutto si esprimevano nelle *e-mail* con entusiasmo. I ricordi erano supportati da brevi battute e commenti. Alcune e-mail contenevano foto attuali in modo che potessimo riconoscerci. Mi misi anch'io al lavoro inviando ricordi in capsule di aneddoti perché… quanto avevamo bisogno di quell'amore familiare!

In quella esplosione di entusiasmo, i più giocosi del gruppo coglievano l'occasione per inviare le loro note comiche. Mi ricordai delle famose barzellette che Mami riceveva e inviava eternamente. E… indovinate chi fu il primo a cominciare? Zio Fernando, naturalmente! Sembravamo bambini a un parco giochi e… non ci eravamo ancora visti di persona! L'elenco dei cugini cresceva fino ad arrivare a più di novanta!

A breve, si sarebbero riuniti tutti i discendenti dei figli di Isidoro e Bianca: Yolanda, Queco, Mafalda, Chela, Mayú e Ana.

Condivisi altre foto, come quella di Mami all'età di nove anni con la sua lunga treccia insieme ai suoi fratelli, i miei cari zii Nelson e Blanca; una foto con zio Luis Manuel Machado, zio Frank e zio Fernando. Sembrava fosse stata scattata al quarto compleanno di zio Frank. Lui, con il suo adorabile sorriso infantile davanti alla sua torta, applaudiva felice.

Gli Harper inviarono nuove foto di zio Billy e zio Frank, rispettivamente di tredici e quindici anni, che non avevano mai condiviso prima. Alcuni Harper raccontarono che zio Billy prendeva mia madre dal collegio di Santiago per passare i fine settimana con i cugini Harper-Rainieri. In quella casa c'era un esotico uccello nero: non riuscivano a decidere se fosse un corvo o un cacatua. Qualcuno si ricordò che zio Harper gli aveva insegnato alcune parole. Mi sarebbe piaciuto intervistare quell'uccello!

Nell'album di Mami c'erano volti di bambini che mi sembravano familiari, ma irriconoscibili, quindi li condivisi affinché qualcuno si riconoscesse.

Tra le foto dei Barletta Rainieri apparve un bambino con lunghi riccioli color oro in posa con grandi lacrime. Sembrava lamentarsi della foto.

Zio Fernando disse: "Questo avrà detto, tagliami questi 'fiocchi' perché ho caldo".

"Quello è mio fratello Giuseppe", rispose in un'altra *e-mail* zia María Filomena Barletta. "Proprio così. Aveva dei capelli ricci invidiabili che mia madre (Mayú) pensava fossero belli e non voleva tagliarli! Era un bel bambino".

In un'altra foto c'era un bambino di sei anni vestito da "giocatore" con il berretto e la divisa della squadra dell'Escogido. Con questa foto, ci fu come un'esplosione perché in molti non sapevano chi fosse e fu un'incognita per un po'… fino a quando zio Miguel Maltés (figlio di Ana, la figlia postuma) ci scrisse: "Ma vedo me da bambino! Il piccolo giocatore sono io!".

Condivisi alcune foto che consideravo particolarmente un tesoro. Era la fotografia di mia nonna, bellissima! I suoi occhi chiari (uno blu e uno verde come amava dire) che guardavano direttamente la telecamera… L'avevo leggermente ingrandita e l'avevo inserita in una cornice sulla mia scrivania. A volte, mi prendevo una pausa dal mio lavoro per osservarla e pensare che lei dall'altra vita era proprio così. Questo mi faceva sorridere soddisfatta. "Lo faccio per te". Ma non era più del tutto vero. Ormai lo facevo per me. Amavo avere l'immagine di mia nonna vicino a me, ricordarmi che una volta era giovane e condividerla con i miei cugini. Tutti si meravigliarono della sua bellezza.

Zio Frank commentò: "L'unica delle sorelle che non aveva la puzza sotto il naso era zia Chela, rideva sempre di tutto e lo faceva a crepapelle. Andavamo al cinema a vedere i film italiani. Zia Chela ci invitava sempre e ci riempiva le mani di dolci".

Quanto mi sono piaciuti quei ricordi e quanto sono grata a mia nonna per avere una famiglia così divertente! La ringraziai guardando la sua foto per i ricordi condivisi e le dissi che stavo andando nella sua amata Puerto Plata. Non mi era mai venuto in mente di fare questa richiesta a nessun antenato, ma la gioia mi avvolse e desiderai che lei fosse con me. L'avrei portata nella sua città natale. Saremmo andate insieme a Puerto Plata per incontrare e riconoscere i discendenti dei suoi fratelli. Quella foto mi avrebbe accompagnata nel mio viaggio… dal momento in cui facevo le valigie, sull'aereo, fino ad arrivare alla piazza antistante la chiesa della sua amata città.

Poi accadde qualcosa di fantastico. Tra i messaggi che andavano e venivano, i discendenti iniziarono a chiedere foto del nonno mentre altri rispondevano ed esclamavano che volevano vedere il loro bisnonno. Si riferivano a Isidoro! Come sempre, i commenti accennavano a lui. Seguivano ancora le speculazioni su dove si trovasse: "Se n'è andato e non è tornato. Dicono che sia morto durante il viaggio e che sia stato gettato in mare". Questo mi fece stringere il cuore. Ciononostante, ero attenta ad ogni *e-mail* che arrivava mentre preparavo la valigia con la foto di mia nonna affinaco, sopra il mio tavolo e io che piegavo i vestiti. Il mio viaggio sarebbe stato breve, quindi preparai poche cose, solo l'essenziale. *"Promessa di un breve viaggio"*, pensai mentre sistemavo con cura due abiti, uno per ogni notte e due cambi d'abito da sera. Mi fermai per vedere cosa arrivava nella mia casella di posta.

Qualcuno scrisse: "È sepolto nel cimitero di Santo Domingo". E questo mi fece pensare che forse quello che avevo a New York non era lui. Ma presto, zia María Filomena rispose: "Quello non è Isidoro padre, ma Isidoro figlio, che mia madre (Mayú) ha mandato a prendere da Puerto Plata per seppellire lì tutti insieme". Poi, aggiunse che aveva portato dall'Italia una statua di un angelo e questo mi fece pensare all'angelo di famiglia che protegge tutti noi. Qualcuno disse: "Dicono che aveva figli in Colombia" e altri aggiunsero: "È morto di influenza". A questo proposito, sapevo già che si trattava di Isidorito e fu subito smentito da uno dei più grandi.

Improvvisamente, arrivò un *e-mail* con oggetto: UNICA FOTO ESISTENTE DI ISIDORO. Senza volerlo, rovesciai tutti i vestiti piegati da una parte perché mi lanciai d'impeto davanti al monitor... mi buttai quasi sulla sedia! Dopo il doppio clic, aspettai che si aprisse. L'aprii con gli occhi completamente concentrati, trattenendo il respiro per un secondo e... Eccola lì. Il mio sguardo si concentrò sulla fotografia in bianco e nero del loro matrimonio: due figure che guardano l'obiettivo mentre inclinano la testa l'una verso l'altra. Erano entrambi vestiti elegantemente. Isidoro si distingueva per la sua espressione allegra, mentre Bianca sembrava molto seria.

Quindi questo sei tu. Questo sei tu... mio caro bisnonno... il mio divino tesoro, colui che ha dato inizio a tutto questo.

L'e-mail spiegava da dove proveniva la foto. Era un ricordo che Mappy aveva conservato di sua nonna Mafalda. Più tardi mi avrebbe detto: "Quando Tuta è morta, ho controllato e pulito tutti i bauli. Ho trovato questa tra i suoi documenti e le sue foto. È l'unica che c'è del matrimonio di Isidoro e Bianca. Per questo incontro l'ho inviata a zia Filomena...".

Zia María Filomena raccolse questa e altri documenti di famiglia insieme all'elenco dei nomi di tutti i discendenti e li presentò in un libro al nostro incontro. Conteneva le foto dell'hotel, della famiglia e un elenco di discendenti, tutto fatto da lei e grazie ai parenti che avevano inviato le foto più vecchie ritrovate. C'era persino una ricevuta della compravendita di uno degli hotel. Insomma, era un piccolo tesoro.

Questa era l'unica foto che esisteva fino a quel giorno di Isidoro. Era del suo matrimonio con Bianca, celebrato a Bogotà nel 1896.

Non tardai molto a scaricare la foto e ad analizzarla con un programma professionale. Usando Photoshop, la aprii e la ingrandii il più possibile. Isidoro era davvero molto bello! Portava i capelli nello stile dell'epoca, cioè assomigliava a Valentino, il famoso attore italiano. Dalla sua corporatura, sembrava piuttosto alto e rilassato. *Pensavo fossi più magrolino*, pensai. I capelli erano come quelli di zio Frank, un po' ribelli e con una piccola ciocca come un ricciolo. Anche se il fisico e la corporatura erano come quelli di zio Fernando e assomigliavano molto di più a lui.

Accanto a lui c'era Bianca con i capelli castani ricci, la moda di quei tempi. Sembrava delicata; tuttavia, già spiccava la sua forte personalità. La sua espressione era seria e le sue labbra sottili un po' strette quasi come se non potesse sorridere. "Ah! Le cose che passerai, mia cara bisnonna! Le avventure e le disavventure che il destino ti riserva da quel giorno di marzo del 1896 in cui ti sei unita a Isidoro".

D'altronde, il sorriso di lui, anche se non del tutto aperto, sembrava grande. Sembrava quello di zio Fernando. I suoi occhi erano pieni di luce e di vita con un po' di malizia, come se fosse felice, felice di essere sposato. Inoltre, aveva l'aspetto dei sognatori. Si stava decisamente godendo il momento.

Guardo gli occhi di Isidoro attraverso il monitor. Ho sempre voluto conoscere la loro sfumatura, ma non sono sicura se sono di colore acquamarina come quelli di mia nonna o lavanda come quelli di zia Ana. Ma le sue pupille esprimono una luce in più. Cercare di immaginare il colore in una foto di quell'epoca è molto difficile. Avvicinai la lente d'ingrandimento digitale e intravidi la malizia nel suo sguardo. La ingrandii al 200 percento sullo schermo e poi al 400 percento fino a quando non furono evidenti i piccoli quadratini dei pixel. Spostai l'immagine più e più volte, da vicino e da lontano, e pensai: *di che colore sono i tuoi occhi?*

Emozionata, decisi di chiudere il file, ma quando allontanai la lente di ingrandimento sentii come se si svegliasse verso di me, come se aprisse gli occhi e mi osservasse. Come se fosse il mio specchio. Sorrisi e immaginai che mi strizzava l'occhio. "*Cosa cerchi, Graciela?*". Magari mi chiedeva con quella voce familiare e roca che assomigliava a quella di zio Frank e, a sua volta, a quella di mio zio Nelson.

Risi perché in questa famiglia tutti pensiamo di sapere. Ho i geni da "saputella" di mia nonna Chela e, seguendo questo gioco di fantasia, gli risposi: "Isidoro, ti ho cercato e ora ti posso vedere in una foto!".

· · ·

MI ALZAI per mettere a posto e finire di fare la valigia. Dissi alla foto di Chela: "Questa volta non è l'Italia, né Bologna, né San Secondo. È un altro luogo poetico e mitico. È la tua Puerto Plata. Mi accompagni?".

L'aereo decollò dall'aeroporto internazionale di Dulles con scalo ad Atlanta dove mi incontrai con Mappy e andammo insieme a Puerto Plata.

Iniziò così questa avventura verso la riunione familiare nel 2008, con una piccola valigia come promessa di un breve viaggio, ma immensamente divertente!

RIUNIONE DI FAMIGLIA, 2008

33

L'invito che arrivò via *e-mail* era una convocazione di zio Frank per tutti i discendenti di Bianca e Isidoro per la prima settimana di agosto del 2008. Ci sarebbe stata una riunione di famiglia a Puerto Plata in onore della forza di Doña Blanca.

"Mia nonna era una delle imprenditrici di maggior successo della zona. I suoi figli divennero uomini e donne per bene. L'amore per il lavoro è stata una virtù che lei trasmise ai suoi discendenti e che li portò ad essere noti come persone oneste e laboriose. Ma di tutti i doni che ci ha lasciato, l'amore per la famiglia è stato uno dei più preziosi. La famiglia è il più grande successo di una persona. L'unione di questa è fondamentale nella gioia dell'essere umano. Sono felice di poter contare su questo. Vi invito a condividere questa gioia di stare insieme nell'amore e a festeggiare dove tutto è cominciato davvero", diceva zio Frank.

Intuii che sarebbe stato un fine settimana magico, di incontri di discendenti dove il tempo si sarebbe unito a quello dei nostri antenati. Quel fine settimana, più precisamente il venerdì, ci sarebbe stato un ricevimento in spiaggia. Sabato saremmo andati a visitare il *"Callejón de Doña Blanca"*. In serata, ci sarebbe stata una celebrazione delle storie di famiglia, momento in cui i tempi si sarebbero incontrati. Sapevo che tutti insieme avremmo unito anima e corpo con la vera storia di Isidoro e Bianca. Confidavo che il passato avrebbe parlato in questo presente.

Zio Frank ci chiedeva di contattare, passare l'invito e aggiungere quei parenti che non erano inclusi in quel primo messaggio. "Non deve mancare nessuno, per favore!". Com'era prevedibile, l'entusiasmo scoppiò in un tumulto che alimentò le aspettative della riunione.

Tutto si esprimevano nelle *e-mail* con entusiasmo. I ricordi erano supportati da brevi battute e commenti. Alcune e-mail contenevano foto attuali in modo che potessimo riconoscerci. Mi misi anch'io al lavoro inviando ricordi in capsule di aneddoti perché… quanto avevamo bisogno di quell'amore familiare!

In quella esplosione di entusiasmo, i più giocosi del gruppo coglievano l'occasione per inviare le loro note comiche. Mi ricordai delle famose barzellette che Mami riceveva e inviava eternamente. E… indovinate chi fu il primo a cominciare? Zio Fernando, naturalmente! Sembravamo bambini a un parco giochi e… non ci eravamo ancora visti di persona! L'elenco dei cugini cresceva fino ad arrivare a più di novanta!

A breve, si sarebbero riuniti tutti i discendenti dei figli di Isidoro e Bianca: Yolanda, Queco, Mafalda, Chela, Mayú e Ana.

Condivisi altre foto, come quella di Mami all'età di nove anni con la sua lunga treccia insieme ai suoi fratelli, i miei cari zii Nelson e Blanca; una foto con zio Luis Manuel Machado, zio Frank e zio Fernando. Sembrava fosse stata scattata al quarto compleanno di zio Frank. Lui, con il suo adorabile sorriso infantile davanti alla sua torta, applaudiva felice.

Gli Harper inviarono nuove foto di zio Billy e zio Frank, rispettivamente di tredici e quindici anni, che non avevano mai condiviso prima. Alcuni Harper raccontarono che zio Billy prendeva mia madre dal collegio di Santiago per passare i fine settimana con i cugini Harper-Rainieri. In quella casa c'era un esotico uccello nero: non riuscivano a decidere se fosse un corvo o un cacatua. Qualcuno si ricordò che zio Harper gli aveva insegnato alcune parole. Mi sarebbe piaciuto intervistare quell'uccello!

Nell'album di Mami c'erano volti di bambini che mi sembravano familiari, ma irriconoscibili, quindi li condivisi affinché qualcuno si riconoscesse.

Tra le foto dei Barletta Rainieri apparve un bambino con lunghi riccioli color oro in posa con grandi lacrime. Sembrava lamentarsi della foto.

Zio Fernando disse: "Questo avrà detto, tagliami questi 'fiocchi' perché ho caldo".

"Quello è mio fratello Giuseppe", rispose in un'altra *e-mail* zia María Filomena Barletta. "Proprio così. Aveva dei capelli ricci invidiabili che mia madre (Mayú) pensava fossero belli e non voleva tagliarli! Era un bel bambino".

In un'altra foto c'era un bambino di sei anni vestito da "giocatore" con il berretto e la divisa della squadra dell'Escogido. Con questa foto, ci fu come un'esplosione perché in molti non sapevano chi fosse e fu un'incognita per un po'… fino a quando zio Miguel Maltés (figlio di Ana, la figlia postuma) ci scrisse: "Ma vedo me da bambino! Il piccolo giocatore sono io!".

Condivisi alcune foto che consideravo particolarmente un tesoro. Era la fotografia di mia nonna, bellissima! I suoi occhi chiari (uno blu e uno verde come amava dire) che guardavano direttamente la telecamera… L'avevo leggermente ingrandita e l'avevo inserita in una cornice sulla mia scrivania. A volte, mi prendevo una pausa dal mio lavoro per osservarla e pensare che lei dall'altra vita era proprio così. Questo mi faceva sorridere soddisfatta. "Lo faccio per te". Ma non era più del tutto vero. Ormai lo facevo per me. Amavo avere l'immagine di mia nonna vicino a me, ricordarmi che una volta era giovane e condividerla con i miei cugini. Tutti si meravigliarono della sua bellezza.

Zio Frank commentò: "L'unica delle sorelle che non aveva la puzza sotto il naso era zia Chela, rideva sempre di tutto e lo faceva a crepapelle. Andavamo al cinema a vedere i film italiani. Zia Chela ci invitava sempre e ci riempiva le mani di dolci".

Quanto mi sono piaciuti quei ricordi e quanto sono grata a mia nonna per avere una famiglia così divertente! La ringraziai guardando la sua foto per i ricordi condivisi e le dissi che stavo andando nella sua amata Puerto Plata. Non mi era mai venuto in mente di fare questa richiesta a nessun antenato, ma la gioia mi avvolse e desiderai che lei fosse con me. L'avrei portata nella sua città natale. Saremmo andate insieme a Puerto Plata per incontrare e riconoscere i discendenti dei suoi fratelli. Quella foto mi avrebbe accompagnata nel mio viaggio... dal momento in cui facevo le valigie, sull'aereo, fino ad arrivare alla piazza antistante la chiesa della sua amata città.

Poi accadde qualcosa di fantastico. Tra i messaggi che andavano e venivano, i discendenti iniziarono a chiedere foto del nonno mentre altri rispondevano ed esclamavano che volevano vedere il loro bisnonno. Si riferivano a Isidoro! Come sempre, i commenti accennavano a lui. Seguivano ancora le speculazioni su dove si trovasse: "Se n'è andato e non è tornato. Dicono che sia morto durante il viaggio e che sia stato gettato in mare". Questo mi fece stringere il cuore. Ciononostante, ero attenta ad ogni *e-mail* che arrivava mentre preparavo la valigia con la foto di mia nonna affinaco, sopra il mio tavolo e io che piegavo i vestiti. Il mio viaggio sarebbe stato breve, quindi preparai poche cose, solo l'essenziale. *"Promessa di un breve viaggio"*, pensai mentre sistemavo con cura due abiti, uno per ogni notte e due cambi d'abito da sera. Mi fermai per vedere cosa arrivava nella mia casella di posta.

Qualcuno scrisse: "È sepolto nel cimitero di Santo Domingo". E questo mi fece pensare che forse quello che avevo a New York non era lui. Ma presto, zia María Filomena rispose: "Quello non è Isidoro padre, ma Isidoro figlio, che mia madre (Mayú) ha mandato a prendere da Puerto Plata per seppellire lì tutti insieme". Poi, aggiunse che aveva portato dall'Italia una statua di un angelo e questo mi fece pensare all'angelo di famiglia che protegge tutti noi. Qualcuno disse: "Dicono che aveva figli in Colombia" e altri aggiunsero: "È morto di influenza". A questo proposito, sapevo già che si trattava di Isidorito e fu subito smentito da uno dei più grandi.

Improvvisamente, arrivò un *e-mail* con oggetto: UNICA FOTO ESISTENTE DI ISIDORO. Senza volerlo, rovesciai tutti i vestiti piegati da una parte perché mi lanciai d'impeto davanti al monitor... mi buttai quasi sulla sedia! Dopo il doppio clic, aspettai che si aprisse. L'aprii con gli occhi completamente concentrati, trattenendo il respiro per un secondo e... Eccola lì. Il mio sguardo si concentrò sulla fotografia in bianco e nero del loro matrimonio: due figure che guardano l'obiettivo mentre inclinano la testa l'una verso l'altra. Erano entrambi vestiti elegantemente. Isidoro si distingueva per la sua espressione allegra, mentre Bianca sembrava molto seria.

Quindi questo sei tu. Questo sei tu... mio caro bisnonno... il mio divino tesoro, colui che ha dato inizio a tutto questo.

L'*e-mail* spiegava da dove proveniva la foto. Era un ricordo che Mappy aveva conservato di sua nonna Mafalda. Più tardi mi avrebbe detto: "Quando Tuta è morta, ho controllato e pulito tutti i bauli. Ho trovato questa tra i suoi documenti e le sue foto. È l'unica che c'è del matrimonio di Isidoro e Bianca. Per questo incontro l'ho inviata a zia Filomena...".

Zia María Filomena raccolse questa e altri documenti di famiglia insieme all'elenco dei nomi di tutti i discendenti e li presentò in un libro al nostro incontro. Conteneva le foto dell'hotel, della famiglia e un elenco di discendenti, tutto fatto da lei e grazie ai parenti che avevano inviato le foto più vecchie ritrovate. C'era persino una ricevuta della compravendita di uno degli hotel. Insomma, era un piccolo tesoro.

Questa era l'unica foto che esisteva fino a quel giorno di Isidoro. Era del suo matrimonio con Bianca, celebrato a Bogotà nel 1896.

Non tardai molto a scaricare la foto e ad analizzarla con un programma professionale. Usando Photoshop, la aprii e la ingrandii il più possibile. Isidoro era davvero molto bello! Portava i capelli nello stile dell'epoca, cioè assomigliava a Valentino, il famoso attore italiano. Dalla sua corporatura, sembrava piuttosto alto e rilassato. *Pensavo fossi più magrolino*, pensai. I capelli erano come quelli di zio Frank, un po' ribelli e con una piccola ciocca come un ricciolo. Anche se il fisico e la corporatura erano come quelli di zio Fernando e assomigliavano molto di più a lui.

Accanto a lui c'era Bianca con i capelli castani ricci, la moda di quei tempi. Sembrava delicata; tuttavia, già spiccava la sua forte

personalità. La sua espressione era seria e le sue labbra sottili un po'
strette quasi come se non potesse sorridere. "Ah! Le cose che passerai, mia cara bisnonna! Le avventure e le disavventure che il destino
ti riserva da quel giorno di marzo del 1896 in cui ti sei unita a
Isidoro".

D'altronde, il sorriso di lui, anche se non del tutto aperto,
sembrava grande. Sembrava quello di zio Fernando. I suoi occhi
erano pieni di luce e di vita con un po' di malizia, come se fosse
felice, felice di essere sposato. Inoltre, aveva l'aspetto dei sognatori.
Si stava decisamente godendo il momento.

GUARDO gli occhi di Isidoro attraverso il monitor. Ho sempre
voluto conoscere la loro sfumatura, ma non sono sicura se sono di
colore acquamarina come quelli di mia nonna o lavanda come
quelli di zia Ana. Ma le sue pupille esprimono una luce in più.
Cercare di immaginare il colore in una foto di quell'epoca è molto
difficile. Avvicinai la lente d'ingrandimento digitale e intravidi la
malizia nel suo sguardo. La ingrandii al 200 percento sullo schermo
e poi al 400 percento fino a quando non furono evidenti i piccoli
quadratini dei pixel. Spostai l'immagine più e più volte, da vicino e
da lontano, e pensai: *di che colore sono i tuoi occhi?*

Emozionata, decisi di chiudere il file, ma quando allontanai la
lente di ingrandimento sentii come se si svegliasse verso di me,
come se aprisse gli occhi e mi osservasse. Come se fosse il mio
specchio. Sorrisi e immaginai che mi strizzava l'occhio. *"Cosa cerchi,
Graciela?"*. Magari mi chiedeva con quella voce familiare e roca che
assomigliava a quella di zio Frank e, a sua volta, a quella di mio zio
Nelson.

Risi perché in questa famiglia tutti pensiamo di sapere. Ho i
geni da "saputella" di mia nonna Chela e, seguendo questo gioco di
fantasia, gli risposi: "Isidoro, ti ho cercato e ora ti posso vedere in
una foto!".

. . .

MI ALZAI per mettere a posto e finire di fare la valigia. Dissi alla foto di Chela: "Questa volta non è l'Italia, né Bologna, né San Secondo. È un altro luogo poetico e mitico. È la tua Puerto Plata. Mi accompagni?".

L'aereo decollò dall'aeroporto internazionale di Dulles con scalo ad Atlanta dove mi incontrai con Mappy e andammo insieme a Puerto Plata.

Iniziò così questa avventura verso la riunione familiare nel 2008, con una piccola valigia come promessa di un breve viaggio, ma immensamente divertente!

NUOVI RICORDI

34

*I*l programma del sabato mattina era di incontrarsi nel giardino centrale dell'hotel a Playa Dorada. Da lì, avremmo iniziato il nostro viaggio verso il *Callejón de Doña Blanca* che era stato restaurato e che ora si chiama *Paseo de Doña Blanca*. Avremmo celebrato un atto di riconoscimento, scattato foto e ascoltato storie di famiglia.

Lasciai la mia stanza al secondo piano per camminare lungo il corridoio-balcone verso il giardino. Si aprì una porta e fui accolta da Josemaría che, con il suo grande sorriso e gli occhi olivastri, mi tese la mano per andare insieme. A ogni porta che si apriva, c'era un membro della famiglia che si univa a noi. Immaginate com'è camminare e veder far capolino da ogni stanza un viso caro! I cugini si unirono con un "Buongiorno, amori miei!" e alcuni abbracci mentre aggiungevano: "Che bella giornata!".

Scendendo le scale bianche, entrammo nel giardino. In quel luogo, seduti su panchine ornate da grandi e belle foglie verdi, trovammo i nostri zii Frank e Haydee con il figlio Frank Elías. Queste foglie che cito sono chiamate "orecchie di elefante" poiché si piegano come se stessero ascoltando.

Dopo averli salutati, cercai zio Fernando, ma ancora non era arrivato. La mia missione era quella di cogliere l'occasione per parlargli di genealogia e raccontargli i nuovi documenti che avevo organizzato nel Libro di Famiglia e, così, ravvivare la sua immaginazione e ascoltare le occorrenze con cui dipingeva ogni documento. Zio Luis Manuel, il fratello maggiore da parte di madre, salutò mentre si avvicinava. Iniziò a raccontare storie d'infanzia con quel suo stile, divertente e "figo". Così, stava risvegliando le risate tra i nipoti. Io ero affascinata e cercavo di ricordarle per poi scriverle.

Ad un certo punto, Frank Elías mi si avvicinò.

«Zio Colorao mi ha detto che ti sei dedicata alla ricerca genealogica… che hai salvato e compilato storie di famiglia».

Alzai lo sguardo e sentii subito un'affinità. Ammetto che questo accade con tutti quelli che mi parlano di genealogia. Mio cugino era un bell'uomo sulla trentina e somigliava a zio Frank con i suoi capelli neri. In quell'occasione portava la barba corta… I suoi occhi sembravano eternamente nobili e franchi come il suo nome.

«Sì, proprio così. Cosa ti ha detto?». Mi meravigliai per il suo commento perché non sapevo a chi in famiglia piacesse la genealogia. Ora capisco che l'amore per i nostri antenati ci avvolge tutti. Quell'amore che scaturisce dall'albero genealogico e usa qualsiasi scusa per legarci.

Pensai che fosse per Bianca e la sua storia, dato che è la più particolare delle storie ereditate. Gli chiesi quale fosse quella che più aveva catturato la sua attenzione o suscitato il suo interesse.

«Quella dell'abbandono, vero?», pensai.

Mi sorprese quando rispose:

«Anche io sono stato attratto dalla storia, ma non dall'abbandono, bensì dal bisnonno Isidoro. Perché… Penso che ci sia altro da sapere. Ho fatto delle ricerche in Colombia». Mi disse ciò che sapeva su quella città.

«Bene… Io ho trovato qualcosa a New York». Risposi annuendo pensierosa perché mi venne in mente la busta che era tra le pagine. Quella che avevo letto graffiandomi l'anima e della quale continuavo ad aspettare una conferma alla minima occasione. Improvvisamente, era l'unica cosa che avevo in mente. Come se tutto fosse sparito e fosse rimasta sola a fluttuare al centro della mia mente, quella busta bianca. Chiusa.

"Dagliela. Lui saprà cosa fare".

Stavo per parlare e raccontargli del Libro di Famiglia, ma all'improvviso si aprì uno spazio davanti a noi e apparve zio Fernando vestito con un abito bianco e con indosso un *cappello Panama*. Accanto a lui, molto stretta, zia Pilar era abbinata con il suo vestito dallo stile simile. Sembravano due stelle del cinema di un'altra epoca! Una coppia radiosa!

«Sono arrivati!», dissero i nipoti, applaudendo.

«È arrivato!», gridò suo fratello maggiore. «E sembra che venga dalle riprese del film Casablanca!».

«Ma che *charme*!», aggiunse zio Frank. «Humphrey Bogart era troppo piccolo per lui!».

«Non so se è Humphrey Bogart, ma so che quella è Ingrid Bergman», rispose zio Luis Manuel.

Le battute tra i fratelli sembravano scherzi che li riportavano alla loro infanzia. Zio Fernando, impassibile e con un sorriso malizioso, inarcò un sopracciglio come per esprimere che era lui quello che era in ordine e in accordo con ciò che l'atto richiedeva. Di lato, guardò il gruppo fingendosi l'attore e poi ci regalò il suo grande sorriso.

«E ora, l'intero cast, voglio dire, l'intera famiglia, vuole avere un cappello così!». Noi nipoti commentavamo tra applausi e risate.

Zio Fernando interruppe la sua parte e salutò e abbracciò ognuno di noi con zia Pilar sempre al suo fianco.

«Ci siamo tutti?», chiese zio Frank alzandosi e iniziando a camminare.

Credo che nel giardino eravamo più di novanta membri della famiglia felici e mano nella mano, divisi in gruppi.

Salimmo sui due pullman. In testa al primo c'era zio Frank. E nel secondo, zio Fernando. Quello in cui si trovava quest'ultimo si mosse parallelamente al nostro con il suo caratteristico rumore. Un chiacchiericcio arrivò attraverso i finestrini. Rosa riuscì a sentirlo e ci informò:

«Dicono che là stanno meglio perché stanno servendo champagne e cioccolata. Lì si sta meglio! Chiedono cosa hai tu per il tuo gruppo…».

La risposta di zio Frank fu seguita dalla sua risata:

«Non credeteci. Vogliono prenderci in giro».

«Vogliono renderci invidiosi… ma in modo cattivo!», aggiunse qualcun altro.

Come sempre accade in questa famiglia, tutti iniziarono a commentare contemporaneamente:

«Fateci vedere! Io non vedo niente».

«…perché tutte le sorelle erano *un po' spocchiose* tranne zia Chela. Sembrano i nipoti di Mafalda!».

«Zio Frank», balzai in piedi, «dì all'autista di lasciarli indietro, così si perdono!».

«È colpa del cappello!».

«Ne voglio uno!».

Continuavamo a ridere finché il nostro autobus non iniziò a muoversi. Davanti, Frank era in piedi accanto all'autista e prese un microfono per narrare le storie di famiglia.

«Isidoro e Bianca si sposarono a Bogotà. Appena sposati, decisero di tornare in Italia per vivere a Bologna. Era il 1898. Portavano in braccio il loro primo bambino, Isidorito, quando la nave si fermò a Puerto Plata. A mio nonno piacque il posto per avviare un hotel. Così, qualche anno dopo, i nonni tornarono a lavorare prima all'Hotel Europa e finirono per comprarlo! Poi seguì l'Hotel del Comercio a Puerto Plata e il Gran Hotel Rainieri a Santiago, che era il vecchio Hotel Central, quello che si trova di fronte al parco».

Da dietro, qualcuno chiese qualcosa che non riuscii a sentire, ma lui rispose:

«I figli di Isidoro e Bianca crescevano separati tra Bologna e Puerto Plata. Quelli che sono cresciuti a Bologna sono stati Isidorito, Blanquita, Beatriz, Queco e Mafalda. Yolanda è nata a Puerto Plata, ma da bambina ha vissuto anche a Bologna per un periodo. Quando nel 1911 Chela e Mayú (le gemelle) stavano per nascere a Puerto Plata, la madre mandò a chiamare i fratelli maggiori. Tuttavia, lasciarono Queco e Mafalda lì perché erano molto piccoli. All'epoca avevano cinque e sette anni. Inoltre, erano già abituati all'Italia e volevano rimanere alle cure di zia Maria. Lì sono cresciuti con i loro cugini come se fossero fratelli. Penso che l'intenzione dei nonni fosse quella di aspettare che finissero gli studi prima di riunirsi qui a Puerto Plata...».

Il pullman svoltò, facendo tremare il motore. Ci dirigevamo verso il lungomare per percorrere il viale che lo costeggia. Zio Frank continuò a raccontare di suo padre:

«... rimasero a vivere nella casa di zia Maria, la nonna dei nostri cugini in Italia».

Mentre ci muovevamo sul lungomare, fece una pausa. Tutti guardammo all'orizzonte. Rimanemmo affascinati nel vedere la chiarezza del cielo e le onde con i loro scintillii di piccole stelle ondeggianti. "Guarda che bellezza di Paese!".

Mappy ed io commentammo: "Quanto siete fortunati a potervi godere questa vista ogni volta che volete!".

Yvonne si interessò di sua nonna Yolanda. Zio Frank ascoltò attentamente e rispose al microfono affinché tutti noi sentissimo:

«La prima delle figlie che si sposò fu Yolanda, che sposò Manuel Imbert. La storia d'amore di Manuel e Yolanda era iniziata quando avevano quindici anni. Ma alla nonna non piacevano quelle storie d'amore adolescenziali, la mandò a vivere con i suoi fratelli a Bologna. Tornò due anni dopo cresciuta. Ecco che arriva la parte più romantica e divertente della storia! Dicono che quando la nave arrivò, il grande galante disperato e desideroso di vederla ebbe l'idea di salire su una piccola barca e farsi portare alla nave ancorata per... salirci sopra! Manuel Imbert salì a bordo e la cercò tra i passeggeri! Bianca, in piedi sul molo e in mezzo alla folla, vide i suoi figli scendere i gradini della nave. All'improvviso, notò che, tra loro, c'era Manuel con Yolanda, molto stretta al suo braccio!».

Ridemmo tutti dell'aneddoto. Lui continuò:

«Dovete immaginare il volto di mia nonna... Quasi non svenne! E pensando che Manuel avesse viaggiato con loro o che fosse in gioco la virtù di sua figlia, li portò in una chiesa e li sposò!».

E così, ammirando le casette di questa cittadina vittoriana e la montagna (oggi chiamata "Ysabel de Torres" e che un tempo era piena di *yagrumos*) arrivammo alla piazza.

LA FAMIGLIA

35

Già nel parco, ci incamminammo verso la Glorieta centrale. Fu lì che ricordai mia nonna Chela come se fosse al mio fianco, in piedi. La mia mente si riempì di melodie e balli finché una voce maschile non dissipò i miei ricordi. Erano il fotografo e il suo assistente, che, armati di grandi macchine fotografiche e luci, chiamavano ogni gruppo di discendenti con il nome del loro nonno: Yolanda, Queco, Mafalda, Chela, Mayú e Ana.

«Quelli di Queco, radunatevi qui!». Il fotografo indicò la Glorieta. L'assistente addetto alle luci lo seguì. I gruppi di Frank e Fernando, con le rispettive famiglie, si mobilitarono per mettersi in posa. Poi il fotografo continuò a chiamare coloro che rimanevano, chiedendo l'aiuto dei cugini:

«Ora, quelli di Chela, qui… Quelli di Yolanda, qui, e quelli di Mafalda, là».

Alcuni dei parenti seguivano gli ordini… Ma non tutti! C'era chi si metteva in un gruppo non suo confondendo il professionista. Tipico degli Harper!

«No, quella non è di Yolanda. Si stanno mischiando! Quella è di Mafalda. Cosa fai in quel gruppo?».

Io ero molto attaccata a Johnny e posavo con il gruppo di Mafalda quando mia sorella Gina mi chiamò:

«Pensi di essere Harper, ma sei di Chela. Vieni qua!».

Ridevamo e passavamo di gruppo in gruppo. Infine, scattammo una foto tutti insieme sotto la chiesa. Senza pensarci, rimasi accanto a zio Frank e lo ascoltai parlare di eredità familiari e di cosa eravamo a quel tempo come famiglia.

«...e tutto quello che abbiamo passato, che è molto, è nel nostro DNA».

«Esatto! E dopo ciò che accadde al nonno, non passò molto prima di perdere Isidorito nel 1918», concluse zio Fernando. «Era un vero sostegno per nonna...».

Zio Frank continuò: «Ecco perché la nonna aveva un carattere così forte. A quel tempo, stare da sola con le figlie non era come essere soli adesso. Dopotutto, per quanto forti fossero, erano giovani donne che non avevano un maschio che le rappresentasse. Mio padre era ancora in Italia. Ecco perché mamma chioccia difendeva i suoi pulcini come poteva e come doveva. Doveva essere forte! Doveva imporsi ed essere emotivamente e socialmente indistruttibile. E non aveva bisogno dell'appoggio di nessuno né si piegò per ciò che il destino aveva preparato per lei. Non era nei suoi piani mostrarsi vulnerabile. Lei, dall'aspetto delicato e bassa di statura, si creò un'armatura indistruttibile e adottò la presenza di un gigante».

«In un'epoca in cui le donne non votavano né avevano l'opportunità di governare e molto probabilmente non ereditavano nemmeno...», aggiunse zio Fernando.

Iniziammo a camminare verso la piazza dove erano i pullman per tornare in hotel. Io li seguivo.

«Perché l'idea di gestire un hotel passa da una generazione all'altra?», volevo parlare di quella che era la mia più grande curiosità, che erano i desideri dell'anima. «L'idea parte da Isidoro, passa a tuo padre e arriva a te».

Avrei voluto porre la domanda in modo più diretto. Parlagli dei "sogni ereditati", quell'idea che continuava a danzare nella mia testa, ma fu l'unica cosa che mi venne in mente in quel momento. Si ereditano i sogni? Zio Frank aveva ereditato questo sogno di diventare un albergatore per qualche influenza di Isidoro? Forse era un

sogno prestato… da Isidoro. O almeno è quello che volevo sugge-
rire. O forse, non era nulla di occulto quello che intendevo insi-
nuare, ma magari crescendo, aveva sentito qualche aneddoto che lo
aveva intrigato.

Non appena vidi che zio Frank ci stava ancora pensando,
aggiunsi: «Dai tuoi nonni a te».

Zio Frank alla fine rispose:

«Guarda, non posso dire che da piccolo pensavo di fare l'albergatore. Chissà, magari perché dopo la chiusura dell'Hotel Europa
con la morte della nonna, nessuno in famiglia parlò più di hotel.
Alla mia generazione, che è quella di tua madre, non è passato per
la testa. È comprensibile. Considera che tutte le sue figlie avevano
dovuto sacrificarsi nella loro giovinezza e prendersi cura di mille
compiti fin dalla tenera età. In altre parole, sin da piccole avevano
responsabilità da adulti. Forse, da ragazze, vedendo che le altre
amiche della società avevano una vita piacevole, che ballavano e
passeggiavano nel parco mentre loro lavoravano, compresero e
decisero di non continuare l'attività. Ricordo che da piccolo ascoltavo le zie parlare della loro infanzia. Dicevano che nonna Blanca
distribuiva i compiti: "Tu, le pulizie. Tu, alla reception. Tu, nella
sala da pranzo". Mafalda si è salvata perché era con Queco a
Bologna e Yolanda è riuscita a eludere quel destino per i due anni
in cui è stata lì, ma le altre… erano su quella strada!».

«Era la dottrina della casa fino al matrimonio», aggiunse zio
Fernando.

«Non spettava loro di meno perché erano donne. Le hanno
trasmesso l'amore per il lavoro. Considera che in seguito hanno
contribuito tutte agli affari dei loro mariti. Tua nonna Chela lavorava nel cinema di zio Joaquín».

Annuii e lui continuò:

«E la nonna non solo aveva quella personalità stoica e forte solo
negli affari, ma faceva parte della sua vita. Alla messa officiata da
padre Castellano, famoso sacerdote antitrujillista di Puerto Plata e
del quale era intima amica e con cui si era confessata, arrivava
passeggiando con le figlie. Le persone commentavano: "Arrivano le
italiane. La madre davanti e tutte le figlie dietro, in fila". Si sede-

vano sulla prima panchina sul lato sinistro. Era la panchina di Doña Blanca. Se qualcuno avesse osato sedersi lì, quando lei arrivava, lo avrebbe toccato con il bastone e avrebbe ordinato: "Alzati!". Per evitare di essere messo in imbarazzo in quel modo, avresti fatto meglio a rispettare il suo spazio!».

Ridemmo di quell'aneddoto. Zio Frank spiegò:

«Per forza, doveva avere un carattere formidabile. Magari non durante la sua gioventù, ma i suoi figli la ricordano già vedova. Faceva parte di un meccanismo di difesa che doveva creare per la sua sicurezza e quella della sua famiglia. In modo che la reputazione non venisse deragliata o qualcuno volesse farla deragliare. Aveva bisogno di essere irremovibile. E così fu!».

Zio Fernando si limitò a questo commento:

«Si dice che quando la nonna andava al club dell'Unione a Puerto Plata, dove accudivano le figlie più grandi, si sedeva con loro. Quando un bell'uomo osava avvicinarsi, lo guardava dalla testa ai piedi. Con il bastone dava segnali. Se non le piaceva il ragazzo, lo spingeva e ordinava: "Tornatene indietro!"».

Gli ascoltatori erano affascinati dagli aneddoti. Io chiesi:

«Zio Frank, quando hai iniziato l'attività, tuo padre, zio Queco, avrà detto qualcosa come "questo era il sogno dei miei genitori?". No?».

Scuotendo la testa, rispose:

«Mamma una volta lo disse, ma papà no. Da quanto mi ricordi, forse lo disse solo una volta. Fu quando aprimmo il Club Med. Lui stava con mamma, Colorao, Pilar, Haydée e me. Avevamo già i bambini. Ricordo che quando la cerimonia finì, papà si voltò per guardarmi e disse: "Bene, la famiglia continua!"».

Volevo approfondire e gli sussurrai:

«Zio Frank, credo che tu abbia ereditato questo sogno, quello dei tuoi antenati... il sogno di fare l'albergatore».

«Ahahah!», rise e aggiunse: «A volte, quando ci penso, mi viene in mente mia nonna. Ma non posso dire di averlo fatto apposta o di aver avuto l'idea fin da piccolo. Questa idea è nata in me a poco a poco. Ora, ti dico, era impossibile dire di no a quell'idea! Non che avessi la sicurezza fin dall'inizio o che conoscessi la grandezza. È che, semplicemente, non riuscivo proprio a fermarla! Occupava tutta la mia mente. Posso dirti che ho amato quell'idea fin dall'inizio? Sì, assolutamente! E ancora non sapevo molto del futuro o di dove mi avrebbe portato. Certo: sentivo che dovevo impegnarmi giorno dopo giorno. Passo dopo passo, facendo quello che sentivo e senza pensarci molto… sostenendo la mia idea».

QUANDO I RAGGI del sole iniziarono a calare e le luci della città si accesero, passeggiammo insieme per la strada. Seguivamo zio Frank che andava per mano con zia Haydée e zio Fernando con zia Pilar, come sempre. Per la prima volta, vedemmo il monumento alla nostra bisnonna, di doña Blanca. Il vicolo era stato appena dipinto ed era pieno di fiori. Nonostante fosse lungo, eravamo tutti rannicchiati vicino alla targa con la foto di Bianca.

Zio Frank prese la parola:

«Vi racconto un'altra storia. Voglio che conosciate l'intensità della sua forza d'animo. E che prendiate quell'amore con cui io la vedo… Ai tempi di Trujillo, quando Bianca la chiamavano già Doña Blanca e aveva un solo hotel e Isidorito era morto, arrivò un uomo con una camicia insanguinata chiedendo di essere ospitato. Era notte e lei si era già ritirata nella sua stanza quando la chiamarono per parlare con lei della situazione. Uscì per vedere l'uomo che era appena arrivato. Giravano voci su un massacro da qualche parte, ma al momento non era chiaro cosa fosse successo. Ma lei lo riconobbe e gli negò l'ingresso. Il suddetto si difese sostenendo che stava facendo "il lavoro del capo", così come chiamavano il dittatore. Doña Blanca gli rispose: "Non mi interessa per chi lavora. E deve sapere che lavora per un assassino. Così com'è lui, è lei. Se ne vada, assassino, esca da qui! Questo è un hotel, ma è anche la MIA casa e quindi una casa di famiglia. E qui non accettiamo ASSASSINI"».

Questa storia ci spiazzò. E molto di più il fatto di sapere che questa eredità era dentro di noi, nella nostra informazione genetica! È la forza e il coraggio delle donne che formiamo e che include l'amore e il sostegno dei nostri uomini. Quell'integrità e quel rispetto verso la libertà è dentro di noi. Come poteva Isidoro non amare una donna così? Una donna di amore fiero e mente chiara. Una donna autonoma, sovrana e dignitosa. Una donna che appartiene a tutti noi e che è nel nostro DNA.

Zio Frank tagliò il nastro di seta e applaudimmo tutti entusiasti, sentendoci speciali per essere suoi discendenti. Ben presto, si formò una fila in modo che tutti potessero vedere da vicino la foto e la targa sul muro che inauguravano lo spazio. Presi il mio posto e quando arrivò il mio turno davanti all'immagine circondata da fiori, lessi l'iscrizione in metallo di rame e ammirai la foto. Rimasi sorpresa quando capii cosa stava succedendo. Sarebbe folle dire che mi sentivo come se mi stesse guardando da un'altra dimensione?

Ero arrivata pronta per riaprire la lettera da New York e, finalmente, determinare dove si trovasse e comprendere la sua morte. Raccontare "cosa era accaduto".

O, meglio, quello che pensavo fosse accaduto. La voce di mio cugino Frank Elías rimbombava nella mia testa con il suo "non ci ho mai creduto". Ricordare le sue parole di quella mattina mi fece venire i brividi lungo la schiena. "Non è andata così" sentivamo entrambi, ognuno per conto suo. Questo mi confermò che dovevo leggerla davanti a tutti. Avrei esposto ciò che avevo trovato a tutti i discendenti e, insieme, avremmo deciso cosa fare con quelle informazioni.

IL DESTINO DI ISIDORO

36

Quella sera arrivai alla festa con una scatola bianca contenente il Libro di Famiglia che una volta volli regalare a mia madre e che il destino (o gli antenati) ha voluto che arrivasse tra le mani dei miei zii. Dopo aver cenato, ballato ed esserci divertiti, zio Frank si mise in piedi sulla sabbia davanti a tutti. Ci parlava come capofamiglia:

«La gente mi chiede: "Qual è la chiave del successo e della felicità?". La risposta è: la famiglia. Questo è il più grande successo di una persona. L'unione di questa è fondamentale per la felicità di ogni essere umano. Sono felice di poter contare su di voi».

Eravamo tutti commossi dalle sue parole. Lui continuò:

«Sono convinto che una famiglia unita sia la fonte della felicità. In ogni riunione familiare che facciamo, confermiamo questa verità. Di solito mi siedo con i giovani. Amo ascoltarli, ascoltare le storie dei loro mondi, le loro opinioni, i loro percorsi. Mi ringiovanisco di circa dieci anni! Grazie a tutti per essere venuti, giovani e giovani di cuore! Grazie cari familiari per aver risposto a questo invito! Un invito a riconoscere e ringraziare i nostri antenati, in particolare nonna Blanca che, pur essendo rimasta sola, ha cresciuto la sua famiglia con coraggio e forza ammirevoli. Questo è ciò che ha segnato i discendenti dei Rainieri».

Dalla voce, percepimmo la sua emozione nel pronunciare le seguenti parole:

«Dovremmo essere grati per tutto. Impariamo dai nostri predecessori. Per la nonna, sosteniamo i principi e i valori. Guardiamo la vita con ottimismo e ringraziamo Dio. Possa la famiglia continuare questa eredità, vi amo molto e che Dio vi benedica!».

Sentii come se piccole stelle di benedizioni apparissero per proteggerci tutti. Arrivò una leggera brezza marina e coloro che erano vicini si tenevano per mano o si appoggiavano alle spalle dei grandi.

E così, sotto la luce delle stelle che si intonavano alle piccole lampadine colorate che pendevano dalle palme di cocco, mi ritrovai accanto a zio Frank, a piedi nudi sulla sabbia fredda e fine come nuvola di polvere. Nel mio vestito di cotone bianco e con la scatola tra le mani contenente il libro, mi avvicinai a lui, anche lui scalzo e con indosso pantaloni bianchi e una giacca di lino. Aveva il microfono nella mano destra. I suoi occhi mi guardavano sorpresi. Davanti a tutti, misi il mio dono nelle sue mani senza riverenza o altro, pur sapendo che aveva in mano un tesoro.

Insieme aprimmo le pagine del Libro di Famiglia per svelarne la ricchezza. Fino ad allora, io stessa non ero a conoscenza dell'immenso valore di quella raccolta. Senza che loro lo sapessero e senza che io ne fossi sicura, questo libro conteneva anche il luogo in cui era arrivato il nostro Isidoro, ma prima di arrivare a questo, guardammo insieme le foto che provenivano dall'album di Mami che loro non avevano mai visto. Una era la foto di suo padre, la foto di zio Queco che apparteneva a mia nonna. L'aveva custodita con tanto amore quanto quella delle sue sorelle.

Gli occhi di zio Frank si posarono sulla foto di suo padre e le sue mani toccarono il bordo. Queco posava come un attore cinematografico e assomigliava tanto a lui! Come se si fosse materializzato in lui con la sua stessa espressione! Era un ritratto di suo padre che non aveva mai visto. Io continuavo a spiegargli ogni pagina come un gioiello affettivo. Ogni foglio che girava, aveva un documento decorato con carta fiorentina e lo apriva.

«Ma è bellissimo», disse, e mi fece commuovere. Non sapevo come dirgli che ogni scoperta in questa ricerca era iniziata con un'intuizione, o meglio, con un dolore al cuore.

«Come mai hai fatto questo libro così bello?», chiedevano alcuni dei cugini.

«Perché sono una smanettona», risposi ridendo senza sapere a chi e rivolgendomi a tutti. Il gruppo scoppiò a ridere.

All'improvviso, qualcuno alzò la voce domandando: «Cosa è successo a Isidoro?».

Così, tra le pagine prive di decorazioni o altro, tirai fuori la busta contenente il certificato di morte che avevo ricevuto nel 2001 dal Dipartimento della Salute di New York. Vedendolo, tornai indietro al giorno in cui lo avevo avuto per la prima volta tra le mani, quando Mami mi aveva detto di essere malata. Erano successe così tante cose.

Così, con zio Frank accanto a me e intorno a noi gli occhi puntati dei discendenti che non si perdevano un movimento, staccai il lembo della busta. Persino il mare che ondeggiava dietro di noi rimase in silenzio.

Iniziai a leggerlo lentamente. Alcuni ricordi presi in prestito si impossessarono di me, goccia a goccia, e si conclusero in un diluvio, un torrente di immagini e suoni:

Isidoro sbarcò a New York *nel 1912, fece la fila alla dogana con la piccola valigia che era la sua promessa di un breve viaggio. Percorse la salitina, uscì dalla soglia della designazione del porto ed entrò in città. Giorni dopo, visitò un ospedale a New York.*

Mentre leggevo ad alta voce, *lasciai scorrere le immagini perché era impossibile fermarle. Era una reazione completamente* viscerale. La mia mente si riempì di ricordi di luce e ombra, di voci e silenzio.

Lo vidi seduto sul letto d'ospedale, con un camice da paziente dopo aver subito vari esami, forse lastre, e in attesa della sua diagnosi. L'immagine successiva era una scena con un dottore in piedi di fronte a lui, che spiegava cosa aveva letto nella sua cartella.

Penso a quell'immagine: *era un nuovo paziente o c'era già stato? Dove potrebbe essere la sua cartella clinica?*

Poi, quando rimase solo, Isidoro si sporse dallo schienale del letto di metallo. Voleva riposarsi un secondo, pensare a ciò che il medico gli aveva appena proposto. Il cuscino era duro. La camera lasciava molto a desiderare. Il rumore del palazzo accanto lo distrasse per un attimo e il *tap tap* di alcuni martelli dovevano avergli ricordato il suono di un orologio. Aveva chiesto tempo al dottore per pensare, durante il quale, però, rimase a fissare il vuoto. Tra il rettangolo della finestra e le tende pesanti e rigide, passava nella sua testa il pensiero di essersi imbarcato per cercare aiuto per il suo dolore, quando la vita gli aveva teso un'imboscata e gli aveva fatto dubitare della sua decisione. Mentre viaggiava sulla nave, non gli faceva male nulla... e ora doveva subire un intervento chirurgico. Se tutto fosse andato bene, sarebbe stato veloce. Si sarebbe trattato solo di guarire a New York e, in un paio di settimane, già guarito, tornare a casa alla gestione dell'hotel.

Ma in testa aveva solo un pensiero. Tornare da Bianca.

Il dottore gli aveva detto che tutto era molto semplice, ma la vita gli aveva insegnato che niente lo è.

Ricordò l'hotel, il suo lavoro, i suoi progetti. Ricordò persino che qualcosa di semplice come l'ultimo ordine che aveva fatto per la grande festa al ristorante dell'hotel aveva innescato un problema. Qualcosa che non andava nel processo. Fino ad allora, aveva avuto fortuna perché si occupava delle cose in tempo e prevedeva tutto con un margine sufficiente. Secondo lui, tutto si era risolto e aveva sistemato personalmente la faccenda con la dogana. Era un esperto nel risolvere le cose! Più di una volta aveva sentito suo padre dire umilmente a suo fratello: *"Non preoccuparti. Impegnati!"*. A ogni figlio dava il consiglio giusto in base alla sua personalità. Sentiva gli occhi di suo padre su di lui: occhi di orgoglio e amore. Nonostante fosse il più piccolo della casa, era sempre stato sicuro che la sua personalità fosse tale da risolvere tutto.

Isidoro si rese conto che stava ricordando qualcosa della sua infanzia che non era più presente nella sua memoria. Le parole di suo padre gli tornarono in mente: "C'è tempo per lavorare e tempo per stare con la famiglia. Con la tua salute e la tua forza avrai tempo per divertirti anche tu. Lavora sodo e lasciati andare. Non c'è tempo da perdere". Se solo suo padre lo vedesse adesso! Isidoro, con la sua tenacia e il suo buon umore, organizzato e con obiettivi chiari, era andato avanti a fatica. Si occupava di ogni aspetto, di ogni gestione. Quasi tutto dipendeva da lui.

Ma questa operazione era differente. L'operazione era nelle mani di un'altra persona. Un chirurgo che non aveva mai visto. Un medico consigliato. Nel bel mezzo di una festa e tra liquori serviti in bicchieri colorati, un collega di Puerto Plata gli aveva detto: "Questo chirurgo è un genio!". Fiducioso di tante referenze, si era imbarcato ed era arrivato qui, in questa clinica privata e da questo medico che, dopo averlo ascoltato e aver fatto una radiografia, gli aveva consigliato l'intervento.

"Certo! Come no! Un chirurgo consiglia un intervento chirurgico. Un terapeuta consiglia una terapia. Un calzolaio consiglia un tipo di scarpa. Ognuno consiglia ciò che conosce", pensò.

In quel momento, prese la decisione di andare dalla sua famiglia; ritornare a Puerto Plata. Era arrivato così lontano… per diffidare di tutto. Un intervento? Già si sentiva bene! Si alzò, prese i vestiti dall'appendiabiti e si tolse il camice dell'ospedale.

Già vestito, guardò la città di New York da una finestra del terzo piano. Prima di uscire e mettersi il cappello, si guardò allo specchio e notò delle piccole macchie argentate nei suoi capelli, un tempo completamente scuri. Poiché aveva sempre una vertigine che gli portava una ciocca indisciplinata sulla fronte, cercò di respingerla per l'ennesima volta nella sua vita. Pensava a Bianca, ai suoi figli separati in due continenti… ai viaggi che ancora dovevano

fare. Al cibo e alle bevande di origine italiana e francese che arrivavano ai suoi clienti con grande orgoglio. Aveva altri progetti di vita!
Programmi di andare sempre più lontano e vedere fino a che punto
sarebbe potuto arrivare. Focalizzarsi sulla sua vita. Godersi la sua
famiglia e lo sforzo compiuto... Un giorno.

Un giorno...

Il chirurgo gli aveva fatto una promessa. Secondo lui, con l'operazione avrebbe potuto porre fine al dolore una volta per tutte.
"Operare è una cosa che faccio tutti i giorni. L'anestesia l'aiuterà a
non sentire dolore. Lei è un uomo forte; la guarigione sarà rapida",
gli diceva il medico.

Fidarsi di lui, della scienza e della medicina. Ma ora si sentiva
bene. Era migliorato nel corso del viaggio. Pensandoci un attimo,
confermò che viaggiava sempre molto bene in nave ed era deciso a
tornare a casa. Tutto ciò di cui aveva bisogno era partire e tornare a
casa da Bianca e dai suoi figli. Forse era il momento di riunire tutta
la famiglia in un continente e, se possibile, riunirsi tutti sotto lo
stesso tetto e nella stessa casa. Avrebbe fatto così...

Ma arrivò una nuova sofferenza, un dolore addominale nella
zona sinistra che lo piegò.

Decise di operarsi.

Si ritrovava di nuovo vestito con il camice dell'ospedale. Ora il
dottore aveva fretta e aveva organizzato tutto per eseguire l'intervento al mattino, prima che il paziente se ne pentisse. Doveva rilassarsi. Si chiedeva se scrivere o no una lettera a Bianca nel caso fosse
successo qualcosa. Non portava un po' sfortuna? Meglio fidarsi
della divinità. Dopotutto, la sua vita era stata piena di meravigliose
sorprese.

Era stato in salute e non si era mai stancato del duro lavoro.
Inoltre, i suoi ultimi anni erano stati ricchi di successi. Decise di
pensare a questo. Di ricordare l'ultimo festeggiamento. Aveva avuto
la fortuna di organizzare incontri nel ristorante dell'hotel. Inoltre,
era riuscito a trovare e portare i migliori vini e alcolici in Europa, e
aveva organizzato banchetti presso il tempio massonico dove la sua
presenza era sempre ben accetta. Era stato elogiato come un uomo

raffinato e colto, di gusto impeccabile e con il quale era piacevole conversare. L'ultima volta che era stato al tempio prima di questo viaggio, era stato accolto calorosamente e poi congedato con grandi auguri di successo e un rapido ritorno dai suoi compagni.

Le sue cose erano sul tavolo accanto a lui: l'orologio, i vestiti scelti con grande cura e perfettamente piegati per il viaggio. Si sedette sul letto aspettando che arrivasse l'infermiera. Faceva caldo, era estate e la finestra era aperta. Era sopraffatto dalla temperatura. L'edificio accanto era in costruzione: la polvere, il trambusto, le macchine, il mezzogiorno; un sole ostinato nel riscaldare con più potenza del necessario. Tutto faceva male.

Pochi minuti dopo, la barella rotolò lungo il corridoio semi-illuminato. Le pareti erano larghe; tuttavia, da lì e sdraiato, sembrava che volessero avventarsi su di lui. Si chiedeva se fosse stata una giusta decisione non aver lasciato una lettera per Bianca. Una lettera… Ma non voleva preoccuparla per le sue condizioni. Magari la prima sarebbe arrivata con la seconda dove scriveva che era andato tutto bene. Per un momento, aveva sentito che gli mancava qualcosa, come se stesse lasciando qualche compito da svolgere. Non poteva tornare più indietro. Il tragitto in barella sembrò eterno; le ruote stridevano mentre giravano. Durò un paio di minuti interminabili che, paradossalmente, passarono veloci allo stesso tempo.

Le porte della sala operatoria si aprirono ed entrarono in una grande stanza con una luce centrale che penzolava e avvolgeva tutto. C'erano diverse lampade ai lati del chirurgo e del suo assistente. Entrambi avevano la bocca coperta e le mani lavate con alcol. Riusciva a sentire l'odore pungente dei prodotti chimici. Non si permise di avere le vertigini quando vide l'infermiera avvicinarsi con la siringa. Era piena, *"come se stessero addormentando un cavallo"*.

Un altro volto femminile sconosciuto si avvicinò al suo; era l'altra infermiera che aveva spinto la barella. Lei posò gli occhi sui suoi. Sebbene non fossero come quelli di sua madre, lui la ricordava ancora e desiderava quei tempi in cui, da bambino, si avvicinava a lui per baciarlo e metterlo a letto. Ma questa persona gli parlò in inglese e non in italiano.

"Very soon everything will be over and you will wake up like nothing", gli assicurò (presto tutto sarà finito e ti sveglierai come se non fosse successo nulla). Lei cercava di sorridere per incoraggiarlo. Isidoro sapeva che non aveva molta esperienza. Era molto giovane e pensava che con poche dolci parole avrebbe potuto dissipare i suoi dubbi e rasserenare la sua anima.

A quel punto, capiva poco e si accorse che se ne stava andando. La lampada aveva troppa luce e gli dava fastidio alle pupille. Iniziò a vedere tutto sfocato. In quello stato, tra il dormire e il vivere, il tempo non aveva senso. Il sonno lo avvolse rapidamente e all'improvviso perse conoscenza.

LA MIA MENTE TORNÒ AL presente. Ero lì, sotto gli occhi di tutti i discendenti, con il documento srotolato in mano. Alzai lo sguardo. I miei cugini erano in attesa e avevano intuito che questo fosse il nostro Isidoro e che quello che stavo per leggere avrebbe toccato i loro cuori.

Iniziai a leggere il certificato:

«*"Ho curato il paziente il 3 luglio"*. Lo scrisse il dottore e ora so che era anche un chirurgo. Aveva firmato con un grande scarabocchio».

Mentre pronunciavo la parola 'scarabocchio', ci furono risatine, ma presto tornò il silenzio. Continuai a leggere. Con tutto quello che già sapevo della vita di Isidoro e Bianca, era come se li avessi conosciuti di persona. Il mio cuore era pieno di profondo dolore per la mia bisnonna e per lui perché sapevo del suo desiderio di continuare a vivere e di tornare a casa. La sua fine non avrebbe potuto essere più triste!

Continuai a descrivere i dettagli ad alta voce:

«*"Isidoro, 52 anni, residente a Puerto Plata, di nazionalità italiana, è morto per shock chirurgico il 3 luglio"*. I dati sull'età sono errati». Alzai lo sguardo per guardarli tutti e mi stavano ascoltando con vera devozione. «Aveva 56 anni quando si imbarcò per New York».

Non dissi loro che mi ero offesa perché non avevano registrato bene i suoi dati. Mi aspettavo un po' di più da un ospedale privato di New York del 1912!

Con un sospiro, lessi:

«*"Speriamo che qualcuno lo venga a prendere..."*. Questo è annotato su un'altra riga sul retro del documento. Da quello che posso dedurre, hanno aspettato giorni, ma nessuno veniva a chiedere di lui», conclusi.

Poi, cercai in fondo al modulo nelle righe sottostanti anch'esse scritte a mano con una calligrafia atroce e glielo mostrai a zio Frank, commentai:

«Lì si trovno le indicazioni dell'impresa di pompe funebri e l'indirizzo con due nomi. Ma non si capisce. Mi ci è voluto molto tempo per decifrare questo groviglio di lettere e capire cosa dicono...».

Conitnuai a spiegare ogni scarabocchio della calligrafia del medico.

«Quello che sospetto è che, ad un certo punto durante quell'attesa, i suoi resti siano stati cremati. Cioè, guarda», gli indicai l'angolo dov'era scritto, «queste sono le informazioni dell'impresa funebre. A quanto pare, qui in questo scarabocchio c'è scritto: "Ritirati e sepolti il 10 luglio". Sette giorni dopo la morte!», esclamai angosciata.

Ero indignata con il medico mentre facevo una domanda interna al mio bisnonno: "Qual è il motivo per cui ti sei messo nelle mani di questo chirurgo? Perché doveva essere proprio a New York?".

ANNI DOPO, il nome del medico si riuscì a decifrare, grazie ad un'amica, esperta paleologa e genealogista, figlia di farmacisti e abituata alla grafia dei medici (ancora non menziono il suo nome, ma ci sarà nelle prossime storie). Lei mi aiutò anche con il certificato di morte, con la visualizzazione di questo e altri documenti e a scoprire tutto ciò che era possibile sulla vita del medico. Ad esempio, che questo chirurgo era cubano e che si era sposato per la prima volta nel suo paese e che in seguito aveva sposato la figlia di un collega a New York, non senza dichiarare pazza la sua prima moglie e rimandarla a Cuba. Riuscimmo a scoprire persino questo!

Ma al di là della sua vita personale, quello che volevo sapere era quanti altri pazienti erano morti sotto il suo bisturi. Con mia delusione (ma per la benedizione del mondo), non ne trovai molti, quindi dovetti assolverlo.

E, per perdonarlo ulteriormente, mia zia Maria Filomena Barletta Rainieri, figlia di Mayú, gemella di mia nonna, ci aveva detto che era a conoscenza di un gruppo di amici di Puerto Plata che avevano consigliato a Isidoro questo viaggio a New York per essere curato per una malattia che aveva. C'erano molti pezzetti di storia così in famiglia. Pezzetti che erano stati lasciati tra i discendenti. Tutto questo mi serviva per intrecciare la storia.

Un decennio dopo questa riunione di famiglia, la Biblioteca Nazionale di New York scansionò e pubblicò le sue vecchie foto e centinaia di immagini della città dai primi decenni del 1900 in poi, così potei vedere le foto che mostravano la città nel periodo in cui aveva viaggiato Isidoro. Una delle fotografie mi sembrò particolarmente interessante. Risaliva al 1911.

Al suo interno era chiaramente visibile l'edificio dell'ospedale privato di cinque piani. Ero quasi sicura al cento per cento che fosse quello che ospitava l'ospedale privato dove era finito Isidoro! Nella foto si vedeva che l'edificio accanto era in costruzione. Questo mi fece pensare alla polvere sui pavimenti.

Osservando meglio i dettagli, notai che ingrandendo, si vedeva un cartello che diceva qualcosa del genere: *"Parcheggio cavalli sul retro"*. Questo scatenò anche la mia fantasia colorando il momento del suo arrivo nell'ospedale.

Ma la cosa più agghiacciante fu che si notava una figura quasi spettrale in qualche dettaglio. In una delle finestre di una stanza al piano più alto si vedeva una persona. Era in piedi quasi dietro le tende bianche. Era facile supporre che si trattasse di un'infermiera perché indossava un berretto. Dietro la cornice e il vetro della finestra, sembrava tenere lo sguardo rivolto verso l'esterno. Sembrava guardare la strada. Quell'immagine sbiadita mi inquietava nel senso che… sembrava anche guardare la fotocamera!

Sentii un brivido salire lungo la schiena. Rimasi stupita e affascinata e lasciai che la mia immaginazione mettesse insieme la scena sopra descritta. Potrebbe essere andata così? Rimarrà un'inquietante incognita. Una preoccupazione che, ora, grazie alla fotografia, si riproduceva di nuovo e rimaneva cristallizzata come eterna.

ANDIAMO A CERCARLO!

37

Sentii che molti discendenti percepivano la mia stessa visualizzazione. Nel leggere l'ultima frase: "Stiamo aspettando che vengano a prendere il corpo", mi voltai verso zio Frank e gli dissi:

«Credo che sia morto solo».

Vidi i suoi occhi commuoversi. C'era silenzio. I rami dell'albero che rappresentavano Isidoro furono mobilitati dal triste modo in cui morì. Non c'era altro da aggiungere. Isidoro era morto solo, a New York, in un paese che non era il suo, senza qualcuno che si prendesse cura del suo corpo. E Bianca non sapeva come tutto fosse successo. Erano altri tempi, situazioni difficili. Forse l'unica cosa che si è compiuta è stato il destino.

In quel momento, come spinto da una decisione, Frank Elías si alzò e prese posto davanti a noi. Mi fece la stessa domanda che mi ero fatta qualche anno prima:

«E dov'è sepolto?». I suoi occhi guardavano il foglio che avevo in mano.

Ora, la risposta non era così semplice, perché, trovare il nome del cimitero fu come un'epopea!

Nel documento, nel rettangolo dove sarebbe dovuto apparire il nome del cimitero c'erano una manciata di lettere. Per me, senza logica. Il dottore avrà usato la sua migliore calligrafia, ma era più simile a quella di Picasso. Per dirla più finemente: fu il mio primo esercizio di paleografia, una scienza che non sapevo nemmeno esistesse e, ancor meno, non sapevo che ci fossero persone dedite al suo studio. Sono diventata quasi strabica a decifrare una tale macchia di inchiostro. Ricevere questo certificato non era affatto la risoluzione dell'intero mistero. Conoscere la causa della sua morte e non conoscere il luogo dove riposavano le sue spoglie teneva aperto il mistero.

Il passo successivo era decifrare un tale geroglifico... Scusate, il nome del cimitero. Sapevo di poterlo trovare con una ricerca online, ma a quel tempo Google non si autocorreggeva, quindi la ricerca doveva essere scritta in modo accurato, mettendo ogni lettera nella posizione corretta.

Per quanto ci provassi, gli occhi non riuscivano a rilevare la prima lettera, ma le successive sì, così appuntai due possibilità: la prima lettera sarebbe stata seguita da "enrico" o "ensico". Provai ogni lettera dell'alfabeto in ordine: B, C, D... Quando provai la lettera "K" prima di "ensico" su Google... Lo vidi! Lo trovai!

Come per magia, Google mi restituì: "Kensico Cementery and Shannon Gardens". Il mio cuore si fermò. Aveva fatto centro!

Cliccai immediatamente e mi imbattei nelle informazioni di un enorme cimitero a nord della città di New York.

La ricchezza della descrizione del luogo non era una cosa qualsiasi. Situato a Merrifield, era anche un giardino botanico di alberi o *arboretum*. Persino alcune celebrità sono sepolte lì, come i genitori del famoso attore Robert De Niro, ed è possibile fare delle visite guidate. Gli Shannon Gardens, che si trovano a un'estremità della proprietà, sono un cimitero ebraico di New York.

Non mi fermai e scrissi loro chiedendo di confermare se Isidoro fosse sepolto lì. E se fosse stato lì, ma poi qualcuno avesse spostato i resti? E se non venendo a reclamarlo o non pagando lo spazio, fosse stato modificato, cancellato o dimenticato?

Per mia fortuna, la settimana successiva ricevetti una lettera dalla direttrice che confermava che Isidoro era sepolto lì, nella parte più antica del cimitero. Inoltre, aveva gentilmente aggiunto un opuscolo con foto e dettagli del funzionamento del luogo e, con mio grande stupore, una pagina in fondo con una mappa delle vie del cimitero.

Raccontai in dettaglio l'intera storia a Frank Elías:

«Il cimitero si chiama Kensico ed è alla periferia di New York». Gli mostrai lo scarabocchio dove c'era scritto "Kensico" e continuai a spiegare: «È così grande che la persona che lavora nei suoi uffici è stata così gentile da inviarmi una mappa che mi dice dove si trova la sua tomba. Qui appare il numero 25».

Con questo, alzò lo sguardo e mi chiese:

«Ci sei andata?».

«No», risposi.

«Perché no?».

Una valanga di situazioni che avevo attraversato mi passò per la testa mentre pensavo: "Wow, che domanda così semplice e allo stesso tempo così complessa!". Cercando la risposta meno complicata, riuscii a borbottare:

«Non ne ho avuto l'occasione».

Pensai di aggiungere i dettagli mancanti più tardi. Lui si rivolse a suo padre e pronunciò le parole magiche:

«Vado a New York questa settimana».

Sorrisi mentre festeggiavo tra me e me: *qualcuno come me!* La seconda cosa che feci fu ringraziare nel mio cuore per qualcosa di così semplice eppure così carico di emozioni. Sentii padre e figlio parlare del giorno, dell'ora e della logistica. Se fosse dipeso da Frank Elías e se il Pegaso fosse esistito, non avrebbe esitato a cavalcarne uno!

«Ho lasciato le informazioni a casa. Te le spedisco per posta così non perdi tempo».

Era affascinato e si toccava il mento con una mano. Alla fine sorrise e mi disse:

«Non pensi di andare?». Forse Frank Elías pensava che andassi con lui.

Non potevo per impegni personali; tra questi, il compleanno di mio figlio Alex e il lavoro... così, scossi la testa. Ma lui non aveva motivo di aspettare. Voleva andare subito.

«Sono sicura che fa parte del destino... Vai, Isidoro ti aspetta».

«Ma aspetta anche te!». Era il suo modo delicato di insistere. Ma era determinato. «Posso andare anche tra un paio di settimane...».

Stavo pensando alla simmetria di questa situazione. Una discendente diretta di Bianca da parte femminile dava l'informazione al discendente diretto di Isidoro da parte maschile. Era come una rappresentazione di loro due in una nuova coscienza, nella mente di due dei loro diretti successori.

«Non fermarti... Hai ricevuto la mia stessa chiamata. Questo è quello che dovresti fare per la famiglia, per coloro che sono qui e per chi verrà. Per riconoscere questo Isidoro come nostro!».

Guardai l'espressione di mio cugino e sapevo che aveva la sensibilità per percepire la sottigliezza delle cose. Stavamo vivendo una nuova storia e lo sapevamo entrambi. Il mistero stava per finire.

«Quando arrivi, presenta questi documenti del certificato di morte per confrontare le date. Quando confermi la sua tomba, chiedi se c'è qualcos'altro. Forse da qualche parte c'è un oggetto, non so, un orologio da tasca, per esempio. Ho sempre pensato che Isidoro ne avesse uno. O qualcosa che qualcuno ha lasciato. E scopri se c'è qualche documento che indichi chi ha pagato per la sua tomba, chi è stata la persona che ha portato lì le sue spoglie... E se è stato il becchino in persona a fare quel pagamento».

«Esatto», concordò Frank Elías. «Chi lo ha sepolto lì? E perché in quel cimitero?»

«Ah, cugino! Non dimenticare di darmi una descrizione della tomba, della lapide, del materiale con cui è fatta. Avrà una croce che la delinea? Vorrei sapere chi l'ha comprata...».

«Non preoccuparti. Ci penso io».

Mi sentivo come se il destino avesse già tracciato in anticipo quel futuro momento d'incontro.

Ho poi saputo che Frank Elías quando decide qualcosa, si butta. E per questo, aveva già deciso! Padre e figlio prendevano decisioni rapide. In qualche modo mi ricordava la personalità di Isidoro.

Con questo incontro tra antenato e discendente, il futuro della memoria di Isidoro sarebbe cambiato per sempre. Sentivo che stavo per trovare il vero divino tesoro.

«Dai, dai, c'è altro da festeggiare!», mi disse mio cugino, stringendomi la mano.

TRA UN PAIO DI GIORNI, quando Frank Elías avrebbe preso il volo, non sarebbe stato su un cavallo bianco con le briglie d'argento come immaginavo, ma su un semplice aereo. Ma forse, perché sono io, lo immaginai in una traiettoria ultrasonica e diretta, lasciando un divino fumo rosa di zucchero filato.

FRANK ELÍAS PARTÌ ACCOMPAGNATO da un suo amico. Era un uomo molto divertente e loquace, di nome Sultán. Poi, ebbi l'opportunità di incontrarlo di persona, così ora ho la possibilità di descrivere l'avventura alla ricerca di Isidoro nel nord di New York.

Grazie alla sua eloquenza e alla magia dei dettagli, potei visualizzare Frank Elías, l'eroe della storia successiva, e descrivere il suo volto, i suoi gesti e la sua risata e così costruire nella mia mente un romantico episodio in questa storia d'amore con i nostri antenati.

IL CIMITERO KENSICO

38

$\mathcal{N}$ ella prima settimana di settembre del 2008 a New York, Sultán andò a cercare Frank Elías nella sua *jeep* nera. La targa del veicolo aveva una sola parola: *jefe*, cioè "capo" in spagnolo. Come ho detto prima, è un amico che accompagna e aiuta la famiglia di zio Frank quando vanno a New York. Mi raccontò che avevano attraversato la città fino all'autostrada nord. Poi seguirono un sentiero che costeggia da un lato il fiume Hudson e dall'altro la campagna vestita delle prime sfumature autunnali.

Mentre guidava la macchina e si allontanavano dai grattacieli di Manhattan, Sultán parlava. Voleva scoprire chi fosse questo Isidoro che Frank Elías stava cercando. Nella sua mente si chiedeva: *E cos'è questa genealogia? Perché sta cercando il suo bisnonno? Perché questo benedetto bisnonno è morto nella città di New York? Perché i suoi parenti non sono venuti a prenderlo prima? Perché questo interesse improvviso? Perché?*

Sultán sembrava un bambino che faceva domande su tutto e questo faceva ridere Frank Elías.

«E allora questo Isidoro…», iniziò Sultán.

«Partì da Puerto Plata…», rispose mio cugino.

«Ma tanto tempo fa…».

«Un giorno del 1912, lasciando Bianca da sola…».

«E chi è Bianca?».

«La mia bisnonna, la moglie di Isidoro...».

«E sei sicuro che... non l'ha abbandonata?».

Attraverso il vetro del finestrino potevano vedere le rapide effervescenti dell'Hudson. La strada aveva una fila di alberi e siepi che la separava dal fiume. A volte quella linea finiva per assestarsi in una tranquillità che sembrava eterna per poi trovare rocce grigie e marroni dai toni chiari che scorrevano di nuovo sotto forma di schiuma nell'acqua. Acqua dolce che faceva da specchio alle querce che, a settembre, osavano cominciare timidamente a cambiare colore, impallidendo del loro verde. Più tardi, il giallo sarebbe diventato arancione o rosso vivo in autunno. L'inverno avrebbe lasciato dormire l'albero, per poi risvegliarlo e farlo rinascere.

«Isidoro se n'è andato e ha lasciato incinta la tua bisnonna Bianca. È sparito...».

«Esatto», concordò Frank Elías. «Ma non l'ha abbandonata di proposito. È che... è morto».

Per tutto il tragitto, Sultán scherzava. Indossava occhiali da sole. La giornata era limpida e calda, anche se il vento li accompagnava.

«E dimmi una cosa... perché è venuto a New York? Il tuo bisnonno, quello... come è finito qui? E... da quanto tempo è sepolto in quel cimitero senza che la famiglia lo sappia?».

«Dal 1912», rispose mio cugino, «ma avevamo la data sbagliata e questo faceva parte del mistero. La data che avevamo era il 1914».

«Quasi cento anni! Vediamo, fammi calcolare... Novantaquattro anni sepolto e in tutto questo tempo nessuno è venuto a pagare il conto. Aggiungi poi anche gli interessi all'anno. Sarà una fortuna! Hai portato il libretto degli assegni? Eh? Ti aspetteranno con un conto grande quanto una casa. E non ridere che non sto scherzando! Te lo dico subito», Sultán continuava a scherzare, «non venire da me a chiedermi soldi all'ultimo minuto!».

Frank Elías rise e non gli rispose. Continuava ad ammirare le querce sulla strada e il verde dell'erba al lato. E i pensieri non lo lasciavano in pace.

Cosa troverò dopo così tanto tempo, così tanti anni persi senza sapere dove si trovasse?

267

Dentro di sé era convinto di fare "la cosa giusta" e che stava succedendo qualcosa di grande con *l'angelo di famiglia*, proprio come avevo insistito io.

«Riflettendo sul nome, Isidoro... è un nome molto comune», disse infine Sultán. E la sua affermazione suonava con l'inconfondibile accenno di dubbio.

Frank Elías sorrise. Non era mai stato così sicuro di qualcosa.

«Dev'essere lui. È lui», affermò.

«Ma da quanto tempo c'è qualcuno che si occupa di quel cimitero? Qualcuno ha pagato qualcosa? Così, non so, senza nemmeno un pagamento... Un miracolo!».

«Questo fa parte di ciò che non sappiamo».

«Pensi che sia ancora lì, così disinvolto? Chi ha comprato il lotto? Chi lo ha seppellito?», insistette Sultán, quasi tra sé. Il fascino della storia e del mistero aveva avvolto anche lui.

Divertito dalla conversazione, ma senza prestare molta attenzione, Frank Elías era affascinato da ciò che stava per scoprire, convinto che l'indagine sulla genealogia fosse proprio un'avventura.

«Vedremo, ma... Vengo a trovarlo. E lo troverò».

Sultán rallentò quando vide la recinzione di ferro che fiancheggiava il cimitero mentre descriveva tutto ciò che vedeva.

«Guarda! Guarda tutti questi alberi fitti, tutto questo spazio... l'ingresso... i bellissimi archi. Per me, questo cimitero appartiene ai milionari!», disse Sultán e guardò Frank Elías che in risposta gli rivolse di nuovo il suo sorriso.

«Penso che ti faranno pagare. Hai portato il libretto degli assegni? Non guardarmi così non te li presterò...».

«Ah! Ah! Smettila di prendermi in giro».

«Dico sul serio. Devi essere preparato. Hai portato la carta di credito? E se non accettano carte di credito?».

Mio cugino poteva solo ridere mentre il suo compagno continuava con la sua serie di intrighi.

«Ti prenderanno e ti accuseranno per i cento anni in cui è stato sepolto qui».

«Ah! Ah! Non mi importa. Vedremo!».

«Non so perché ti sei messo in questa situazione di cercare gli antenati».

«Beh, secondo mia cugina, dobbiamo mettere in ordine i miti della nostra storia in modo da poter guarire lo spirito di famiglia».

«Non so di cosa mi stia parlando. So solo che questo cimitero è molto bello, che la cabina dell'ufficio non è piccola, anzi, quello che vedi su quella collina lì in lontananza, non è nemmeno una cabina, sembra una villa! Quindi, ti dico di prepararti, dopo che avrai visto...». Indicò il suo occhio e aggiunse, «dopo che avrai buttato l'occhio, magari puoi dire che quell'antenato, questo Isidoro che tanto cerchi e non ho neanche capito perché, non è il tuo. Guarda! Fidati di me. È un piano per scappare... Non si sa mai...».

«Ah! Ah! Mai. Non lo negherò mai e poi mai».

«Pensaci. D'accordo? Pensaci!».

«Non negherò mai Isidoro. Significherebbe negare me stesso».

E poi penso che abbia detto: "Poi, mia cugina mi picchierebbe se lo facessi".

Il boschetto terminava alle porte del cimitero Kensico. L'erba verde perfettamente tagliata e le lapidi di marmo bianco cominciavano a intravedersi come rettangoli dello stesso colore tra la collina fiorita. Sultán fermò la macchina a un incrocio tranquillo per guardare prima di continuare. Sebbene non ci fossero altre auto nelle vicinanze, non riuscivano a credere a ciò che vedevano: strade e strade che si intersecavano come una piccola città. C'erano delle croci bianche, corte e dignitose. E agli angoli c'erano cartelli che sembravano indicare i nomi delle strade. La grandezza, la potenza e la bellezza del luogo li aveva lasciati senza parole.

«Questo cimitero è enorme... E sembra curato come una tazza d'argento. Dev'essere stato molto costoso seppellirlo qui. Sei sicuro che sia qui?».

«Andiamo verso l'ufficio, in quel gruppo di case», disse Frank Elías.

Insieme entrarono nell'ufficio che sembrava l'ingresso di un *Country Club*.

Frank Elías si presentò a una gentile signora, che sembrava una nonnina e che sfoggiava i suoi corti capelli argentati con bei riccioli. Era dietro una scrivania di legno. Le mostrò il documento con le informazioni che gli avevo dato. La donna si mise gli occhiali per leggere ed esaminare ciò che le consegnava mio cugino.

Lesse attentamente ciò che diceva e disse che c'era un problema.

«È che non è chiaro... Dove dice che si trova il suo bisnonno Isidoro?».

«Nell'area 25», rispose, piegando di nuovo il foglio.

«L'area 25 non è una tomba, ma la parte più vecchia del cimitero».

La signora si alzò e lasciò la sua scrivania, chiedendogli di seguirla.

Intanto, Sultán (che era rimasto vicino alla porta) fece un gesto simpatico come se lo stesse osservando da vicino. Gli strizzò l'occhio e in silenzio promise che, se necessario, lo avrebbe aiutato a fuggire.

D'altra parte, l'area 25, che pensavo fosse un terreno, un quadratino sulla mia mappa, non era nulla del genere! Era tutto il terreno che aveva circa 500 tombe. Mentre io che pensavo che fosse una tomba con il numero 25 e basta! Si rivelò essere invece un'area enorme in ettari! Il terreno di questo cimitero è un'immensità.

Frank Elías rimase impassibile. Sentiva una certezza incrollabile. Seguì la signora con occhi da nonnina e agilità da atleta. Insieme entrarono in uno stanzino enorme e frugarono tra le centinaia di libri.

Poi mi scrisse per e-mail:

"La signora mi ha detto che dove c'è il numero 25 l'area è enorme! Potrebbero esserci dozzine di tombe lì".

Ricordo di aver pensato: *Oh no! Non promette bene.*

In Virginia aspettavo con ansia la conclusione di questo mistero, l'avrebbe trovato? E volevo credere che sarebbe stato facile come dire: "Ah, sì. L'Isidoro morto nel 1912! Eccolo qui!".

Cercarono in un volume del registro del 1912 finché non trovarono il posto giusto. L'organizzazione del luogo era impressionante, così, con una nuova mappa in mano, gli indicarono dove si trovava la tomba. Ma prima che Frank Elías e Sultán uscissero dalla porta per guidare lungo il sentiero segnato in giallo, un vecchio in tuta entrò. Dopo un breve colloquio con lui, la signora si rivolse a mio cugino e disse:

«Aspetti. Questo è uno dei giardinieri che si prende cura del posto da più tempo. Conosce l'area 25 come le sue tasche. Seguite lui. Vi ci porterà lui».

Quando entrarono nella *jeep*, Sultán disse:

«Ha mandato questo giardiniere di duecento anni in quel camion scassato affinché lo seguiamo in macchina. Perché? Questa tomba è così lontana?».

Mentre il camioncino blu percorreva ogni strada su per la collina verso l'area 25, Sultán continuava:

«Quel vecchio che stiamo seguendo sembra troppo grande per essere vivo. E come fa a conoscere l'area 25 come le sue tasche? È stato lui a seppellirlo ed è per questo che sa...»

«Ma nooo! Non sembra così vecchio, Sultán...».

Frank Elías non riuscì a trattenere le risate.

«Per me, avrà tipo duecento anni».

«No, ma figurati!».

«Beh, così sembra... Non sei spaventato?».

«E adesso, tu che sei così grande, dimmi che hai paura di lui».

«Paura? Io sono terrorizzato. Quel tipo con quella pala. Che ci fa quella pala lì dietro? E con quegli occhi grandi. E quel camioncino blu sbiadito. No, no. Per me quello è un fantasma!»

«Ah! Ah! Smettila di farti film. La signora ha detto che è il giardiniere. Io non ho paura».

«Tu non hai paura di niente. Ma io sì. Dei fantasmi».

«Ah! Ah! I fantasmi non esistono».

«Diglielo a quell'Isidoro...».

«Ah! Ah!».

Stando a quanto dice Sultán, il cupo camioncino blu si fermò vicino a una strada asfaltata, sotto un albero. L'uomo con gli occhi sporgenti con la pala sospetta saltò giù. Si avvicinò a loro e indicò tra alcuni alberi enormi.

«Deve salire su questa collina. È lassù. Ce ne sono diverse, quindi dovrà controllare ogni lapide perché sono sparse e i nomi di alcune non sono molto chiari».

I tre uscirono come se stessero setacciando l'area, passo dopo passo, fermandosi a ogni lapide e leggendo. Frank Elías andava più veloce ed era davanti a loro. Alla fine, si fermò davanti a una tomba e urlando disse:

«Ho trovato il tesoro!».

Più tardi mi mandò un'e-mail: "Ho trovato il tesoro". Mi allegò anche una foto di una tomba rettangolare tra l'erba verde. Quella fu la prima volta che la vidi.

Anni dopo, quando andai a trovarla, penso che mai una lapide mi abbia procurato così tanta gioia!

Frank Elías scrisse anche a suo padre aggiungendomi anche a me tra i destinatari. Gli disse che la lapide di Isidoro non era di pietra o marmo, ma di bronzo. Pensiamo che qualcuno fosse stato lì prima o che fosse stato abbastanza generoso da averla fatta.

Nei mesi successivi e con questa scoperta, l'intera famiglia di Queco visitò il luogo. Lo fecero come una sorta di pellegrinaggio. Inoltre, in tutti quegli anni, si recarono in Italia per visitare la casa dove Queco era nato e cresciuto, onorando così quella parte della discendenza, insegnando ai nuovi discendenti le loro origini.

Nel 2012, cento anni dopo la sua morte, zio Fernando, che era già andato a vedere tomba, tornò con suo fratello Luis Manuel per commemorare il loro nonno. Gli resero un piccolo tributo personale e lo condivisero con tutti in una email. Così, attraverso loro, anche noi abbiamo onorato il suo nome.

STORIA SENZA FINALE

39

Una volta, ricevetti una foto con un messaggio da una persona che stava ricostruendo il suo albero genealogico. L'intestazione diceva:

"Quando in una famiglia emerge una persona che ricerca l'albero genealogico, è perché incarna il desiderio dell'intero albero della famiglia di elevarsi a coscienza, migliorarsi e andare avanti".

Come mai lo spirito inconscio richiama la nostra attenzione per sistemare le cose che si ripetono nella famiglia? Uno spirito che ci porta a trasformare il dolore e la tristezza in unione e compassione. Non c'è altro modo per definire e spiegare quel *qualcosa* che ci guida a trasformare noi stessi, a trascendere e trasmutare la nostra storia comune. È l'amore.

A un certo punto, durante la ricerca, ho iniziato a pensare che c'è un angelo per ogni famiglia. Un angelo che protegge tutte le generazioni con un occhio centrale. Un essere speciale che ci chiama a migliorarci e, così, elevati in coscienza e amore, ad aggiungerci al gruppo familiare come offerenti vincenti che la fiaccola illumina sempre di più.

Diciamo che, ogni volta che un membro della famiglia cresce e guarisce emotivamente e spiritualmente, la sua coscienza individuale e quella di tutti i suoi discendenti si espande. Si arrende all'amore. Se qualcuno si innalza, anche solo interiormente, il suo pensiero illumina il cammino verso il divino e così innalza la famiglia. E quando dico il *divino*, penso all'amore, all'unione, all'accoglienza, all'amicizia, alla buona fede, alla fratellanza, all'altruismo. Tutto il gruppo ne beneficia. Questo è possibile per ogni famiglia.

Immagino un angelo in cima a ogni albero genealogico. Un angelo che serve da intercessore o, in altre parole, da guardiano che corregge la nostra visione (dagli errori commessi, gli sbagli, le negligenze, i sogni irrealizzati) affinché volgiamo il nostro sguardo all'amore. E quell'angelo dell'albero genealogico trasmette a tutti i suoi cari una forte corrente d'amore. Come una creatura alata che ci vede e, dolcemente, ci chiama ad avvicinarci e riparare con amore tutto ciò che è necessario, quell'azione o quell'attenzione a un familiare che ha bisogno di un'infusione d'amore. Ho capito cosa significa guardare indietro per accettare il buono e il non buono. Così com'era, era perfetto. All'inizio, l'ho fatto e mi sono sentita come guidata dall'istinto. In seguito, ho capito che ero guidata da quell'angelo della famiglia che considero l'angelo custode che è stato trasmesso a noi da bambini e con la cui benedizione siamo favoriti. Abbiamo tutti il nostro protettore... Non è così? E la famiglia anche.

Non ero l'unica chiamata ad essere un "agente di unione" per questa famiglia. Ho capito che molti altri lo sono e lo saranno. La cosa più importante è che i prescelti siano coloro che si lasciano guidare e indagano oltre l'ovvio. Ho imparato che i nostri antenati sono più vicini a noi di quanto immaginiamo. Vogliono persino aiutarci a scoprirli, a trovare le loro informazioni. I nostri antenati vogliono che li incontriamo e che conosciamo le loro storie. Solo così troveremo le benedizioni, che sono i tesori. L'essenza degli antenati è in ogni cellula del nostro essere. Sono con noi; non se ne sono mai andati. Lo so perché i miei hanno viaggiato con me, camminato, riso e pianto. Hanno anche amato con me. Un amore di mille amori.

Non mi sono mai sentita così accompagnata in questo amore e in questa unione ancestrale come quando, quella volta alla riunione di famiglia, Frank Elías si avvicinò e si unì alla ricerca. Le nostre idee totalmente affini in un'armonia che solo l'amore ancestrale può ispirare. Questo mi avvicinava di più alla certezza che loro cercano un modo affinché la famiglia continui ad essere unita. Il mio cuore gioiva per la pienezza di un cerchio che si chiudeva con la sua ultima ricerca e il suo grande incontro. Un incontro su quel piano dove vivono le anime, quel luogo dove la mente, per quanto si sforzi, non può arrivare, dove il nostro cuore si unisce a chi ci ha preceduto e a chi verrà. La mente lo comprende solo come una conclusione. Il sollievo di ciò che è finito per ora e di ciò che inizia dopo. Qui e ora, comprendo e catturo il sogno che si avvera dei miei antenati; che siamo noi.

In quell'angolo davanti alla targa a Puerto Plata, mi riconobbi come discendente di questa grande donna e con un amore infinito nei confronti dei miei cugini, con i quali condivido i geni di Isidoro e Bianca, sento un'unione che trovo meravigliosamente poetica. Uniti in un tronco, i nostri rami si allargano e si moltiplicheranno, con la benedizione di tutti.

La volta successiva che vidi Frank Elías di persona, erano passati poco più di tre anni da quell'incontro familiare. Andai a conoscere Carlotta, la sua primogenita. Claudia e lui mi accolsero sorridenti a casa loro che si trovava quasi sulla costa. Il mare iniziava proprio lì e si estendeva su tutto l'oceano. L'azzurro si rifletteva sulle pareti bianche e quando si aprivano le finestre, il suono delle onde era sottile e diventava morbido e costante fino a svuotarsi in una ninna nanna.

Prima di salutarci, ci sedemmo in un posto vicino al mare.

«Ricordo ancora l'avventura che mi hai fatto vivere quel giorno benedetto a New York. In realtà, molte persone non capiscono questo della genealogia, ma per me è magico».

Mi guardava con quegli occhi nobili e coraggiosi, raccontandomi l'indagine, ed io, lì, pensavo al destino e a tutto quello che era successo. E cosa era stato evitato: che non venisse trovato un amore.

«Sei andata a trovarlo?», mi chiese mio cugino, «C'è un'aria di pellegrinaggio quando lo fai. Il suo incontro, per me, è stato indimenticabile».

Nel 2014 andai a toccare la tomba di Isidoro. Rimasi tutto il pomeriggio meravigliata di fronte a quel posto così tranquillo e silenzioso da farmi scaturire così tante emozioni.

«Per me, tracciare la genealogia ha tutto quel potere di guarire. All'inizio della storia, mia madre pensava che Isidoro avesse abbandonato Bianca».

«Ma sei riuscita a dirglielo con certezza?».

«Quando sono riuscita a chiedere il certificato di nascita grazie alle informazioni di zio Fernando, mi inviarono improvvisamente informazioni dall'Italia. Dicevano che c'erano due Isidoro. Sono dovuta andare agli uffici genealogici dell'organizzazione Family Search. Lì ho trovato l'Isidoro giusto. Così, per molto tempo ho pensato che fossero due Isidoro coetanei che venivano da San Secondo. Per questo motivo, ogni volta che trovavo un documento mi chiedevo: è questo o l'altro? Molto più tardi, ho scoperto che *quell'altro* era lo zio di Isidoro che era morto durante l'infanzia, proprio lì».

«Quindi alla fine ce n'era solo uno». Concluse annuendo.

«E anche se mia madre non c'è più, continuerò le indagini per lei», dissi a Frank Elías, «e per le donne della mia famiglia. Le cosiddette "abbandonate", che alla fine non erano tali, ma che neanche presero questo come una scusa per abbandonarsi a sé stesse. No. E questa storia ha convalidato l'autonomia e la sovranità delle loro stesse vite. Non c'è eredità più bella di questa».

Lo guardai e confessai: «Ho ricercato così tante cose da poter scrivere tanti libri».

«Beh, spero che tu lo faccia!». Sorrise, incoraggiandomi.

«Spero, un giorno, di trovare lettere scritte da lui, fare viaggi più indimenticabili in suo nome, arrivare a Bogotà e trovare quello che ora è inimmaginabile. Se potessi mai leggere le sue parole, ho sognato di trovare i suoi scritti, di vedere la forma della sua calligrafia». Non sapevo ancora che il destino fosse disposto a compiacermi in tutto. Ma lascerò tutto questo ai prossimi libri.

«E se potessi aiutarti in qualche modo, non smettere di contare su di me», mi disse, profeticamente perché anche questo si sarebbe compiuto, ma non lo sapevamo ancora durante quella conversazione. «Sai che la storia non finisce qui. Va avanti».

«Passeremo dall'ignoto con la ragione al conosciuto con il cuore».

«Tutto si è rivelato positivo», concluse Frank Elías. «C'è qualcosa che sembra più completo. Una forza e un'energia viva...».

Lo sentivo anch'io. C'era in me un nuovo flusso di forza che mi incoraggiava, mi sosteneva, mi riempiva d'amore. Ora riconoscevo quella forza, la forza dei miei antenati, ma non solo nella ricerca. In altri aspetti della mia vita, riconoscevo che *qualcosa* mi guidava, *qualcosa* mi indicava le strade da percorrere, luoghi da cercare nella vita quotidiana.

Ad esempio, il ricordo di mia nonna mi trasmetteva la pazienza con i miei figli. Da lei ho appreso l'amore per quello che faccio, nel lavoro, la maturità e la coscienza nelle faccende di casa. Sono sempre stata per l'introspezione, ma mi piaceva godermi la semplicità della vita. Le voci dei miei figli mi sembravano i suoni più meravigliosi, forse perché ora sapevo che c'era un padre che non aveva ascoltato le sue figlie crescere. Anche i colori del tramonto erano per me più accesi e insoliti! Forse, perché sapevo che questo aveva unito i miei antenati su una nave...

«Una forza che viene dai nostri antenati», disse Frank Elías. «Un sostegno. Sapere cosa hanno passato mi riempie di energia. Guardare da dove veniamo... con tanto impegno e dedizione. Quindi, penso che si debba fare di più, per loro e per i nostri discendenti».

Fece una pausa per guardare le onde del mare.

«Zio Colorao mi ha detto che quando Isidoro morì, la nostra bisnonna venne informata. Ma qualcosa le impedì di trasmettere questa conoscenza ai suoi discendenti. Penso che la sua personalità fosse indirizzata ad affrontare il presente e lasciare il passato nel passato. Dovette seppellire le storie e si rifiutò di menzionare i suoi dolori. Così, si formò un mito...».

«Ma lo spirito di famiglia non dimentica nessuno. Isidoro non sarebbe rimasto nell'oblio senza spiegazioni. Questa ricerca è stata ispirata da una forza di quello spirito tribale e da un amore molto più grande di me stessa».

«Le storie dei nostri antenati raccontate dai nostri genitori generalmente non vengono messe in discussione. E tu l'hai fatto».

«Penso di essere stata uno strumento… e uno strumento felice di questa storia epica. Messaggera di un grande amore. Un amore che ha trasceso le generazioni. Chiunque poteva dedicarsi a questo. Come anche tu, alla fine, hai fatto». Frank Elías annuì e io continuai: «Ho cercato nel passato e ho trovato molto di più di quanto avessi chiesto di trovare. Ho scoperto che in modo fantastico o nascosto gli antenati vogliono che conosciamo la loro storia, vogliono che li troviamo, li conosciamo, li scopriamo. Penso che conoscendo i loro nomi, ci avviciniamo a loro e loro si avvicinano a noi».

«La storia familiare e il passato in generale mi incuriosiscono. Ma ammetto di non pensarci troppo. Mi piace fare piani e realizzarsi, guardare avanti, pensare a dove arriverò…».

«E io ammetto che avevo paura di scoprire qualcosa di disonorevole, per mia madre».

«Non bisogna aver paura di quello che hanno fatto. Piuttosto, sono le azioni del presente che ci compromettono. I miei sogni sono qui e il mio sguardo al futuro. Di questo sono curioso, ed è emozionante vederli realizzare, renderli possibili».

«La genealogia mi ha affascinata e riempita. La mia curiosità mi motiva… è irresistibile».

«Questo, alla fine, è quello che bisogna fare: seguire la propria curiosità, seguire la propria passione. Sviluppare ciò che attira l'attenzione e la motivazione. Almeno io la penso così. Mio padre ha fatto così», sorrise. «È un bene di famiglia».

«Certo, ma cosa succede quando ciò che ti motiva è un sogno selvaggio? Quello di cercare un antenato perso?».

Con quest'ultima cosa, rise.

«Ah, ah. Cugina. Anche questo era un sogno selvaggio», con le mani mi mostrò ciò che ci circondava, eravamo a Punta Cana, dove le onde battevano la sabbia fino all'infinito, «e guarda adesso non sembra così folle, ma si è avverato davvero».

«Questo è il motivo per cui credo che noi siamo il sogno realizzato dei nostri antenati. Il sogno più folle che avevano si è realizzato in noi. Non so se immaginavano cosa saremmo riusciti a ottenere, ma forse lo supponevano, lo hanno sognato loro per primi? Mi piace immaginare di sì. O, forse, ci hanno anche regalato i loro sogni. O, meglio ancora, e se ci avessero anche dato una piccola mano dall'aldilà?».

Alzò lo sguardo e disse con un mezzo sorriso:

«Allora, cugina. Qual è il divino tesoro?».

«Tu lo sai...», volevo che fosse lui a dirlo. Sapevo nella mia anima che eravamo d'accordo.

«Noi siamo il divino tesoro dei nostri antenati e loro sono il nostro divino tesoro».

L'ADDIO

40

*I*sidoro e Bianca sono sulla soglia dell'ingresso dell'hotel. Di fronte a lui e di spalle alla strada, lei gli dice:

«Te ne vai. Mi abbandoni».

«Non ti abbandonerei mai», dice lui, prendendole le mani e fissandola.

«E se succede qualcosa?».

«Cosa deve succedere! Questo viaggio è necessario».

«Dici sempre così», risponde Bianca, liberandosi dalla sua presa.

Teneramente, lui le riprende le mani e, in un momento molto intimo, le sussurra:

«Bianca. Mia *madame*. Sei la donna più coraggiosa che conosca. Hai sempre saputo cosa fare. Perché adesso dovrebbe essere diverso? Le migliori decisioni le hai prese tu e, molte volte, senza di me».

«Con te è meglio».

«Questa avventura, l'avventura della nostra vita, l'abbiamo iniziata insieme. Io e te. Guardati attorno. Guarda tutto quello che abbiamo costruito qui: una casa e una grande attività. E al di là di ciò che vediamo, la tua casa a Bologna. Abbiamo fatto tutto insieme, fianco a fianco. Con te la vita è migliore, più piena, più giusta e sicura. Io non ti abbandonerei mai. Sarò sempre al tuo fianco».

«Lo dici perché hai deciso di andartene».

«Guarda la mia valigia. Credi che me ne vada per molto tempo? È piccolissima. È la mia promessa di un viaggio breve».

«Sei riuscito a sopravvivere con quasi niente, con la tua perspicacia. Il modo per trovare risorse è caratteristico della tua personalità. Hai ottenuto ciò che desideri». Quest'ultima cosa la disse con più forza.

«Con il lavoro!».

Sapeva che era la sua passione. L'organizzazione e la disposizione amorevole in tutto ciò che faceva, ma...

«Ho un burtto presentimento... Una volta te ne sei andato e non sei tornato in tempo».

Non voleva dirgli quello che sentiva. *Sta per succedere qualcosa. Finirai per abbandonarmi*.

«Tornerò. Torno sempre. E lo farò ancora una volta. Sempre».

Quali saranno state le parole pronunciate sotto quella soglia del portone di legno bianco lì a Puerto Plata? Cosa avranno provato i loro cuori in quella mattina nebbiosa quando la nave aspettava e i loro desideri convergevano?

Come avrà salutato le gemelle? Così diverse nell'aspetto, ma entrambe già lo chiamavano "papà". Una, con i capelli scuri e gli occhi azzurri come lui da bambino; e l'altra, con la sua peluria platino e gli occhi come quelli di Bianca, color nocciola chiaro, come il significato del suo nome.

«Guarda, siamo io e te da piccoli. Le nostre figlie più piccole ci rappresentano. È come tornare a nascere con i nostri figli. Come se vivessimo in loro».

Bianca lo guarda avvicinarsi per baciarla sulla fronte e poi abbracciare gli altri suoi figli. Ma come evitare quella partenza? Come far smettere le onde di rumoreggiare? Come far sì che gli uccelli smettano di volare per un momento? Come impedire al vento di giocare con il mare?

Fermare il vento... fermare il vento.

Fermare un uomo così tenace e avventuroso era come cercare di placare le ansie di un mare in continuo movimento. Un eterno ondeggiare. Un appello all'oceano. Il mare… Che definisce Isidoro! A volte, sembra calmo, che nasconde il vortice. L'audacia verso il prossimo piano. La sua tenacia in un flusso costante. Così era lui. Sempre operoso e impegnato. Anche quando i suoi amici parlavano alle riunioni! Sempre incoraggiante a continuare la conversazione, facendo domande, a volte filosofiche, per stimolare l'altro a parlare, a esprimersi, a ridere e a godersi i bicchieri di champagne frizzante. Amava vedere tutti godersi ogni momento. Si dedicava completamente a ogni compito, sia che si trattasse di lavoro che di svago.

Ora, quel vortice di amore e rabbia se ne stava andando. Lei era infastidita dai propri cari che sembravano abbandonarla, non era arrabbiata con la vita che la costringeva a fare tutto da sola, ma si ripromise di non lasciarsi buttare giù e, tanto meno, in quei momenti.

"Non sono arrivata così lontano per crollare ora", si era ripromessa quando lo aveva visto partire.

Credo che sia stata Yolanda a corrergli dietro per vederlo allontanarsi dalla strada dopo l'amaro addio. E proprio lì l'ho raggiunta nel tempo, in un sogno. Mi ha regalato i suoi ricordi.

È questa la fine della storia tra Isidoro e Bianca?

È una storia senza finale. Questa nuova storia epica fa ora parte dei ricordi di tutta la famiglia. Un antenato ritrovato significa più forza per andare avanti. Permette di educare se stessi, di progredire, di diventare una persona migliore. E tutto questo si mescola con altri geni, in una costante evoluzione del nostro sangue. Non se ne vanno mai. Rimangono in noi. Siamo influenzati dalle loro esperienze. Ci rendono più saggi e ci insegnano che c'è un angelo che ci unisce e ci trascina verso il nostro futuro. Per fare del bene. Per renderlo diverso. E ricevere in noi l'unico, il nuovo, l'amore, il nostro vero divino tesoro.

APPENDICE

In tanti mi hanno chiesto dei figli di Isidoro Rainieri e Bianca Franceschini. Ecco una breve panoramica:

I primi tre figli della coppia, Isidorito, Blanquita e Beatriz non hanno avuto discendenti. Isidorito morì all'età di 21 anni di influenza a Puerto Plata; Blanquita e Beatriz accompagnarono la madre fino alla sua morte nel 1946.

Yolanda ha sposato Manuel Imbert. I loro figli: Yolanda Josefina, "Yolandita", sposata con Roberto Aybar-Venegas; Argentina, sposata con Augusto Fernández; e Ramón "Moncho" Imbert che sposò Yolanda "Yolly" Garratón nelle sue prime nozze, mentre nelle seconde nozze sposò Teresa Bobadilla.

Francesco "Queco" sposò Venecia Margarita Marranzini Lepore. Venecia rimase vedova di Luis Machado quando suo figlio, Luis Manuel (sposato con Sara Gómez, di cui rimase vedovo e attualmente sposato con María Aurora Menéndez) aveva 5 mesi. Da Queco e Venecia sono nati: Frank Rafael e Fernando Antonio. Frank ha sposato Haydée Kuret. Fernando, invece, Margherita del Pilar Soto. Dedicandosi all'attività alberghiera, Frank Rafael è letteralmente il sogno dei suoi antenati diventato realtà.

Mafalda sposò William Harper, di origine scozzese. I loro figli:

William Harper "Billy", sposato con Rose Marie Saleta; e Frank David, sposato con Pilar Martínez.

Graciela "Chela" sposò Joaquín Ginebra. I loro figli: Socorro Altagracia, che sposò Víctor Alberto Thomén; Nelson che sposò María "Marocha" Azar Lithgow, e Blanca Adelaida, che sposò Rafael Sánchez, e poi Manuel Suárez.

María Altagracia "Mayú" sposò Antonio Barletta. I loro figli: Giuseppe sposò Dorka Jiménez nelle sue prime nozze e Martina Alcántara nelle sue seconde nozze; e María Filomena si sposò con Tirso Ramos García.

Ana, la figlia postuma, sposò Jorge Maltés. I loro figli: Miguel Antonio, sposato con Haydée "Nani" Morales; e Ana Felicita, sposata con Iván Cerezo.

Le storie della famiglia Rainieri Franceschini e la loro eredità di coraggio e amore sono così uniche che i discendenti continuano ad essere felicemente uniti, anche grazie al fatto che Isidoro e Bianca (Doña Blanca, come la chiamavano a Puerto Plata) ci hanno lasciato l'amore per l'unione familiare. Per me sono tutti il mio divino tesoro.

Made in the USA
Middletown, DE
04 December 2025

22944829R00172